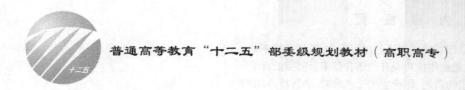
普通高等教育"十二五"部委级规划教材（高职高专）

织物印花与打版

陈　敏
张　泽　编
姚书林

中国纺织出版社

内 容 提 要

全书是以纺织品印花的生产工艺过程为主线,把花样审理、印花设备、印花工艺及操作技巧等有机结合起来,详尽地介绍了审样、制版、印花色浆的调制、印花生产工艺控制、各种纤维织物的印花工艺设计等印花工艺过程。

本书适用于高职高专染整技术专业教学,也可供织物印花技术人员、管理人员和生产工人等阅读参考。

图书在版编目(CIP)数据

织物印花与打版/陈敏,张泽,姚书林编.—北京:中国纺织出版社,2013.10(2023.2重印)

普通高等教育"十二五"部委级规划教材.高职高专

ISBN 978 - 7 - 5064 - 9815 - 9

Ⅰ.①织… Ⅱ.①陈…②张…③姚… Ⅲ.①织物—印花—高等职业教育—教材 Ⅳ.①TS194.64

中国版本图书馆 CIP 数据核字(2013)第 114515 号

策划编辑:秦丹红 范雨昕   责任编辑:范雨昕   责任校对:余静雯
责任设计:李 歆   责任印制:何 艳

中国纺织出版社出版发行
地址:北京市朝阳区百子湾东里 A407 号楼   邮政编码:100124
销售电话:010—67004422   传真:010—87155801
http://www.c-textilep.com
E-mail:faxing@c-textilep.com
中国纺织出版社天猫旗舰店
官方微博 http://weibo.com/2119887771
北京虎彩文化传播有限公司印刷   各地新华书店经销
2013 年 10 月第 1 版   2023 年 2 月第 4 次印刷
开本:787×1092 1/16 印张:12.25
字数:263 千字 定价:36.00 元

出版者的话

《国家中长期教育改革和发展规划纲要》(简称《纲要》)中提出"要大力发展职业教育"。职业教育要"把提高质量作为重点。以服务为宗旨,以就业为导向,推进教育教学改革。实行工学结合、校企合作、顶岗实习的人才培养模式"。为全面贯彻落实《纲要》,中国纺织服装教育学会协同中国纺织出版社,认真组织制订"十二五"部委级教材规划,组织专家对各院校上报的"十二五"规划教材选题进行认真评选,力求使教材出版与教学改革和课程建设发展相适应,并对项目式教学模式的配套教材进行了探索,充分体现职业技能培养的特点。在教材的编写上重视实践和实训环节内容,使教材内容具有以下三个特点:

(1) 围绕一个核心——育人目标。根据教育规律和课程设置特点,从培养学生学习兴趣和提高职业技能入手,教材内容围绕生产实际和教学需要展开,形式上力求突出重点,强调实践。附有课程设置指导,并于章首介绍本章知识点、重点、难点及专业技能,章后附形式多样的思考题等,提高教材的可读性,增加学生学习兴趣和自学能力。

(2) 突出一个环节——实践环节。教材出版突出高职教育和应用性学科的特点,注重理论与生产实践的结合,有针对性地设置教材内容,增加实践、实验内容,并通过多媒体等形式,直观反映生产实践的最新成果。

(3) 实现一个立体——开发立体化教材体系。充分利用现代教育技术手段,构建数字教育资源平台,开发教学课件、音像制品、素材库、试题库等多种立体化的配套教材,以直观的形式和丰富的表达充分展现教学内容。

教材出版是教育发展中的重要组成部分,为出版高质量的教材,出版社严格甄选作者,组织专家评审,并对出版全过程进行跟踪,及时了解教材编写进度、编写质量,力求做到作者权威、编辑专业、审读严格、精品出版。我们愿与院校一起,共同探讨、完善教材出版,不断推出精品教材,以适应我国职业教育的发展要求。

中国纺织出版社
教材出版中心

前言

　　"织物印花与打版"是染整技术专业课程体系中的专业核心课程。该课程根据学生认知规律和学习行为特点以及印花生产技术主管(技术经理)职业成长规律,以多媒体、实物、现场等教学手段,采用案例、项目导引等教学方法,激发学生学习的主观能动性,引导学生积极思考、乐于实践,提高教和学的效果。该课程在教学方案的设计方面,把纺织品印花生产过程审样、花版制作、配色调浆、印制及后处理中涉及的生产准备、过程控制所需要的知识与技能分别设计成"学习任务"与"工作项目",把完成"工作项目"应该掌握的知识作为学习任务,着力培养学生知识的应用、开发与创新能力。

　　本教材是"织物印花与打版"课程的配套教材,由成都纺织高等专科学校材料与环保学院陈敏、张泽、姚书林编写。其中,学习情境2由姚书林编写、学习情境5由张泽编写、其余均由陈敏编写,全书由陈敏、姚书林两人统稿。

　　在本教材的设计与编写过程中,还得到了四川绵阳佳联印染有限公司胡志强总经理、江苏南通东盛之花印染有限公司杜昌宗总经理的帮助,在此表示衷心的感谢!

　　在本课程的建设中,有一位重要的成员——我们的战友张泽,"你把人生最绚丽的色彩精准地调配成时尚潮流里永恒的黑色"。如果,你没有离去,今天的主角就是你。谨以此课程纪念你!

编　者

2013 年 5 月

☞ 课程设置指导

课程名称 织物印花与打版

适用专业 染整技术

总 学 时 90 学时(包含实训周 30 学时)

理论教学时数 64

实践教学时数 32

课程性质 本课程是染整技术专业的专业核心课程,是培养染整技术专业学生专业技能的重要组成部分,在整个专业人才培养中处于重要地位。

课程目标

1. 会根据印花产品的要求对花样进行审理,并选用合适的印花方法及设备,确定印花工艺方向,明确印花各个环节的技术要求及注意事项。

2. 会借助相关的软件、设备,用感光法进行印花花版的制作。

3. 会根据印花工艺,选用合适的印花染料、助剂、原糊,进行印花色浆的配制。

4. 会对印花机、蒸化机、水洗机等常见印花设备组织生产实施和现场管理。

5. 会对常见纺织纤维织物进行印花工艺设计。

课程教学基本要求

本课程是以工作项目作为载体,通过完成多个工作项目这样一个工作过程,来实现课程目标的。

1. 本课程采用任务引领、项目驱动教学模式,通过布置任务、学生独立学习、教师指导讲授、小组内讨论、小组间交流、总结评价……以小组学习为主,以课堂教学和独立学习为辅,以项目行动导向教学贯穿教学全过程。

2. 灵活运用多种教学方法,引导学生积极思考、乐于实践,提高教和学的效果。

3. 本课程教学过程以学生为主体,重在考查学生在工作任务中表现出来的能力。课程考核:常规考核 10% + 项目考核 60% + 期末考试 30%。

课时安排

学习情境	课程内容组织与安排			课时
	学习任务	训练任务	工作项目	
1. 审样	印花方法的选用	印花产品描述	编制印花工艺设计书	8
	印花工艺设计	花样审理		

学习情境	课程内容组织与安排			课时
	学习任务	训练任务	工作项目	
2. 花网雕刻	分色系统与分色描稿	手工分色描稿	平网制作	16
		编制平网制版工艺书		
	印花制版	编制圆网制版工艺书		
3. 印花色浆调制	印花原糊的选用与制备	编制印花原糊的制糊方法	常用印花原糊的制备	8
	印花色浆的调制与打样	印花色浆(仿色)的调制		
4. 印花工艺控制	印花机操作与控制	编制平网印花机工艺卡	印花设备操作	12
		编制圆网印花机工艺卡		
	印花固色工艺与控制	编制长环蒸化机工艺卡		
	印花水洗工艺与控制	编制印花水洗工艺卡		
5. 织物印花工艺	纤维素纤维织物印花	编制纤维素纤维织物直接印花工艺	纤维素纤维织物直接印花加工	18
		编制纤维素纤维织物防染印花工艺	棉织物活性染料地色防染印花加工	
		编制纤维素纤维织物拔染印花工艺	棉织物活性染料地色拔染印花加工	
	涤纶及其混纺织物印花	织物印花工艺设计	涤纶织物分散染料直接印花加工	16
			涤/棉织物分散/活性染料同浆印花加工	
			涤纶织物热转移印花加工	
	蛋白质纤维织物印花		酸性染料直接印花	4
	锦纶及其混纺织物印花			4
	腈纶及混纺织物印花		腈纶织物阳离子染料直接印花加工	4
合计课时				90

目录

学习情境 1　审样

❋ 学习情境描述：

　　织物印花的生产，是以图案设计开始的，设计人员将各种花型、图案及色彩要求，通过艺术创作绘成花样，提供生产。要把设计的图案在织物上实现，生产技术部门要根据花样特点和质量指标要求进行审样工作，包括确定工艺范围、确定印花方法、确定花筒排列次序、确定印花半制品要求，填写印花审样单，并制订成印花工艺设计书。

❋ 学习目标：

　　完成本学习任务后，应能做到：
　　(1)学会选用印花方法。
　　(2)学会确定印花工艺。
　　(3)学会进行花样审理。
　　(4)学会制订印花工艺设计书。

学习任务 1　印花方法的选用

一、织物印花概论

(一)印花概念

用染料或颜料使纺织品局部着色形成花纹或图案的加工过程称为印花。

　　纺织物印花时，先是将染料或颜料与糊料、助剂和其他必要的化学药剂一起调制成印花色浆，借助于印花设备上的筛网或花筒，按花型图案的要求将印花色浆转移、渗透到织物的纤维间隙处，经烘干形成花型图案，然后经汽蒸或热空气固色，再经水洗和皂洗，洗除未固着的染料和原糊以及化学药剂的残留物，从而得到需要的印花织物。

　　织物印花是一种综合性的加工过程，一般来说，它的全过程包括：图案设计、筛网制版(或花筒雕刻)、色浆配制、印制花纹、蒸化、水洗后处理等几个工序。

　　织物印花的历史很悠久。我国远在战国时代就已有用镂空版在织物上印花的方法，长时间停留在手工业生产阶段，直到18世纪才出现印花机械。18世纪末，苏格兰贝尔(J. Bell)发明凹纹印花机。在滚筒上刻出凹形花纹，把染料从凹纹中压印到织物上。这种印花机通称滚筒印花机，可以连续印花，生产效率很高。但花纹的经向尺寸受到印花滚筒圆周的限制，超过圆周的便无法印制;印花时,织物受力很大。所以,大的花纹或者容易变形的织物,例如蚕丝绸和针织物,都采用筛网印花。筛网印花是从古老的镂空版印花发展起来的。筛网印花对花纹尺寸限制比较少,印得的花纹比较鲜艳,但生产效率比较低,某些花纹的连接比较困难。20世纪50年代,用镍制成圆筒筛网并生产出圆筒筛网印花机。圆筒筛网印花机可以连续印花,生产效率比平网印花高得多,操作比较轻便,目前已成为一种重要的印花设备,用于各类织物印花。转移印花是一种在50年代兴起的新的印花方法,将分散染料印在纸上,然后利用它们容易升华的性质,通过热压,将染料转移到二醋酯纤维织物上的印花方法,但当时因二醋酯纤维对热不稳定而未能应用。后来涤纶织物迅速发展,而且可用热溶法染色,因此利用分散染料的升华性质,在涤纶织物上进行转移印花的方法便应运兴起。这种利用分散染料升华性质的转移印花方法,适用于耐热的合成纤维织物的印花,可获得印刷般的印花效果。但产品升华牢度较差,手感也会受到热压的不良影响。为了扩大转移印花的适用范围,人们还研究了湿转移印花方法,对天然纤维织物进行转移印花。随着科学技术的发展,一种无须网版而应用计算机技术进行图案处理和数字化控制的新型印花方法已出现,分为静电印花和油墨喷射印花两种。

(二)印花与染色的区别

印花和染色一样,都是使染料与纤维发生染着作用,所不同的是,在染色中染料在织物上均匀地上染;而在印花中某一颜色的染料,仅按筛网(或花筒)的刻纹,对织物的某些部位发生染着作用,从而使织物表现出多种颜色的花纹图案。所以,印花实际上是一种局部染色,只不过加工方法不同而已。

1. 印花与染色的共同点 印花是一种局部的染色,因此,选择印花或染色使用同一类型的染料时,所用化学助剂的物理与化学属性是相似的;采用的染料上染、固色原理也是相似的;染料在纤维上应同样具有纺织品在服用过程中所应具有的各项染色牢度和性能。

2. 印花与染色的不同点

(1)染色溶液一般不加增稠性糊料;而印花色浆一般均要加较多的增稠性糊料,以防止花纹的渗化而造成轮廓不清晰或花型失真,以及防止印花后烘燥时染料的泳移。

(2)染色溶液一般染料浓度不高,染料易溶解,故一般不加或少加助溶剂;而印花色浆中的染料浓度通常很高,并加有较多的糊料,从而使染料的溶解较困难,所以印花色浆中常要加用较多的助溶剂,如尿素、酒精、溶解盐B等。

(3)染色(特别是浸染)时,纺织品有较长的时间受到染液的处理,这就使得染料能较充分地扩散、渗透到纤维中去而完成整个染着过程;而印花时,印花色浆中所使用的糊料在烘干后成为高分子皮膜,高分子皮膜层影响了染料扩散进入纤维,故印花必须借印花后的汽蒸、焙烘等措施来提高染料的扩散速率,以助于染料染着纤维。

(4)染色和印花对同一类型的染料既有共同的要求,也可能有一些不同的要求。有时一种染料既可用于印花也可用于染色,但有时同一种染料,却只能用于染色而不能用于印花,或只能用于印花而不能用于染色。

(5)染色时,很少使用两种不同类型的染料来拼色(染混纺织物时例外);而印花时,经常采用不同类型的染料来共同印花,甚至同浆印花;再加上有防染、拔染等多种印花工艺,故印花较染色工艺复杂得多。

(6)印花时,因常有白地或白花的印花产品,因此要求印花半制品的前处理,有类似漂白布对半制品那样的白度要求;而染色布半制品对白度的要求相对较低,一些准备染成特别深浓色的纺织品,甚至都可以不经漂白处理。

另外,染色时对半制品虽然也要求有较好的毛细管效应(简称"毛效"),以利于染色时染料向纺织品内部扩散、渗透。但由于印花时的印花及烘燥这一连续过程,往往在十秒钟左右的时间内即要求完成,并且要求印出的花纹色泽均匀,轮廓清晰,线条光洁不断线。因此,印花布的半制品,不仅要求有较好的毛细管效应,而且还要求有均匀一致的"毛效"和良好的瞬时毛效,这样才能使纺织品借助于"毛效",在印花的瞬间,使印花色浆更好地被纺织品所吸收。因此,印花时对半制品的前处理加工要求较染色时对半制品的要求更为严格。

(7)染色布半制品虽然也不能有较严重的纬斜(纬纱与布边不呈直角),但印花织物由于有的花样呈格子形、横竖条形、正方形、圆形等原因,为了减少花样的变形,印花时对印花织物半制品的纬斜要求就更为严格。此外,印花时对幅宽也有较严格的要求,以免在印花后拉幅时出现花斜和花纹图案的变形。

(8)染色对坯布的织疵掩盖性较差,因此染色时对坯布的质量要求较高;印花对坯布的织疵掩盖性较好,故可根据花型的不同对坯布作较灵活的选用,如有一些画面较散、乱的花型,对一些织疵具有掩盖作用,并不影响服用等使用价值,故可以选用质量较低一些的坯布。

3. 织物印花工艺的特点 为完成印花所采用的加工手段称为印花工艺。

(1)印花染料固色困难。印花色浆一般由染料或颜料、糊料、助溶剂、吸湿剂和其他助剂等组成。印花和染色一样,也存在着染料在纤维上的固着过程。但为了防止花纹渗化,必须配制成色浆,汽蒸固色时染料浓度高、温度低、时间短,固色较染色困难。

(2)染化料品种多。印花时,经常使用两种不同类型的染料共同印花,甚至同浆印花。色浆中助剂的种类较多,用量较大。有时会用到防染印花或拔染印花等,工艺较复杂。

(3)表面给色量高(表观颜色浓度高),匀染、透染性要求较低。

(4)防渗化、艺术性要求高。印制的花纹要求色泽均匀,轮廓清晰,线条光洁不断线等。

二、织物印花方法的分类

纺织品的印花,按纤维形态分有毛条印花、纱线印花和织物印花等,其中以织物印花为主;按织物种类分,主要有纯棉织物、化纤织物及混纺织物印花及丝织物、毛织物和针织物印花等。本书主要以印花工艺为主线,结合各类织物的特点进行介绍。

(一)按印花设备分类的印花方法

根据所使用印花设备的不同,印花方法主要可分为滚筒印花法、筛网印花法、转移印花法及数码印花法等。

1. 滚筒印花 滚筒印花是把花型图案雕刻在铜质的印花滚筒上,在印花滚筒上形成凹陷的花纹。印花色浆置于印花滚筒的凹陷部分。在印制过程中,印花滚筒上凹陷部分的印花色浆转移到织物上,从而实现印花的目的。滚筒印花的特点是生产效率高、成本低、花纹轮廓清晰,但该印花设备对花型的大小、套色数的多少有一定的限制。另外,对轻薄和易变形的纺织品来说,也因该印花设备的张力较大而不能使用。

2. 筛网印花　　筛网印花是从手工型版印花逐渐发展而来的。型版印花是将油浸的牛皮纸或金属板,刻成镂空的花型,印花时覆于织物上,用羊毛刷蘸取印花色浆在型版上做手工涂刷,由此便在被印的纺织品上获得该花型。此法虽具有制版简单、花型不受限制及成本低廉的优点,但存在不能印制花型面积较大的图案、印制的花纹轮廓不清晰、产量低、劳动强度大的缺点。后来在此基础上发展了筛网印花,它克服了型版印花的缺点。筛网印花,按自动化程度的不同,又可分为手工筛网印花、半自动筛网印花和全自动筛网印花,而筛网又有平版筛网与圆筒筛网之分。

(1)平版筛网印花法。平版筛网印花时首先要制备筛网。筛网上有花纹的地方呈镂空的网眼,而无花纹处的网眼为堵塞状态。印制时,印花色浆在压力的作用下透过网眼而印到纺织品上形成花纹图案。

(2)圆筒筛网印花法。即印花筛网为圆筒形。印制时印花色浆从圆筒内透过网眼印到纺织品上。该法既具有滚筒印花连续运转而且印制速度快的特点,又因纺织品是在松式状态下印制的,故能适用于多种纺织品的印花,现已广泛地被印染厂所采用。

3. 转移印花　　转移印花是一种较新颖的印花方法,它不同于传统的印花工艺。转移印花前先用印刷的方法将染料调在油墨里通过印刷机印到转印纸(称为花纸)上,而后将花纸正面紧贴纺织品,在一定压力和温度条件下经过一定时间,使花纸上的染料升华并转移到纺织品上。目前此法主要用于涤纶织物,所用染料为分散染料。

4. 数码印花　　数码印花是使用专门的计算机打印设备实现的一种新型纺织品印花方法,是对传统印花的另一突破。它是通过各种数码输入手段(扫描仪、数码相机等)把印花图案输入计算机,经计算机分色制版软件编辑处理后,将各种信息存入计算机控制中心,再由计算机控制各色墨喷嘴的动作,将需要印制的图案喷射在织物上完成印花。其电子、机械等的作用原理与计算机喷墨打印机的原理基本相同。对使用的染料有特殊要求,不但要求纯度高,而且还要加入特殊的助剂。

数码印花无须制版(制网)、刻印花滚筒、刮浆印制等过程。故该法印花套色数及花样的选择不受限制,是一种印花设计与印制合一的印花方法。在生产中避免了复杂的换印花滚筒、对花、对色光等麻烦的问题,且占地少。该法印花按需给液,故是一种"低给液"、"少污染"印花技术。但它目前的印制速度仍不够快,现多用于服装样衣、纺织品样品设计及专制服装生产。

5. 其他印花法　　除上述几种印花方法外,还有一些其他的特殊印花方法,如模版印花、静电植绒印花、喷雾印花、静电成像印花、照相印花等。这些印花方法都能生产出各具特色的印花产品。

(二)按印花工艺分类的印花方法

根据印花工艺的不同,印花方法一般可分为直接印花、拔染印花、防染印花。

1. 直接印花　　直接印花是将含有染料(或涂料)、糊料、化学药剂的色浆印到白布或染有地色的织物上的加工过程。印花之处的染料上染固着,获得各种花纹图案;未印花之处,仍保持白地或原来的地色,是目前应用最为广泛的一种印花方法。

2. 拔染印花 拔染印花是用含有拔染剂的浆料印在已经染有地色的织物上,以破坏织物上印花部分的地色,从而获得各种花纹图案的印花方法。用拔染剂印在地色织物上,获得白色花纹的拔染,称作拔白印花。如果在破坏地色的同时,将一种耐拔染剂的染料印在地色织物上,获得有色花纹的拔染,就称为着色拔染印花,简称色拔。

拔染印花织物的地色色泽丰满艳亮,花纹精细、轮廓清晰,花纹与地色之间没有第三色,效果较好。但该工艺较为繁复,印花时疵病也较难发现,且印花成本较高,适宜于拔染印花的地色染料也不多,所以应用上有一定局限性。

3. 防染印花 防染印花是先用防染剂(或染料和防染剂)在织物上印花,再在染色机上进行染色的加工过程。因印花处有防染剂存在,地色染料就不能上染,因此印花处仍保持洁白的白地,这就是防白印花;若与此同时,防染印花浆中加入另一类不能被防染剂破坏的染料,经后处理时与纤维发生染着,这就是着色防染印花,简称色防。

在印花机上进行的防白和色防印花称为防印印花。防印印花的方法有两种,一种是防和染同时在印花机上完成的一次印花法(也称为湿罩印防染印花法);另一种是第一次印防染浆,烘干后,第二次印地色色浆的二次印花法(也称为干罩印防染印花法)。

防染印花工艺较短,适用的地色染料也较多,但是花纹一般不及拔染印花精细,如果工艺和操作控制不当,则容易造成渗化而使花纹轮廓不光洁,或发生罩色造成白花不白、花色变萎的缺陷。

以上三种印花方式的应用,需根据花样设计、织物类别、染料性质、印制效果以及成品的染色牢度等要求做出选择。一般是染料决定工艺,工艺决定机械设备。而许多助剂与化学药剂又与染料有关。所以印花加工工艺中,熟悉染料的性能,合理地使用染料是保证能否达到预期效果的关键。当然,印花是一种综合性的工艺过程,要提高印花产品的质量,降低生产成本,各工序之间要有良好的配合和的密切的协作。

学习任务 2　印花工艺设计

织物印花的生产,其第一步是以图案设计开始的,设计人员将各种花型、图案及色彩要求,通过艺术创作绘成花样,提供生产。设计人员在设计花样时必须考虑到图案与织物结合的关系,纸样图案与实际生产可能产生的差距以及实际生产过程中固有的局限性等。

要使纸上的图案效果在织物上连续地生产出来,就必须要经过审样环节,并进行印花工艺设计。工艺设计人员根据花样的要求,结合织物品种、制版(或雕刻)、印花方式、染化料的选用以及工艺设备等各种因素,制订印花工艺。与此同时,围绕着制订的工艺,就可以提出练漂半制品质量的要求,筛网(或花筒)的排列,染化料采购等一系列印花前生产准备工作。

纺织品印花的工艺设计有关内容一般为:花样审理、印花工艺制订等。

一、花样审理

花样是织物印花生产过程中作为花型、色泽的标准图样,通常包括一张"大样"和 2～5 组配色样,是筛网(或雕刻)制版、色浆调制、加工印制、成品检验等工序中的主要依据。花样审理就是对印花图案基本单元纹样进行审核与调整,以判断该花样是否具备可以生产的各项条件,以及能否满足客户对该花样提出的技术要求,如果不具备,提出处理意见,主要内容有以下几点。

(一)基本图案单元

大样是否具备完整的基本图案单元(即花回)。如果花回不齐,则需客户重新提供花样或授权工厂接齐,重新接齐时,要领会原样精神,若修接内容出入较大时,往往需经客户确认。每一基本图案单元四周的边线,称为"接头线",找出接头线后再确定"接头"方式,常用"接头"方式有平接头、1/2 接头、1/3 接头等。大花回和几何图案一般采用平接头,散花则采用 1/2 接头或 1/3 接头,因为这种接头方式花型是交叉排列的,不易产生横档或直条。

(二)花样的尺寸

花样的尺寸大小是指花样一个完整基本单元接头线之间的距离,常用单位为毫米(mm)或英寸(in)表示。

花样的上下尺寸取决于采用的印花设备。滚筒印花的铜花筒圆周一般为 365～460mm,所以单元花样的上下尺寸最大应不超过这个圆周尺寸,最小可根据图案花型具体确定,按其整数的倍数选择上述范围内的铜花筒。平网印花的筛网网框尺寸不是固定的,可以作任意调整,因此,花样(回)尺寸的限制较小。对圆网印花而言,圆网印花的镍网圆周是固定的,一般常用的为 640mm,也有用 820mm 的,若以圆周为 640mm 为例,其设计的花回尺寸应分别为 642mm(说明:圆周为 640mm 的镍网网坯,在上胶后,由于胶层厚度,制成花网后的圆网圆周一般为 642mm)、321mm、214mm、160.3mm、107mm、80.25mm,即以圆网周长的整除数为单元。

花样的左右尺寸限制性较小,根据所印制的坯布幅宽,可以是整幅图案,也可以是分段连续排列。

如果花样的回头不符合要求尺寸,就必须做相应的修改,常用方法有:

1. 全面缩小或放大 经全面缩小或放大的花样,往往会与原样产生较大的差异,因此全面缩小或放大的比例一定要控制好,一般掌握在 10%(面积)左右,在此限度内产生的差异不易明显地被觉察。但对于那些过于精细密满的花样不适宜采用直接缩小的处理方法,而花型比较粗犷的花样不适宜直接全面放大,否则易与原样精神不符,在此情况下,可采取花型不变,地纹全面缩小或放大的方法来加以解决。

全面缩小或放大要注意是面积的缩放,还是长和宽分别缩放,因为两者效果是完全不同的。

2. 重新接头 针对不同的花型,重新接头有几种方法:回头尺寸不够大,非几何对称花型可采取经向或纬向平均拉开的方法,俗称"开百叶窗";对于一些花卉花型,可添加或删掉一些小花、散花,但要注意添删的合理性及符合生长规律,并避免产生档子。尺寸差距较大而花型不是很大时,可再接一组原花型,也可以采取花型重新排列组合,尽量接近原样精神。这种情况一般需经客户重新确认,方能投入生产。

(三)组成花样的套色数

印花的套色数取决于拥有的印花设备。一个花样的套色数,一般按常规生产所需最低限度的筛网(或花筒)数为准,但在花样审理时,以下情况在考虑套色时应加以注意:

(1)用喷笔绘制的多套色云纹花样,以常规描样方法可能需要配2~3个筛网,如果采用半色调制版技术,则只需一个筛网。多层次的花型如果采用半防印花工艺,也可以减少筛网(或花筒)的使用数。

(2)筛网印花的水渍花型,可以采用多套色再加网点来表达。

(3)同一色的精细"猫爪"、撇丝、线条与大块面,为了提高印制效果,一定要制作两个不同目数的筛网(或雕刻不同深度的花筒)。

(4)大样与配色样有深浅倒置的,又不能做防印印花工艺的花样,则应做两套筛网(或花筒)。

在确定筛网(或花筒)数不超过印花设备的限制套色时,最好留有余地,因为在印制复杂花样时难免会碰到些预料不到的问题。

目前,在我国常用的几种印花方法中所能提供生产的套色的情况大致如表1-1所示。

表1-1 不同印花方法的部分条件对比

印花方法		最大花回尺寸(mm)	套色	接版档子
筛网印花	手工台板印花	660	无限制	有
	全自动平网印花	456、916~3000	无限制,但受印花导带长度的制约	有
	圆网印花	标准花回 642~1018 大花回 1200、1680~3000	12~24	无
滚筒印花		365~460	8	无

(四)花型结构

按通常概念,小花型、几何花型、直线条比较适宜于滚筒印花,但它对于大面积花型容易产生嵌花筒、块面不匀、拖浆等疵病,对横线条花型要达到精细光洁也有一定难度。平版筛网印花适合于大块面花型,尤其是家用装饰织物,因为它的回头尺寸限制较小,且色泽浓艳。

但对几何型花型、云纹花型、精细的"猫爪"、"干笔"等就较难完全适应,对直线条花型接版也比较困难。圆网印花以往在印制精细线条、云纹花型时虽不及滚筒印花,但随着高目数圆网的开发应用和合成增稠糊性能的完善,圆网印花对花型结构的适应性已大有提高,基本可以取代滚筒印花。因此,圆网印花对花型结构的适应性比其他印花方法为好。

(五)色泽

客户来样有纸样和布样之分,若来样为纸样,由于描绘纸样的颜料不同于印花所用的染料,更由于纸张表面光滑平整,而织物表面有织纹,各自的光反射不同,因此织物上的色泽与纸样上的色泽有较大的差异。

非同质的布样,如来样为丝绸、合成纤维等,由于它们与棉纤维所用的染料不同,其色泽也会有所差异。尤其在不同光源的情况下,差异更大。

就是在同质织物,也会由于所采用染料品种的不同,也会出现不同光源下的色相变化。因此在这些情况下,也应该打色板样让客户确认。

二、印花工艺制订

印花工艺设计的任务是根据花样的花型和色泽的要求,合理选择染化料和加工工艺。严密而细致的花样审理工作,为工艺设计打下良好基础,是避免许多不必要损失的重要保证。印花工艺设计的内容主要包括:选择印花方法和工艺,制订制版(或雕刻)工艺,确定网版(或花筒)排列顺序,选择染化料、糊料,确定印花后处理工艺条件以及对练漂半制品的质量要求等。

(一)印花方法和工艺选择

确定印花工艺的因素是多方面的,但主要应考虑的因素是花型结构和色泽。染化料和加工工艺的选择,不仅要满足色泽上的要求,以达到原样所需的印制效果,更重要的是确保印花织物的内在质量。常用的有以下三种基本工艺。

1. 直接印花 直接印花是将含有染料(或涂料)、糊料、化学药剂的色浆印到白布或染有地色的织物上,印花之处染料(或涂料)上染,从而获得各种花纹图案,印制效果在印花机上能一目了然,印花质量最容易控制。

(1)在以下几种情况下首先考虑采用直接印花方式:

①白地花样,白地面积较大,花型多呈分散状。

②浅地花样,一般地色浅花色深,且无相反色,往往采用先染地色后罩印工艺。

③满地花样,中深色满地,有较大白花或地色深于花色,地色与花色有平线,有搭色,根据色泽而定。目前,深地色先染色,再用遮盖白或罩印浆印花。

(2)常用印花工艺有以下几种:

①活性染料直接印花。活性染料印花的特点是色泽鲜艳,色谱齐全,具有良好的湿处理牢度,配制色浆方便,手感良好,是比较理想的工艺,主要用于纯棉、再生纤维素纤维仿绸、麻类织物的印花。

②涂料直接印花。涂料印花是一种清洁生产工艺,焙烘或汽蒸后无须水洗,工艺简便。随着水性合成增稠剂的应用,对环境的影响将越来越小,而且它对被印织物限制性小,色泽重现性好,色光容易调整和控制。但它存在手感不及活性染料,深色摩擦牢度不够理想的缺点。因此,对手感要求不高的面料,主要用于装饰布或精细小花面料,以及涤/棉织物的印花。

③不溶性偶氮染料直接印花。这类染料制造简便,成本较低,色泽浓艳,牢度较好,工艺简便(无须汽蒸),能与其他染料共同应用,故在 20 世纪被广泛应用。由于该类染料涉及环保问题,目前仅在仿蜡防花布和内销产品上应用。

④还原染料直接印花。还原染料具有色泽鲜艳、色谱较全、染色牢度良好和色浆稳定等优点,是过去常用于直接印花的染料之一,但由于它工艺比较繁复,操作要求高,因此已被还原染料悬浮体印花所代替,用于高档织物印花。

⑤染地罩印。为了减少印花套色数或改善因套色多引起的对花不准，或为提高花样中细点、线条、云纹等的印制效果，尤其是利用遮盖涂料进行罩印，是提高正品率的措施之一。

⑥除各种染料单独印花外，还可以采用共同印花工艺。活性染料与涂料共同印花、活性染料与稳定不溶性偶氮染料共同印花、活性染料与酞菁类染料共同印花、涂料与不溶性偶氮染料共同印花。

直接印花工艺虽简单，但有其局限性，对一些对花要求高，不允许有第三色产生的精细花型达不到原样印制效果。遇到深浅倒置的花样，必须制作两套筛网（或花筒），否则应考虑采用其他印花工艺。

2. 防印印花 防印印花是在印花机上印花时利用罩印的办法，达到防染印花的效果。根据花型要求可分为一次印花（湿法罩印）和二次印花（干法罩印）。在实际生产中以湿法罩印印花为多。

防印印花机理与防染印花相同，但防印印花生产流程较短，印花、防染在印花机上一次完成，质量比防染印花稳定，较容易控制，而且工艺灵活性较大，一个花型可以设计多种防印工艺：机械性防印或化学性防印，局部防印或全面防印，这些特点是其他工艺所不能达到的，是一种很有应用价值的印花工艺。

（1）在以下几种情况下可采用防印印花：

①花型相碰的各色是相反色，又不允许有第三色存在。

②印制比地色浅的细勾线、包边。

③由多种色泽组成，具有固定轮廓的花型，若硬靠对花，轮廓很难保持连续、光洁的情况。

④印制深浅倒置的花样，而又不愿配制两套筛网（或花筒）。

（2）根据花型和色泽，常用防印印花工艺有：

①机械（白涂料）和化学（三乙醇胺）半防活性染料印花工艺。

②涂料防印活性染料印花工艺。

③一氯均三嗪（K 型）活性染料防印乙烯砜（KN 型）活性染料印花工艺。

④涂料防印不溶性偶氮染料印花工艺。

⑤不溶性偶氮染料防印活性染料印花工艺。

防印印花虽采用直接印花方式，但其最终效果要在汽蒸、水洗、皂煮处理结束时才能显示出来；因此对管理上提出更严格的要求，必须掌握好工艺参数的一致性。

防印印花对于精细线条、小点子、云纹等花型，由于防印色浆中所带的防印剂量相对减少，其防印效果较难得到保证。

3. 拔染印花 拔染印花工艺繁复，印花疵病又不易及时检出，成本也较高；但它地色丰满、花纹细致精密、轮廓清晰，其印制效果非直接印花和防印印花所能达到的，因此常用于高档织物的印花。拔染工艺适应的花型有：

（1）大面积深色地色的印花，尤其是紧密织物，如用直接印花工艺，即使能达到地色深度，但其均匀性和渗透性也难以达到拔染的效果。

（2）在各种深浓地色上可以重复印制出色泽娇嫩、艳亮和花型复杂的图案，且花纹轮廓清晰。

（3）精细的花型，如用直接满地留白的印花方式，花样就要失真；用防印印花方式，精细致密程度也有差异。

印花工艺一经决定，就可以指定筛网制版或花筒雕刻的具体要求了。

（二）筛网制版（或花筒雕刻）选择

在制订印花工艺的基础上，可以进行分色制版和筛网（或花筒）的选择。

1. 描稿分色 分色是将组成印花图案中的各色纹样从图案中分离出来的过程；描稿是将分出的各色纹样分别制成黑白稿的过程，一张片基只描绘一只颜色，称为一套色。以前工厂都是采用手工描稿，现在随着计算机技术的普及多采用计算机分色和描稿，少数厂仍用手工描稿。

分色的作用为了使花样稿通过套色分解，能适应制版工艺、印花工艺要求，使印制后的花样精神再现在织物上，所以分色描样要在艺术上和技术上做适当的处理和修改，使其符合生产要求，如修改花样稿的接版尺寸，纠正花样中的对花不准，接版不准，花型档子等。

在选择印花工艺的基础上，提出描稿分色的要求。

（1）关于描稿收缩的处理。直接印花工艺中，考虑不同染料色浆在印制时易产生相互渗移或溢浆的情况，因此根据花型大小进行适当的收缩，一般控制在 $15\,\mu m$ 左右。对涂料印花而言，由于印制时色浆渗移小，其收缩控制要比活性染料色浆要少。当采用防印印花工艺时，一般按深色固定轮廓的方法进行收缩，被防印的花型通常采用大留地位小罩印的方法。拔染印花工艺，一般按原样描绘，花型不作收缩。

描绘分色除考虑印花工艺外，还必须同时考虑到织物的特性，如粗厚织物色浆渗移小，描稿分色时，细茎、细点子不宜收缩，也不宜过细，遇到过细、过密的花样时，可以考虑适当抽稀放粗，以防止印制时细线条断线。印制稀薄织物时，由于织物吸浆量较少，花纹处色浆容易渗移，则应收缩略多一些。

（2）关于"色"与"色"之间关系的处理。多套色花样中会遇到两色相遇的情况，要注意和处理好各色花纹处的相互影响和关系。两色相遇处理得好，能保证印制效果的理想；处理不好，容易产生两色间露白、脱版或严重异色。

处理多套色花样两色相遇的主要雕刻方法有：罩印、借线、分线、反分线。罩印，即将一种色叠印到另一种色的网筒雕刻方法。借线法，即两种色泽花纹共用同一根边线。深颜色花纹的轮廓照常法向内收缩，而浅颜色花纹就借用深颜色花纹的轮廓线。当印花时，由于花纹向外渗开，实际上深色花纹恢复到原来图案纹样的位置，而浅色花纹在交界处则叠印在深色花纹上，因色浅及色相类似而无影响。分线法即是将两色邻接部分的轮廓线各自向内收缩一定距离的处理方法，以避免邻接两色的色浆印花后，由于渗化而产生第三色。"反分线法"是将浅色花纹的轮廓线稍加重叠的一种处理方法，即将浅色花纹的轮廓线伸入按常规收缩后的深色花纹轮廓线之内的 $1.5\sim2mm$，使两色稍有重叠。

处理色与色之间的关系，一般采用借线、平线和大借小罩的原则。究竟采用何种方法，应根据印花要求、色泽性质以及织物组织规格等因素综合考虑。一般来说，"姊妹色"一般采用大借小罩，云纹、水彩、水渍等花型，可采用互相叠印法，但多叠色应尽量避免；同类色，对花精度要求一般的花型,可用借线处理方法。对于印花要求较高的可多"借"些,采用反分线法,但最大不可超过 5mm;相反色,两色相碰较易产生第三色(异色),搭色处理应力求小而均匀,一般不超过 20μm。对花要求不高的花型间可采用分线法。另外,两色色浆性质不宜相碰印的亦宜选用分线法。

在借线、分线中,又分大、中、小。要根据花型面积、网目高低、色浆扩开情况等,确定借线、分线的大小,从而确定邻接两色搭色、分开多少的程度。

近几年来,随着计算机技术的发展,计算机分色制版方法日益完善,其功能基本上能替代原来人工分色描稿,因此除平版筛网印制的大花回花卉花型外,极大部分的花样都采用计算机分色制版工艺。

2. 筛网网目的选择　合理选择坯网网目是提高印花质量和效果的关键之一。其直接关系到花型纹样轮廓以及在所印织物表面的置浆量的多少。这对减少织物印花过程中的疵病,如复色、露底、塞网、有无色边等也有直接的关联。因此,在印花工艺设计,网筒雕刻工艺设计时应该重视坯网网目的选择。

网目的选择一般有如下规律:

(1)从花型结构看:精细的花纹及线条等应选择网目数较多的;色块、粗线条、花型边缘较粗的花型可选用目数较低的。

(2)从织物组织结构看:厚织物吸浆量较多,应选择网目数较低的;反之,薄织物应选择网目数较高的。一般棉织物的印花生产用的网目数较低;而合纤或其他混纺织物用的网目数较高。

(3)从染化助剂印浆流动性、颗粒大小等看:色浆流动性好的,可选用网目数较高的;流动性较差、染化剂颗粒较粗的,为防止印花过程中产生塞网疵病,故应选择网目数较低的网坯。

(4)印花生产过程中,车速较快宜选用网目数较低的;反之应选用网目数较高的网坯。

(5)网目的选用首先要考虑印制纹样的轮廓清晰度;第二要考虑在所印织物表面的置浆量多少。以上四条几乎谈的均是印浆透过网目能在织物表面形成多少置浆量,从这一角度选择网目。而如何既保证印制纹样的轮廓清晰度,同时又要保证织物表面置浆量,兼顾两方面来选定网坯网目,还有待进一步加强和摸索。表 1-2 汇总了花型与印花筛网网目的关系。

表 1-2　花型与印花筛网网目的关系

花型类别	圆网印花镍网(目数)	平版筛网印花丝网(目数)
小花	100~105	120~150
一般花型	80~100	110~130
大块面或满地花型	80	80~120
云纹	125~155、125V	150~180
精细线条和几何花型	125~155、135~165ED	180~220

(三)印花筛网(花筒)的排列规律及原则

在整个印花工艺中,印花花筒的排列是一个非常重要的环节,又是一项错综复杂、影响因素很多的技术工作,它对印制效果的好坏、花色鲜艳度的高低、印花疵病的多少以及机台利用率等都有直接影响。因此,印花花筒排列是印花生产前准备工作中最重要的一步,必须反复推敲,慎重研究,做到周密布局,合理安排。

1.影响印花花筒排列的因素 影响印花花筒排列的因素很多,情况亦是千变万化的,应根据实际的情况进行综合考虑。

(1)加工织物的性质。纺织品性质不同,采用的染化料、雕刻方法以及工艺流程等也各不相同。例如涤/棉织物和一般棉织物就不同,前者组织较紧密而有一定拒水性,因而雕刻比较浅,染料也和用于棉织物上的不同,所以印花滚筒排列也不一样。又如粘胶织物,由于其皮层结构特点,渗透性差,容易产生"溢浆",耐酸性较强,因而常用苯胺黑和涂料印花工艺,所以,印花滚筒排列也随之不同。总之,必须根据织物性质,制订出合理的印花滚筒排列顺序,而不能千篇一律。

(2)花型结构。待印花织物在进入承压辊后,由于受到头几只印花滚筒上的药剂(如烧碱)和水分等影响,会立即发生收缩;遇到机械压力作用,会引起加工织物的各部分张力大小不等,从而造成对花不准现象。最常见的是中间和两边部分的精确对花时,有时中间对准,两边对不准;有时两边对准,而中间又对不准。所以一般遇相邻两色对花时,此两色的印花滚筒应尽量靠近排列,便于对花。尤其在多套色印花中,其中某色(往往是黑色深色)既与一色邻接,又与另一色叠印。例如深色包边花型的"边色",在没有特殊要求情况下,一般采用"边色"排在其他两色(或两组)中间,习称"扁担两头挑"的排列法,做到前后呼应,统筹兼顾。

(3)花纹面积。根据花纹面积,一般印花滚筒排列的原则为:小→大,尤其满地印花滚筒一般总是排在最后居多,其原因是满地面积大,吸浆多,传色严重,排列为小→大是为了减少传色,保证花色鲜艳度。另外,由于印满地花纹时耗浆量大,加浆频繁,排列在最后位置既便于加浆操作,又易于发现印花疵病。

此外,常遇到同一颜色的花型中既有点、线、小面积,又有条、块、大面积,此时通常将此套色中大、小两种不同面积的花型分别刻在两只印花滚筒上,以便于印花滚筒的排列,即小面积在先,大面积在后,可以减少传色。

(4)色泽明暗。在各色互不叠印的前提下,印花滚筒排列应为:明→暗(或浅→深),这种排列时,明(浅)色传色对暗(深)色的影响相对较小一些。

(5)叠印与不叠印。当深浅两色相互叠印时,印花滚筒排列应为:深→浅。但这时应运用加小刀和淡水白浆辊等措施来解决传色问题。否则如果印花滚筒排列成浅→深时,虽然传色较小,但层次不清楚,色彩模糊,严重影响印制效果。但遇到照相雕刻的大面积云纹花样时,为克服云纹露白,有时也排列成:浅→中→深。

(6)色浆的化学性。在多套色的印花中,由于各种染料的色谱不全,往往采用多种不同类型的染料来共同印花。此时由于各种染料本身性能不同,所用化学助剂也各不相同,有时它们的化学性能甚至是相互矛盾的。故在考虑印花滚筒排列时要注意传色对各印花色浆化学稳定性的影响。总的印花滚筒排列顺序为:对其他印花色浆化学稳定性影响小的印花滚筒应尽可能排列在前,对其他印花色浆化学稳定性影响大的印花滚筒应尽可能排列在后。在实在无奈的情况下,则应在相互矛盾的这两只印花滚筒之间,加入一个白浆滚筒,以减少它们相互之间的影响。

(7)原糊性能。原糊的用量很大,有时它们之间的相互干扰程度并不亚于染化料。原糊的一般排列顺序为:海藻酸钠糊→淀粉(龙胶)糊→乳化糊。

2.印花筛网(花筒)的排列的一般规律　筛网(花筒)的排列,一般从工艺和色泽两方面来考虑。

(1)平版筛网排列的一般规律:

①花样中有深浅版叠印、碰印的,花筒排列一般是深在前、浅在后;

②色泽之间不相邻接,或者有黑色间隔的,黑色在前,其余色泽则可任意排列,但大块面的色泽排列在最后;

③相互要求严格对花的色泽,则邻接或靠近排列;

④花型细小、稀疏的在前,粗大、密满的在后;

⑤凡有特殊要求,如防印、半防、拔印等,则根据工艺要求的不同来确定其排列顺序。

(2)圆网印花中圆网的排列规律:

①花样中各花型是交叉重叠的应从深到浅排列;

②花样中各花型相互脱开的,一般以对花接近的排列在一起;

③对花要求高的花样,除注意合理的借线搭色外,其排列应尽量相互靠近;

④花型面积大的圆网尽量排列在后面;

⑤细点、细茎的圆网,一般排列在前面;

⑥深色块面与浅满地圆网之间可考虑加一个光版圆网;

⑦防印印花工艺中,防印色浆排列在前面,被防印色浆的圆网排列在后面;

⑧金、银粉印花,罩印浆印花等特种印花,一般将金、银粉色浆,罩印遮盖浆排列在最后。

(3)滚筒印花的花筒排列。滚筒印花的花筒排列,根据滚筒印花机的特征,一般考虑的因素为:

①加工织物的品种规格。织物性质不同,采用的染化料、雕刻方法以及工艺路线等也有所不同。例如涤/棉织物和纯棉织物就不同,前者组织紧密而又有一定的拒水性,因此雕刻较浅,染料也和用于棉织物的有所不同,所以花筒排列也应各异。

②花型结构。相邻两色需紧密对花,应尽量排列靠近,便于对花。有深色包边花型的"边色",一般常将"边色"排列在其他两色(或两组)中间,俗称"扁担两头挑"的排列法。

③花纹面积。根据花纹面积,一般排列为小→大,尤其是满地花筒一般排列在最后面,其原因是满地面积大、吸浆多、传色严重,目的是为了保证花色鲜艳度。

④色泽明暗。在各色互不叠印的前提下,一般排列为明→暗(或浅→深),并需考虑"拼色效应"的关系。

⑤叠印与不叠印。当深浅两色相互叠印时,应排列为深→浅,这时应加铲色小刀或淡水白浆措施来解决传色矛盾。否则如果排列为浅→深,将会形成花型层次不清、颜色模糊,严重影响印制效果。

（四）染化料、糊料的选择

1. 印花用染料的选择　在选择工艺的基础上，进行染料选择。在选择染料时，首先应考虑色泽及各项染色、服用牢度等是否符合客户要求，其次要考虑拼色合理性以及使用操作方便和色浆储藏时的稳定性。一般生产厂通过实践经验的积累，对常用染料进行比较和分类，选择符合色牢度要求和拼色合理的品种，以供仿色和确定工艺处方时参考使用。

（1）染料对纤维的适应性。纤维材料的结构和性质不同，对应的染料也各不相同，适用于各种纤维印花常用的染料见表1-3。

（2）明确被印花的织物用途。由于印花后织物的用途不同，它们对色牢度的要求也不相同。例如窗帘布经常受到光照而较少水洗，就要选择耐光照（日晒）牢度良好的染料；又如夏季穿的浅色花布，由于经常洗涤、日晒，故应选择耐皂洗牢度和耐光照牢度均较高的染料。

（3）选择染料的步骤。先确定染料的类别，然后再根据色泽确定配伍染料，然后调方打样确定配方。

表1-3　各种纤维印花常用的染料

纤维品种	常　用　染　料
纤维素纤维	活性染料、还原染料、涂料
涤纶	分散染料、阳离子染料（改性涤纶）、涂料
毛	酸性染料、酸性含媒染料、活性染料、涂料
丝	直接染料、酸性染料、酸性含媒染料、活性染料、涂料
锦纶	直接染料、分散染料、酸性染料、酸性含媒染料、活性染料、涂料
腈纶	阳离子染料、涂料

2. 印花原糊的选择　糊料是影响印制效果的一个重要因素，它除了在印制过程中起着传递、分散、匀染和防止渗化的作用外，还决定着印花运转性能以及染料的表面给色量、花型轮廓的清晰度等。因此，应根据印花方法、印花工艺、花型结构、织物品种和染料性能来选择合适的糊料。

（五）印花对半制品的质量要求

织物的练漂前处理的工艺是影响印花产品质量的重要因素之一。理想的练漂半制品应具备以下条件：

（1）退浆匀净。因为练漂半制品上残留的浆料，在高温汽蒸时产生还原性物质，造成某些对还原性敏感的染料发色不良。残留浆料的存在还会造成练漂半制品毛细管效应不一，从而引起渗透不良、匀染性差。

（2）练漂均匀，尤其对紧密织物更要求渗透性好，否则会影响印花得色的鲜艳度、花纹轮廓和线条的光洁度。

（3）丝光足。丝光程度好坏，直接影响染料的表面给色量和色泽艳亮度。丝光后落布门幅应控制一致，布面 pH 值应维持在中性和无还原性。

（4）印花前练漂半制品不能有干、湿不匀及卷边现象。

（5）印花前练漂半制品的布面必须光洁，表面短绒应去除干净，否则在印花过程中极易黏附在筛网（或花筒）的表面，导致筛网网孔被堵或嵌花筒的疵病。

（6）矩形或横条形排列的几何花样及条格花样，其半制品平整度要求特别高，不能有纬斜或弧弯，否则会使印花后的图案变形。因此，对此类花型的半制品在印花前应整纬拉幅，以确保印花前半制品的布面平整。

（7）粘胶纤维织物除退浆匀净外，有条件的应进行苛化（或称碱缩）处理，使纤维充分膨化、收缩，以达到尺寸的稳定，并有利于染料在纤维内部均匀地渗透和扩散，提高色泽浓艳度。在目前常规生产中，为了提高活性染料的给色量和色泽浓艳度，在印花前浸轧尿素—碳酸钠溶液（俗称 SM 工艺），以利于活性染料在固色时溶解和上染。

（8）合成纤维织物在印花前必须将织物上的油剂和浆料彻底去净，否则会影响染料的上染，甚至影响印花后成品的手感。

学习引导

❋ 思考题

1.印花为何不能用染液，而需要用色浆？

2.印花时染料的利用率为什么通常比染色时低？

3.防染印花和防印印花的主要区别是什么？各有什么特点？

4.防染印花和拔染印花的主要区别是什么？各有什么特点？

5.花样审理的内容是什么？客户提出的要求能否都满足？

6.怎样区分满地颜色是印制上去的还是染上去的？

7.印花工艺设计与印花生产工艺有什么不同？

❋ 训练任务

训练任务1　印花产品描述

1.填写下列表格，对纱、线、丝进行比较。

项　目	纱	线	丝
定义			
粗细规格			
单位			
列举表示规格			

2.什么是质量、产品质量、质量特性？印染产品的质量特性有哪些？

3.什么是标准、质量标准、产品标准、检验标准？

4.印染产品质量标准包括哪些内容？

5. 查阅 GB/T 411—2008 棉印染布、GB 18401—2010 国家纺织产品基本安全技术规范。

6. 什么是织物规格？列表比较机织物和针织物产品规格？

项　目	机织物产品规格	针织物产品规格
列举出你知道的织物名称		
织物规格标准化命名		

训练任务2　花样审理

1. 怎样满足染色牢度指标要求？

2. 怎样预期交货期、等品率？

3. 对花样进行审理，并填写下列印花花样审查单。

公司印花花样审查单

品种规格			来样编号	
	审样鉴定意见			客户意见
基本图案单元： 花样的尺寸： 组成花样的套色数： 花型结构： 色泽：				
审样人：　　　审样日期：　　年　月　日				
特殊工艺 加工项目	树脂整理	柔软整理	要货单号	
	防缩整理	单面浆	花号	
	电光整理	单面裙边	交货期	
	轧光整理	双面裙边	国家或地区	
	包装	格子		
	防拔染			
复审意见				备注：附花样。
	复审人：　　　复审日期：　　年　月　日			

✻ 工作项目

编制印花工艺设计书

根据训练任务2对花样的审理结果，编制印花工艺设计书。某公司印花工艺设计单如下：

公司印花工艺设计单

编号：

订单号：		客户：		品种：		数量：
坯布规格：				成品规格：		
花网号码：		套色数：			制网方法：	

工艺流程：

花回：

纬向定位：

经向定位：

花筒排列		1	2	3	4	5	6
工艺方向	位 1						
	位 2						
	位 3						

质量要求	① ② ③ ④ ⑤ ⑥	⑦缩水要求：$W \leqslant$ ___ % $L \leqslant$ ___ % ⑧幅宽要求：下机_____ cm，成品_____ cm ⑨克重要求：下机_____ g/m²，成品_____ g/m² ⑩测试标准：美标□　欧标□　国标□ 　　缩水方法：平干□　挂干□　抛干□

制单：　　　　　　　　　　　　复审：　　　　　　　　　　　年　月　日

※编号编制说明：如 20121030001 是指 2012 年 10 月 30 日 001 号单

学习情境 2　花网雕刻

印花面料的外观,包括花形、色彩和印制效果。花形和印制效果的形成主要取决于印花网版(花筒)的制作质量,所以花网雕刻在印花生产中有着重要的地位。

❋ 学习任务描述:

根据印花审样单、印花工艺设计书的要求和印花花样,提出具体的雕刻工艺、技术参考、技术措施,并填写"制网工艺设计单",然后进行印花花网制作,完工后进行花网查验并登记。

❋ 学习目标:

完成本学习任务后,应能做到:
1. 学会描稿分色。
2. 会借助于计算机分色系统完成分色。
3. 会借助于相关设计软件和设备完成印花筛网和花版的制作。

学习任务 1　分色系统与分色描稿

印花网版制作是从木刻花纹手工印花,逐步发展到现在的筛网印花;从型纸雕刻、防漆制版,到分色描黑白稿、感光制版,或将某色的分色正片(黑白稿),通过照相法或拷贝法制成负片,然后经过连续拷贝机(连晒)成多个单元正片和感光制版的过程。

分色描稿有三种方法:人工分色描稿、照相法和电子分色法。分色描稿主要包括有花样修接、打规格线、描样对花、修稿、涂边等。

1. 人工分色描稿　将透明纸片覆在花样上,用墨汁或遮光剂把花样上每种色样分别描绘出来,每套色描一张。人工分色描稿操作流程:

来样预审→修接花型单元→开接版→平贴花样→裁剪描样片→规划格线→定位复合规格线→分色描绘→对花修漏白→修漏光→涂边→检查→修理

2. 照相法　照相法利用照相分色代替人工分色,先制成分色负片,而后翻拍成正片,便可用作感光的底片,这样可获得逼真的花纹。照相法比人工分色描稿更能符合原样精神。

3. 电子分色法　电子分色就是利用分光棱镜或平板分光膜将花样上的各色分开,而后像传真照片那样使照相感光胶感光而制得感光底片。

计算机分色制版系统是当今通用的分色方法,分色系统工艺路线为:

来样预审→图像扫描→分色处理(接回头→修改)→分色→成像

一、计算机分色系统

(一)硬件配置

与其他计算机系统一样,由硬件和软件两部分组成。

硬件主要由输入设备(彩色扫描仪)、图彩工作站(运算器、控制器、存储器、显示器等)、输出设备(激光成像机、彩色打印机)三部分组成。

1.输入设备　一般指数码相机或扫描仪,按扫描幅面通常有 A3(297mm × 420mm)、A4(210mm × 297mm)等数种。分辨率按不同要求在 300 ~ 1440dpi 之间选择。其功能为将要处理的图案(实样或画稿)以逐行扫描的方式转换成数字信号输入计算机,一般一台扫描仪能满足 30 ~ 40 个图形工作站的扫描要求。

2.图形工作站　图形工作站的功能为显示扫描仪输入的图像,并在相应软件控制下进行图案设计及分色描稿处理。图形工作站一般包括运算器、控制器、存储器及显示器等。

3.输出设备　输出设备一般包括:

(1)彩色喷墨打印机。打印图幅通常分 A3、A4 等,分辨率按需在 360 ~ 1440dpi 之间选择。其功能为将显示器所显示图像转录在打印纸上,以便更直观地分析,修正图案或作为资料加以保存。

(2)激光成像机。按成像幅面大致可分 485mm × 700mm、760mm × 800mm、760mm × 1350mm、1200mm × 1800mm 等数种规格,其功能为按图形工作站的分色图像信号转换成激光信号,按设定格式使胶片感光,然后通过显影、定影及水洗、干燥等工序为下道的感光制网工序提供分色底片(黑白稿)。其成像速度因胶片幅面不同而定,一般在扫描精度为 600dpi 时 4 ~ 13min/版或扫描精度为 1200dpi 时 8 ~ 26min/版,扫描精度还可为 1800dpi 或 2400dpi。一般一台激光成像机可满足 6 ~ 8 个工作站的成像要求。

(3)用激光或喷墨、喷蜡制网机直接输出制网。

(二)软件系统

分色就是把花型图案里不同的颜色提取出来,再通过印花工艺等手段,复制出和原样基本一样的产品的一种技术。计算机分色,就是利用计算机软件来实现分色的一种技术。

分色描稿系统软件,具有图像处理与图形处理功能,可使用户在系统内完成样稿(布样)扫描输入、分色、花样图案设计与修改、图案生成等工具。提供勾头、涂头、借线、反借线、罩印、包径线、斜(网)线、单元连晒、镜像反转等智能化快速处理工具。系统在颜色处理上的特殊功能主要有叠色预测、云纹及半色调控制、自动图像重叠和图像编辑功能等。

1.叠色预测　系统对测量和输入的颜色进行两色叠加,可预测上下两色相叠后的颜色。

2.云纹及半色调控制　在具有云纹效果或半色调颜色花样的生产中,其加工控制的关键在于确定网的密度与生产时颜色梯度间的关系,自动描稿系统可以按颜色梯度计算出网点密度,并预测出一个网可具有的最大颜色梯度,从而计算出最佳网目数。

3. 自动化图像重叠 系统可以从原始图像开始到完成分色片制作,也可逆向地将分色片重整而再现出产品的外观,与原样图像进行检查对比。计算机能提供一张接一张的数字化稿片,在显示器上可显示各分色片处理以及整个图样设计的重叠效果,因而便于观察和控制云纹等特殊印花效果的演绎、覆盖、重叠及曲线平滑化等处理。

4. 图像编辑功能 对输入的原样图像信息可以进行编辑修正或再创作,如有些布样输入后会存在许多杂色或带有布纹,对此可以手动、半自动或全自动操作进行修正,对特殊图案,系统具有多种绘制功能(如云纹、泥点、干笔、底纹、勾边、几何图形、文字及重叠等),而这些是手工描稿无法与之相比的,此外,还具有线条的强化、光滑处理、图案变形处理、图像校正、尺寸重定等功能。

二、分色描稿

1. 来样预审 来样是指准备进行分色制版处理的原始图案。一般有布样、纸样两类。纸样的画稿比较平整、清晰;布样一般都有皱折,需要烫平。如来样是易变形的丝绸等织物,还需用纸板加以固定,使扫描稿平整不变样。

预审时须查看来样花回是否完整及套色数量,并找出最小花回及接回头方式;同时还必须了解客户对来样的一些具体要求,例如颜色合并要求、网目数要求、印花设备、印花染料要求等。

如果是在样稿基础上进行加工处理,则需先进行样稿分析。如果来样是规则的几何图形,如方形、椭圆形、斜线等,以及由规则几何图形组合而成的图形,可用计算机直接输入。所谓计算机直接输入,并不一定是全部由计算机画在图像上,也要输入一些参数,再由分色系统生成图像;如果来样不是上述图形,则需用扫描仪输入。此时,先要对花型进行分析,以确定扫描范围及扫描分辨率、扫描模式。

2. 图像扫描 图像扫描是将来稿通过彩色扫描仪输入计算机,来稿可以是布样、美工人员设计的画稿,也可以是照片和宣传画。扫描的精度可在 1200dpi/英寸(2.54cm)以下任选,对大花回来样可以分块扫描,计算机可以自动拼接。当用户提供的花回尺寸不能适合圆网印花机的要求时,比如圆网辊筒的直径不是花回天地的整数倍,就需要适当对花样进行缩放,改变花样在计算机内的宽度或高度。

打开主机、显示屏、扫描仪,进入 Windows 状态,选择扫描程序,使计算机处于扫描状态。若是布样需先将布样粘贴在硬纸板上,保持花样不走形。

转换格式:布样扫描入计算机后通常为 RGB 格式,也就是 24 位真彩色,它拥有百万种颜色,且文件占用空间又相当大。所以我们就需要把它转换成 256 色索引格式。256 色也就是图像最多只能有 256 种颜色,这是描搞时所常用的格式。

3. 分色处理 分色处理是指在计算机上接回头、并色、修改及取单色稿的过程。

(1)图案拼接与接回头。把分多次扫描的图案利用拼接工具把它拼成一个完整的图案,然后取最小花回(接回头)。一次扫描的图案就不需要拼接,可直接取最小花回。

拼接完后的图案即可进行接回头处理。

由于来样一般是一个小的完整花回(有时回头不十分准确),在出分色胶片时,要在垂直、水平方向上连晒数倍,才能形成整幅图案,计算机分色设计中考虑了工艺上常用的平接 1/1、跳接(1/2、1/3、1/4)接回头方法,并能自动确定最小花回。

(2)并色及修改。

①并色。接好回头,确定图案在计算机内的尺寸后,可进行分色处理工作,因来样各色中有不同原因造成的杂色,使颜色互相掺杂,不够净化,所以分色处理的首要一步是并色处理,使杂色减少到最低程度。

并色是将图案中的各种色彩归类为原图样的颜色种数,将其还原为原来的色彩。由于来样(布样),带有布纹、杂色、皱折以及其色均度差等情况,扫描进入计算机内的图案显现的色彩很杂,在经过扫描处理工序后,还需经过专门的并色处理,系统为用户提供 256 套颜色,并以调色板的形式在屏幕上可选,用户可以通过窗口的操作,将图案还原为原来布样所具有的套色数。

②修改。修改工作是整个分色系统处理的重要环节,在分色系统中,除了修改工序,其他的大多数工序都是通过指令由计算机自动完成,因此,修改工序也是发挥美工人员创造性的主要环节。这就要求操作人员全面、深入地了解各种类型图案的组成方式、各种修改用的指令和工具的功能及使用方法。

由于来样带有杂色等情况,并色后还需要经过修改处理,系统专门为花样的修改提供了 30多种修改工具,如橡皮(去杂色)、剪刀(对图案进行裁边处理)、旋转(将花样在任意角度平面内旋转)、边缘平滑(将色块、线条的边界自动平滑,或叫去毛刺)等,可以满足各种花型的修改和综合处理。经过修改的花样,输出的胶片精度高、色块纯、线条光洁。如有的图案有压色、借线、合成色、防留白、留白等印花工艺要求时,可以在分色过程使用全部扩张、局部扩张和其他绘画工具进行处理,达到工艺所需要求。

(3)分色。分色分为自动分色、手工分色、交互分色三种方式,具有色序调整,修改图像颜色效果等功能。

①图案尺寸调整(圆整)。把图像尺寸调整到实际需要大小,特别是经向尺寸。计算机显示屏垂直方向为经向。

②描稿。按要求对样稿进行描绘分色处理。描稿时在最大限度接近原样的风格要求,并且实时地寻找简单的方法,这样有利于提高工作效率。在描稿时要注意:

a. 一般图案用 300 线像素描稿:细径最细为 3 个像素点,点子最小 4 个像素点,浅色最小为7~8 个像素点。

b. 精细图案如几何图形可用 600 线描稿:细径最细为 5 个像素点,点子最小为 7 个像素点,浅色最小为 14 个像素点。

③缩扩点。缩扩点,顾名思义也就是把点子缩小扩大的意思。为了防止在印花过程中出现露白现象,就需要事先在各套颜色间做好压色(也可称复色或借线)。压色的大小一般为 300线 3 个像素点左右,在进行压色处理时往往是浅颜色向深颜色扩点。

④取单色稿。单色稿即黑白稿。描好彩稿以后,应把每种颜色分别取出保存为单色稿,通过输出设备输出黑白稿。取单色稿时注意要做好压色处理。

⑤检查。描好花样后一定要仔细检查,以防止错画或漏画。因为一旦输出黑白稿以后就很难修改了,描稿的错误会给印花带来无法挽回的损失。

检查方法:通过多层操作把所有单色稿都合并一起,然后把原样合并在最底层。分别预视每个层进行逐层检查。

(4)图像输出。

①检查无误后就可以通过相应的输出设备,输出黑白稿。

如用传统感光制网,可通过激光照排机出菲林。按设定比例和区域向磁盘、屏幕、激光成像机输出(单色、彩色、灰度图等)图像及其胶片,输出的图像应满足印花工艺要求,幅面可任意设定,但不能超过所选配的激光成像机的最大输出幅面(1800mm × 1200mm)。在屏幕上可对任意一幅单色稿观察其叠加复色及罩印效果。

②用激光或喷墨、喷蜡制网就可以通过制网机直接输出制网。

学习任务 2　印花制版

一、平网印花制版

(一)平版筛网印花网框的制作

无论使用哪种平网印花设备,印花前都必须首先制作筛网。平版筛网印花筛框的制作包括筛框、筛网的选用及绷网。

1.筛框的选用　筛框的选用是筛网印花的重要工序。筛框过去全使用坚硬木材,现大多改为铝合金材料。筛框尺寸是由印花织物的幅宽、单位花纹面积、刮刀因素及设备条件决定的。筛框的尺寸在机器印花中很严格的。而手工印花是以被印织物的大小或花型大小来制作,大多以木制材料为主。如床单印花是按花型大小,不是根据床单大小来制作筛框。机器印花都采用铝合金材料制作,如需使用特大框时,则要选用异形钢管制作。常见筛框规格及选用材料如表2 - 1所示。

表 2 - 1　常见的筛框规格及选用材料

网框材料	网框尺寸		刮印方向	可印幅宽(mm)
	外径(mm)	内径(mm)		
松木特大框	2890 × 1330	2670 × 1100	经	1040
松木大框	2480 × 1750	2280 × 1370	经	1220
松木中框	2344 × 1600	2140 × 1260	经	1160
松木小框	1440 × 1440	1260 × 1260	经	1160
松木特小框	580 × 1380	460 × 1260	经	1160
铝合金大框	1520 × 1150	1465 × 1150	纬	1200
铝合金中框	1520 × 905	1465 × 850	纬	1200

续表

网框材料	网框尺寸		刮印方向	可印幅宽（mm）
	外径（mm）	内径（mm）		
铝合金小框	1520×755	1465×700	纬	1200
异形钢管特大框	2600×1340	2600×1240	纬	2170
异形钢管大框	2200×1340	2100×1240	纬	1200

2. 筛网的选用 网布是制成花网的重要物料之一，其材料有真丝、尼龙丝、涤纶丝等，通称为绢网，它们的稀密以号来表示。一般号数越小，表示每平方英寸（2.54cm×2.54cm）中的孔数越少，即孔越大；而化纤网常用 SP 号数表示，如表 2-2 所示。

平版筛网印花要求筛网坚固耐用、易洗快干，并能耐化学药剂。孔眼方格要规整、用丝经纬要均匀、变形要小、耐热性要高。

表 2-2 筛网规格

筛网号数	6	7	8	9	10	11	12	13	14	15	16
孔/平方英寸（2.54cm×2.54cm）	74	82	86	102	109	116	124	130	134	148	157
SP 号	28	30	32	38	40	42	45	48	50	56	58

网的一般选用原则为大块面积花纹，需浆量大，则孔要大些，可以选用小号网，如 9~10 号网；小面积花纹，花纹精细，则孔要小些，用大号，如选用 15~16 号网；厚织物，需浆量大，选用小号网，即孔大些的；化纤织物因为化纤织物吸湿性差，网号用大号者。

印花筛网规格习惯以根/cm 来表示。为方便起见，通常以"号数"来说明。号数越大，表示每厘米的孔数越多。如热台板常用 9 号或 10 号筛网，分别为 40.8 根/cm 和 43.6 根/cm。相当于化纤丝筛网 SP38 号和 SP40 号。而冷台板一般选用 15 号和 16 号筛网，为 SP56 和 SP57。自动筛网印花机筛网的选择应考虑机械刮印的特点。并根据花型面积的大小、织物的厚薄及织物的吸湿性来确定。印制大面积花型时，由于色浆需要量大，应选用型号小的，孔径大的筛网。反之，小面积花型或精细花型应选用型号大的，孔径小的筛网。而厚织物因需色浆量大，则选用型号小的，孔径大的筛网，化纤织物由于吸湿性差，导致吸浆量小，应选用型号大的，孔径小的筛网。筛网选用则应综合各种因素，结合生产实际情况加以选择。

3. 绷网 平版筛网印花的绷网是在压缩空气绷网机和手摇螺杆绷网机上进行。将筛网施以张力平整地固定在网框上进行。金属筛框一般采用胶着法，木框可用胶着法或嵌钉法。

（1）胶着法。首先在平整的网框上涂一层绷网胶，放置24h 再进行干燥。将裁好的筛网防入绷网机的夹持器里夹紧，升压至 392.266kPa，送气拉紧，用直接蒸汽均匀喷射 10s 左右，使网受热进一步绷紧，便于网与框上的胶面接触，然后用漆刷蘸取无水酒精或丙酮在筛框涂胶处涂刷一遍，再用干布擦拭，使溶剂溶解涂胶，将网粘在筛框上。用风扇吹 15~25min，待有机溶剂挥发，筛网筛框绷网成功。

注意:目前一般推荐采用浙江中大生产的快速绷网胶较好,具体方法见说明书,可能实际与上述操作稍有差异。

(2)嵌钉法。嵌钉法制筛网框使用设备简单。嵌条可用三夹板、藤条或弹性硬铝。弹性硬铝经久耐用,宽度为 15～25mm,厚为 1.5～2mm,每隔 20～30mm 开有钉孔,先将铝条涂干漆或聚乙烯醇醛胶放置 24h 进行自然干燥,绷网时,将筛网沿长度方向与铝条吻合,使铝条嵌牢筛网绷紧在框上,用 150℃电熨斗熨合,再以钉固定,先钉好筛网的一边,然后淋热水,使筛网伸长,在另一端边拉边上紧螺钉。宽度方向绷网与上法相同。

注意:实际操作也可直接采用大的订书钉手工钉,然后涂绷网胶自然晾干即可。

(二)平版筛网印花制版

制版是准确地将要印制的花型先进行分色,并找出循环单元。将每一花型上同一种颜色按循环单元整数倍的大小分别制在筛网上。使花型部位镂空,并将非花型部位网眼堵住,以防印花时色浆转移到织物上的过程。常用的制版方法有防漆法、感光法和蜡克法。目前,各染厂主要采用感光制版,所以在此只介绍感光法。

感光法制版是利用照相原理,光线照射在已涂感光胶的网面上,使花型部位光线被堵,而非花型部位感光胶被感光,发生光化作用,感光胶成为不溶于水的胶膜堵塞网孔,经加固制版完成。

感光制版的工艺流程:

1. 涂过氯乙烯　在框外用不锈钢刮刀上下各刮一次过氯乙烯,在框内上下各刮两次,然后烘干,用细砂皮在框外轻轻地将涂层打毛(只打毛框外),便于上感光胶。由于过氯乙烯耐磨且化学稳定性好,所以将它涂于筛网上可以加固感光胶胶膜,提高花版的使用寿命。

2. 涂感光胶

(1)感光胶。感光胶在感光前应有较好的水溶性,感光后应能很好地转变为非水溶性的结膜物质,即生成硬化物质。常用的感光剂有重铬酸铵与明胶或聚乙烯醇组成的感光胶和重氮盐树脂与聚乙烯醇组成的感光胶等,其中重铬酸铵—聚乙烯醇感光胶最为常用。

在感光前,重铬酸铵与聚乙烯醇是可溶的,感光后它们产生化学作用硬化生成不溶性物质,即感光部分的重铬酸铵遇光发生光化学反应,六价铬转变为三价铬,进而与聚乙烯醇分子上的羟基络合,同时形成交联分子,从而形成不溶于水的大分子而固化;而未感光部分的重铬酸铵未发生光化作用,聚乙烯醇仍是可溶的,经水洗即可去除,这样就可在花版上形成镂空的花纹图案。

感光胶处方:

聚乙烯醇　　　　　　　　0～60g

重铬酸铵　　　　　　　　6～12g

总量　　　　　　　　　　　　　　1000mL

配制时,把粉状聚乙烯醇按 1∶5（质量比）加入 25～30℃的 900mL 蒸馏水中,放置 10～12h,使其膨化后,在沸水浴中隔层加热,不断搅拌然后加入预先溶解好的重铬酸铵溶液调匀。如黏度太高,可加热煮沸,使聚乙烯醇裂解至一定黏度（平均聚合度以 500～800 为宜）,趁热过滤,冷却到 20℃,放置于深棕色玻璃瓶中备用。加重铬酸铵后,各项操作均须避光,或在橙黄光灯下操作。

（2）筛框网版上涂感光胶。涂感光胶是在暗室中或微弱的红光灯下进行的。刮涂感光胶是先将准备好的筛网网框放在暗室涂感光胶液。涂胶要求薄而均匀,无气泡和沙眼。涂胶时,将筛网倾斜60°,用排笔涂刷感光胶在筛网上,先横后纵,自左至右,由上而下,均匀涂一至两遍。涂胶时速度要均匀,严防出现气泡和砂眼。然后用金属刮刀自上而下刮除浮液。用胶量一般为 140～150mL/m²。涂好后平放在暗箱中的干燥架上,在30℃热风下干燥 1.5～2h,最高不能超过 4h,箱中的相对湿度控制在70%以下为好。

3.感光　感光是在感光机上进行的。感光机置于暗室中,首先将黑白稿或照相正片与玻璃反光台面上的十字线对准,用橡皮膏贴牢,四周用黑纸盖没,然后覆罩在涂好感光胶并已干燥的筛框网版上,在筛框网版上再压上充气的海绵胶压板,使网版的绢网与黑白稿密切接触,不留气泡。再开启光源,光透过黑白稿使感光胶感光。有花纹处不透光,感光胶未发生光化作用,仍呈可溶性;无花纹处透光,感光膜硬化而变成不溶于水。感光的时间由黑白稿的透明程度、光的强度、花型面积、上胶的时间和气温等因素决定。

4.水洗显影　把感光后的筛框网版,在暗室中浸入 30～40℃的温水中 2～3min,并轻轻上下摆动,把花纹洗清为止。再用冷水冲洗,洗干净后,放在干燥处进行干燥。

5.擦花　用醋酸丁酯在未感光的花纹上擦洗,擦去过氯乙烯（即溶解掉）,擦去框外的花纹部分,露出花纹。对 1/2 或 1/3 接版花样的接版处要仔细检查,非花纹处若露空需用感光胶或生漆将其涂塞,而两头未感光处也要涂塞。

6.涂生漆　在制成花纹的网丝上涂一层生漆,用来保护感光膜,使其坚固耐用,延长筛网的使用寿命。正面涂漆时反面经真空抽吸,反面涂漆时,正面吸漆,除去花纹处的生漆。

二、圆网印花制版

圆网制版是圆网印花生产的重要环节。目前普遍采用的是感光乳液法制版,简称感光法制版。该法是先将水溶性感光胶均匀地涂布在镍制圆网上,将图案分色描成黑白稿卷绕于网上,然后进行感光。无花纹的地方被感光,水溶性的感光胶则变成不溶性的树脂把网孔堵死,色浆不能渗透过;而有花纹的地方则不被感光,可洗去水溶性的感光胶,形成可以透过色浆的网孔,在印花过程中,色浆从网孔中透过到织物上,实现印花。圆网感光制版工艺流程为:

选择圆网→清洁圆网→上感光胶┐
　　　　　　　　　　　├→曝光→显影→检查修理→焙烘→胶接闷头→检查
黑白稿的准备和检查　┘

(一)选择圆网

选择圆网时应按待印纺织品的幅宽、花型的特性等因素来选择不同目数、周长及工作幅度的圆网进行制版。

1. 圆网周长　常见的圆网规格周长有 480mm、640mm、913mm 和 1826mm 等。

工作幅宽有 1280mm、1620mm、1850mm、2430mm、2800mm 和 3200mm 等规格。而圆网的长度按下面公式来计算,圆网长度 = 工作幅宽 + 2 × 59mm(59mm 为留边)。

目前最常用的周长为 640mm,工作幅宽为 1620mm 的圆网。实际应用时要按织物幅宽、花型等因素选择不同规格的圆网。

2. 圆网网眼规格　圆网网眼规格,见表 2 - 3。

表 2 - 3　圆网网眼规格

网眼目数(目)	孔数(孔/cm²)	网孔面积(mm²)	网孔直径(mm)	厚度(mm)	开孔面积占总面积的百分数(%)
25	120	0.2	0.480	0.2	24
40	290	0.07	0.285	0.11	20
60	670	0.02	0.152	0.1	18
80	1150	0.01	0.1	0.08	11
125	1630	0.006	0.083	0.080	9

现在已生产有 125 目、185 目,甚至 200 目以上的高目数、高开孔率的镍网,以适应印制精细线条花样和提高花纹轮廓的边线光洁度的需要。

3. 目数选择依据　网眼目数和网的厚度选择是根据花纹的形状、织物的厚度及其经纬密度、色浆的性质、印花机的车速和批量以及纤维材料等因素决定。

(1)花型结构。精致花型及线条选用目数较大的圆网,大面积花型选用目数较小的圆网。

(2)织物性质。厚织物吸浆量大,故应选用目数较小的圆网。纯棉织物用目数较小的圆网,化纤及混纺织物用目数较大的圆网。

(3)色浆性质。流动性好的印花色浆,可选用目数较大的圆网。流动性低的印花色浆,则应选用目数较小的圆网。

(4)印花机车速。车速快,印花色浆透网率低的,应选用目数较小的圆网。

实际生产经验表明,印制大块面积花型时选用 60 目的圆网,小块面积花型选用 80 目圆网,以点子为主的花型一般选用 80 目圆网较好,以线条为主的花型以 100 目较为常见。确定圆网目数要综合各种条件,结合织物品种等生产实际情况加以选择。

(二)黑白稿的准备和检查

经过分色描绘的黑白稿可以直接用于曝光,当接头为 1/2 或 1/3 时,为了保证对花准确,采用连晒正片成全辊正片感光。

感光制版前,对黑白稿应进行全面详细的检查,包括回头尺寸、接头、多花、漏花、黑度即是否透光等。

（三）圆网制版步骤与工艺

1.清洁圆网　镍网在上感光胶前,必须进行彻底的清洁及去油,这对感光胶涂布和今后的感光质量有着直接的关系。镍网的清洁去油常用 60% 的铬酸溶液往复刷洗,然后用清水冲洗去除铬酸,再用 10% 的纯碱溶液中和,最后用冷水充分冲洗,直到 pH 值为 7 为止。已经洗净的圆网存放在烘箱内,用低温循环风吹干,应尽可能防止灰尘的沾染,以免造成砂眼。

2.涂感光胶

（1）感光胶溶液的组成。感光液是由感光胶和光敏剂组成,处方一般参照产品说明书。以下是参考处方:

圆网感光胶	100g
重铬酸铵（20%）	5～6mL
水	x

调制感光液时,先将重铬酸铵用蒸馏水溶解并过滤,然后在搅拌下加入感光胶内并搅拌均匀。感光液的黏度是以玻璃棒蘸取能直线流下为止。

（2）涂感光溶液。涂感光溶液时将洁净无水渍的橡皮刮环套在干净的铁圈外,倒入 200～300g 感光胶溶液。取干净圆网将下铁圈套上,再放入上铁圈,并调节上胶压板压住。两手平握刮环的外圈,以等速地由下向上移,上行速度约 25cm/s,使感光胶溶液均匀涂在圆网的表面。

也有采用自动刮胶,自动刮胶时刮板自上向下,下移速度为 10～12cm/s。被上胶的镍网必须在 40～45℃下保温,使上胶后的胶液中溶剂挥发而固着。自动刮胶刮得均匀,感光胶可以涂得很厚,使镍网强度增强,而且不易产生印花疵病。

镍网上胶后在低温烘箱内进行通风循环烘干,一般控制在 20～25℃烘干 20～25min。

涂液速度要适当,太慢,胶液过多,回渗入网眼内壁,洗除困难;太快,则胶膜不牢,易出现气泡。涂液一般在黄光灯下进行操作。

3.曝光　曝光时将圆网套在充气的橡皮筒外,与黑白稿紧密吻合,在高压水银灯下曝光。曝光时间取决于胶片性能、灯光亮度、感光胶溶液性能、胶层厚度及圆网目数等多种因素。曝光条件为:在室内温度为 25℃、相对湿度为 65% 时,曝光时间见表 2-4。

表 2-4　曝光时间表（温度 25℃,相对湿度 65%）

圆网目数（目）	曝光时间（s）
100	5
80	6～7
60	10
40	15～20
25	25

曝光时间要严格掌握,否则曝光部分产生小洞眼,甚至涂层脱落,影响圆网质量。

4. 显影 将感光后的圆网在 18~28℃水中浸泡 10~15min,以使未感光部分的胶层溶胀松动,然后由里向外用冷水或温水冲洗。最后,将圆网从水槽中取出用水冲洗干净,为了便于检查疵病,通常用甲基紫溶液使感光部分的胶层着色。

以上这三个步骤均在暗室中进行。

5. 检查与焙烘 由于感光胶在未焙烘前可从网眼中去除,因此对漏花或有制版疵点的地方,在焙烘前可检查修补,最后经修补的圆网应在 50℃热风循环下加速吹干。

为了使胶层获得较好的性能,应将圆网放在焙烘箱内,在 180℃的恒温条件下焙烘 2~2.5h,使感光胶硬化。

6. 胶接闷头 圆网很薄,需用闷头在两边撑住,以保持圆筒形状。并用环氧树脂将圆网与闷头固着。操作时,将圆网套在花套架上,圆网按规定裁好,用细砂皮清洁两端内壁,再用氯仿或丙酮擦清,然后刮上闷头粘接胶,闷头胶为环氧树脂,在胶闷头机上,将圆网按对花记号与闷头对好,并开启两端电热盘,保持温度在 60~70℃,经 30min,环氧树脂因受热而均匀地熔化,并开始产生固着,在操作过程中,由于树脂尚未完全固着,要轻拿轻放,防止闷头移动和碰歪。

7. 检查 上印花机打样前,应做最后的检查。将圆网套在架上,用下灯光检查砂眼、多花和其他疵病,并用快干喷漆修补。

三、直接制版

经计算机分色处理后,将网版经涂胶后直接进行制版的技术。常用的直接制版技术有激光制网与喷射制网。

(一)喷射制网

喷射制网是目前国际上较先进的一种制网技术,目前主要有喷墨和喷蜡直接制网设备。它们分别以墨水和黑蜡作为遮光剂,通过喷头直接喷射在网上形成花纹纹样。解决了传统制网工艺中的拼版问题,提高制网精度及速度,减少影响制网质量的生产工序。无胶片的制作,很好地解决了大幅面印染布生产的问题,极大地提高了效率,降低了成本,并且在实现云纹效果方面更具强大的优势,是目前主流的印花制网方法。

1. 喷蜡制网

(1)喷蜡制网工作原理。喷蜡制网采用一种新型喷印头,喷头有 160 个或 256 个喷嘴。目前较先进的压电晶体喷射头就是在喷嘴口安装一个压电晶体,然后给压电晶体加高压脉冲,这个脉冲引起压电晶体的形状变化就反应到喷嘴口内的容积变化,由于这个容积变化是在瞬间完成,这样就可以将喷嘴内的蜡挤出去,开成蜡点。喷嘴喷射速度频率为 20~34kHz,精度及速度高。

将花样通过计算机分色后的图像数据传递给喷蜡制网的主控计算机,主控计算机一方面将信号传给喷头控制系统,控制喷头的打点频率,实现喷嘴的喷蜡;另一方面主控计算机还控制喷头的移动和网的转动,确保高精度的制网。黑蜡喷在已涂好感光胶的网表面上形成花样,经过曝光,显影达到制网的目的。

(2)喷蜡制网的工艺流程:

原样稿→计算机分色┐
　　　　　　　　├→喷蜡制网→曝光→显影→高温焙烘→完成制网
洗网→涂胶烘干┘

喷蜡制网由于黑蜡是粘在网的表面上,因此与网之间没有间隙,不会形成虚影;因为没有包片,所以也就不会产生手工包片轻重不均的问题。黑蜡的遮光性好,喷头上每一个喷嘴非常小,在网上能形成精细的轮廓(精度达到1016dpi)可使高精度的云纹、细线条等图案得到完美再现,再加上喷蜡机自动接回头,也就没有接头印了。喷蜡制网速度快,打印每平方米平网只需8min左右。

喷蜡制版时所用的蜡是不溶性的,成型快,不会损坏网上的感光胶。蜡在常温下为固态,喷到网上即凝固,不会渗透和扩散。蜡要有一定的厚度,光的遮盖性要好,喷在网上的图像边缘要光滑、无断头。

2. 喷墨制版 喷墨制网技术是继喷蜡制网后的又一种无胶片制网技术,以成熟的喷墨技术为核心,集计算机网络、CAD设计和数字处理系统以及高技术的机械、电子零部件和精细化工材料于一体,将分色稿通过喷墨制网机,直接用专用的制网墨水喷射到光敏性涂层的网上,从而获得表面花型。

(1)喷墨制版工作原理。喷墨制版技术是将计算机上的分色稿以数字信息形式,通过光碟或光缆传输到喷墨系统,从而将信息数字直接转移到涂有感光胶层的筛(圆)网版上,利用墨滴组成图案的遮光性能,经感光,又称晒版,显影、遮光部分的感光胶乳化、清洗、固化等一系列操作工艺,完成印花生产上使用的单色网版,用于印花实际生产中。

(2)喷墨制版工艺流程。喷墨制版基本工艺过程如下:

图案→计算机分色┐
　　　　　　　　├→喷墨制网→(曝光)→显影→冲洗→烘干→成品花网
网坯准备→上胶→烘干┘

喷墨制版是采用墨水直接在涂上感光胶的网上喷绘出图案,之后曝光冲洗制成花网。由于省去了贴胶片工序,因此制网准确度和生产效率都大大提高,生产成本大大降低,同时也克服了贴片晒网过程中的接缝就准网点损失,杂质等缺陷,色彩重现度好。喷墨制版技术的应用也顺应了环保、节能、节水的现代生产要求。

(二)蓝光制网

蓝光制网机是最新推出的制网技术,使用蓝光制网机制作网版不用黑白胶片,无须喷墨、喷蜡,直接在涂好感光胶经烘干的圆网上进行激光打点曝光(不漏浆花纹处进行激光打点曝光,漏浆花纹处不进行曝光),然后进行显影、高温固化、上闷头固化成品。

1. 蓝光制版技术 蓝光制网机采用半导体激光器在计算机控制下对涂有胶水并经低温固

化的印花网坯进行曝光,使受光照射部分胶瞬时固化,形成图案,未受光照射部分可用清水冲洗去掉,从而得到印花花网。

2. 蓝光制版工艺流程 制网流程如下:

镍网上胶→低温烘干→蓝光激光打点曝光→显影冲网→高温固化→成品网

蓝光制网机和蓝光制版技术的使用将实现制版过程的激光数字精密化、机电一体化及自动化,推进了制版工程迈入激光、数字化新时代,也给印染行业带来节能降耗和绿色环保的全面技术解决方案。激光打点分辨率高、花纹精细、接版精确、制网简洁快速、最低能耗制网、性价比较高的特点,是印花制网理想的终端设备。

学习引导

✲ 思考题

1. 什么是分色?什么是描稿?为什么要对花样进行分色工作?
2. 描稿分色时,怎样处理色与色之间的关系?
3. 计算机分色系统由哪几个部分组成?
4. 怎么选择平网网框?
5. 怎么选择平网筛网?
6. 怎么选择圆网?

✲ 训练任务

训练任务1 手工分色描稿

1. 讨论。

(1)分色描稿起什么作用?

(2)人工分色描稿操作流程

(3)想一想,叠色、渐变色怎样分色?

2. 训练。

(1)准备花样、透明纸数张、2B 铅笔。

(2)进行人工分色描稿操作。

训练任务2 编制平网制版工艺书

1. 讨论。

(1)绷网的方法有哪些?

(2)感光胶的组成与调制方法各是什么?

(3)喷墨制网的流程是什么?

(4)怎样进行显影?

（5）固化起什么作用？

（6）怎样检查平网是否合格？

2. 训练。

<table>
<tr><td colspan="14" align="center">平网制网工艺卡</td></tr>
<tr><td colspan="2">订单号：</td><td colspan="2">花号：</td><td colspan="2">套色：</td><td>刻幅：</td><td colspan="6">花网尺寸：</td></tr>
<tr><td rowspan="9">印花机花筒排列</td><td colspan="5" align="center">印花色浆种类</td><td>网目</td><td>来样</td><td colspan="2">月　日</td></tr>
<tr><td></td><td>位1</td><td>位2</td><td>位3</td><td>位4</td><td></td><td>检查</td><td colspan="2">月　日</td></tr>
<tr><td>1</td><td></td><td></td><td></td><td></td><td></td><td>完成</td><td colspan="2">月　日</td></tr>
<tr><td>2</td><td></td><td></td><td></td><td></td><td></td><td>品种</td><td colspan="2"></td></tr>
<tr><td>3</td><td></td><td></td><td></td><td></td><td></td><td>数量</td><td colspan="2"></td></tr>
<tr><td>4</td><td></td><td></td><td></td><td></td><td></td><td></td><td colspan="2"></td></tr>
<tr><td>5</td><td></td><td></td><td></td><td></td><td></td><td></td><td colspan="2"></td></tr>
<tr><td>6</td><td></td><td></td><td></td><td></td><td></td><td></td><td colspan="2"></td></tr>
<tr><td>序号</td><td colspan="2">制网工序</td><td colspan="3">各工种技术要求</td><td colspan="2">工作情况记录</td><td colspan="2">检查人</td><td>日期</td></tr>
<tr><td>1</td><td colspan="2">分色</td><td colspan="3"></td><td colspan="2"></td><td colspan="2"></td><td></td></tr>
<tr><td>2</td><td colspan="2">绷网</td><td colspan="3"></td><td colspan="2"></td><td colspan="2"></td><td></td></tr>
<tr><td>3</td><td colspan="2">上感光胶</td><td colspan="3"></td><td colspan="2"></td><td colspan="2"></td><td></td></tr>
<tr><td>4</td><td colspan="2">喷墨制网</td><td colspan="3"></td><td colspan="2"></td><td colspan="2"></td><td></td></tr>
<tr><td>5</td><td colspan="2">曝光</td><td colspan="3"></td><td colspan="2"></td><td colspan="2"></td><td></td></tr>
<tr><td>6</td><td colspan="2">显影</td><td colspan="3"></td><td colspan="2"></td><td colspan="2"></td><td></td></tr>
<tr><td>7</td><td colspan="2">修版</td><td colspan="3"></td><td colspan="2"></td><td colspan="2"></td><td></td></tr>
<tr><td>8</td><td colspan="2">固化</td><td colspan="3"></td><td colspan="2"></td><td colspan="2"></td><td></td></tr>
<tr><td colspan="3">开单：</td><td colspan="3">复核：</td><td colspan="8">年　月　日</td></tr>
</table>

训练任务3　编制圆网制版工艺书

1. 讨论。

（1）选择圆网的依据是什么？

（2）网眼目数表示什么？选择目数的依据是什么？

（3）圆网制网感光胶与平网是否一样？

（4）胶接闷头的过程是什么？

2. 训练。

<table>
<tr><td colspan="12" align="center">圆网制网工艺卡</td></tr>
<tr><td colspan="3">订单号：</td><td colspan="2">花号：</td><td colspan="2">套色：</td><td colspan="2">刻幅：</td><td colspan="3">花回：</td></tr>
<tr><td rowspan="8">印花机花筒排列</td><td colspan="5" align="center">印花色浆种类</td><td align="center">网目</td><td align="center">来样</td><td colspan="2" align="center">月　日</td></tr>
<tr><td></td><td align="center">位1</td><td align="center">位2</td><td align="center">位3</td><td align="center">位4</td><td></td><td align="center">检查</td><td colspan="2" align="center">月　日</td></tr>
<tr><td align="center">1</td><td></td><td></td><td></td><td></td><td></td><td align="center">完成</td><td colspan="2" align="center">月　日</td></tr>
<tr><td align="center">2</td><td></td><td></td><td></td><td></td><td></td><td align="center">品种</td><td colspan="2"></td></tr>
<tr><td align="center">3</td><td></td><td></td><td></td><td></td><td></td><td align="center">数量</td><td colspan="2"></td></tr>
<tr><td align="center">4</td><td></td><td></td><td></td><td></td><td></td><td></td><td colspan="2"></td></tr>
<tr><td align="center">5</td><td></td><td></td><td></td><td></td><td></td><td></td><td colspan="2"></td></tr>
<tr><td align="center">6</td><td></td><td></td><td></td><td></td><td></td><td></td><td colspan="2"></td></tr>
<tr><td colspan="2" align="center">序号</td><td colspan="2" align="center">制网工序</td><td colspan="2" align="center">各工种技术要求</td><td colspan="3" align="center">工作情况记录</td><td colspan="2" align="center">检查人</td><td align="center">日期</td></tr>
<tr><td colspan="2" align="center">1</td><td colspan="2" align="center">分色</td><td colspan="2"></td><td colspan="3"></td><td colspan="2"></td><td></td></tr>
<tr><td colspan="2" align="center">2</td><td colspan="2" align="center">清洁圆网</td><td colspan="2"></td><td colspan="3"></td><td colspan="2"></td><td></td></tr>
<tr><td colspan="2" align="center">3</td><td colspan="2" align="center">上感光胶</td><td colspan="2"></td><td colspan="3"></td><td colspan="2"></td><td></td></tr>
<tr><td colspan="2" align="center">4</td><td colspan="2" align="center">喷墨制网</td><td colspan="2"></td><td colspan="3"></td><td colspan="2"></td><td></td></tr>
<tr><td colspan="2" align="center">5</td><td colspan="2" align="center">曝光</td><td colspan="2"></td><td colspan="3"></td><td colspan="2"></td><td></td></tr>
<tr><td colspan="2" align="center">6</td><td colspan="2" align="center">显影</td><td colspan="2"></td><td colspan="3"></td><td colspan="2"></td><td></td></tr>
<tr><td colspan="2" align="center">7</td><td colspan="2" align="center">焙烘</td><td colspan="2"></td><td colspan="3"></td><td colspan="2"></td><td></td></tr>
<tr><td colspan="2" align="center">8</td><td colspan="2" align="center">胶接闷头</td><td colspan="2"></td><td colspan="3"></td><td colspan="2"></td><td></td></tr>
<tr><td colspan="2"></td><td colspan="2"></td><td colspan="2"></td><td colspan="3"></td><td colspan="2"></td><td></td></tr>
<tr><td colspan="3">开单：</td><td colspan="3">复核：</td><td colspan="6" align="right">年　月　日</td></tr>
</table>

❉ 工作项目

平网制作

根据花样制作平网网版，平网制作实施方案如下，仅供参考。

一、准备

（1）仪器：喷墨制网机，绷网机，曝光机，上胶刷，烘箱，烧杯（100mL、250mL），量筒

（100mL），玻璃棒，毛笔，裁剪刀等。

（2）材料：网框、绢网材料、聚酯胶片（或即时贴）等。

（3）药品：白乳胶、无水酒精、感光胶、墨汁等。

二、实施过程

平网制作基本过程为：

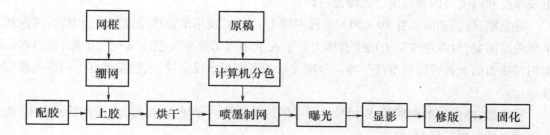

1. 网框的选择或定制　根据所设计的花型大小选择所需规格的网框或重新定制网框。

2. 绷网（胶着法）

（1）步骤：网框涂胶→自然干燥→绷网→清洁（涂刷无水酒精）→干布擦拭→风扇吹干。

在丝网装入夹头后，在 5min 左右的时间内，先绷到该丝网的允许张力的 70%～80%，停留 10min 左右后，拉到允许张力，粘网。

（2）操作。

①用刷子在网框的底、侧面均匀地刷涂上白乳胶。

②将刷涂白乳胶后的网框搁置一定时间，让白乳胶自然干燥。

③将绢网材料夹持在绷网机的夹持架上，并手摇绷紧。

④将网框涂胶面朝上由绢网下方上托，使其绢网紧贴。

⑤用刷子蘸上无水酒精，隔着绢网在网框上涂刷，使网框上的白乳胶溶解并与绢网胶着。

⑥用干布擦拭胶着面，并用电风扇吹干，使胶着坚固。

⑦用裁剪刀沿网框外沿 2～3cm 处将绢网切割。

⑧将网框外沿的绢网包裹胶着在网框侧面即可。

3. 上胶

（1）步骤：配胶→上胶→烘干。

（2）操作。

①选用平网，并清洗、烘干。

②配胶。在操作室内采用黄色的漫射光，不能在无遮光的环境下操作，按所用平网胶和光敏剂规定的配比配制，顺时针搅拌均匀，搅拌后静置消泡 1～2h；

③用刮刀（或刷子）将胶液在网版的承印面刮 1～2 次，刮印面刮 1 次，烘干。上胶涂布方式和次数，受网目数、花型精细度和耐印率等因素影响，需按实际要求确定；

④烘干：在 30～40℃带循环风的干燥箱内烘干 20～30min。

4.喷墨制网

（1）步骤：喷墨→曝光→显影→修版→固化。

（2）操作。

①把烘干后的网版安装在喷墨制网机上，将所需分色图形调入制网机控制计算机，由喷墨制网机直接把不透光的黑色喷墨材料喷印在网版承印面上，形成各种花型；

②曝光：将喷墨后的网版直接放在普通晒版台上曝光（不用真空晒版设备），应根据花型、上胶厚度和温度等因素确定最佳曝光时间；

③显影：将感光网版在 20～30℃水槽中浸 1～2min，或用水管将网版正反面淋洗，待网版上呈现明显图案，放在冲洗架上用带有压力的水在承印面匀速冲洗至图案轮廓清晰，然后在刮印面用无压力的水将残留浆淋洗干净。将曝光后的平网用水反复冲洗、使花型部位的感光胶完全洗尽。

④修版：冲洗好的网版放在 40℃带循环风的干燥箱内干燥，取出冷却，放在检网台上，根据网版质量情况进行修版、封边。

⑤固化：修整好的网版需进行曝光（二次曝光）后再固化，用干净软毛排刷蘸固化剂溶液在承印面和刮印面均匀涂刷一次。建议用吸湿机或海绵把网版空格中水液吸净，放入 50℃带循环风的干燥箱内干燥 1h 或自然干燥 4h。

学习情境3　印花色浆调制

✻ 学习任务描述:

根据花布图案所提出的色泽要求及印花工艺设计书确定的印花工艺,选择适当的染料或涂料、印花糊料,进行配色,为印花生产开出调浆工艺卡;并根据调浆工艺卡配制印花色浆,供印花机印制使用。

✻ 学习目标:

完成本学习任务后,应能学会:

1. 会根据印花染料类型选用合适的印花原糊。
2. 会编制印花原糊的制糊工艺。
3. 能进行常用印花原糊的制备。
4. 能进行常用印花基本色浆(仿色)的调制。

学习任务1　印花糊料的选用与制备

一般用于印花的纺织品都要求具有均匀、良好的润湿性和渗透性,但印花时,为了克服纺织品毛细管效应引起的渗化现象,在染料溶液或分散液中必须加入一种被称为糊料的物质,将它们调制成具有一定黏度的糨糊,我们称它为印花色浆。印花色浆中除了染料、糊料外,通常还需加入一定的助溶剂、吸湿剂和其他一些必要的化学药剂。

一、印花糊料概述

印花糊料是指加在印花色浆中能使其起增稠作用的亲水性高分子化合物。一般印花糊料是一些能溶解或充分膨化、分散在水中的高分子物的溶液或胶体溶液。印花糊料是印花色浆的主要组分,它决定着印花运转性能、染料的表面给色量、花纹轮廓的光洁度等。总之,它是影响印制效果的一个重要因素。

(一)印花糊料的作用与要求

1. 印花糊料的作用　印花糊料在加入印花色浆之前,一般先在水中溶胀,制成一定浓度的稠厚的胶体溶液,这种胶体溶液称为印花原糊。糊料在印花过程中所起的作用:

(1)增稠剂。糊料可作为印花色浆的增稠剂,赋予色浆一定的黏度和印花特性。使印花色浆具有一定的黏度,并保持所希望的流动性,部分抵消织物的毛细管效应,从而保证花纹轮廓的光洁度。

(2)载体。糊料可作为染料的传递剂,起到载体的作用。印花时,染料借糊料的帮助传递到织物上,经烘干后,花纹处就形成有色的糊料薄膜。汽蒸时,染料从薄膜逐渐转移、渗透到织物里,在到达平衡状态后,完成上染。当印花和固色过程完成后,糊料的职能也已完成,因而,要从织物上洗除。

(3)分散剂和稀释剂。糊料可作为印花色浆中染料、化学药剂、助剂或溶剂的分散介质和稀释剂,使印花色浆中的各个组分能均匀地被分散在原糊中。

(4)稳定剂。糊料可作为印花色浆的稳定剂和延缓印花色浆中各组分彼此作用的保护胶体。

(5)匀染剂。糊料可作为印花后,在接触式烘干过程中的抗泳移作用的匀染剂。

(6)吸湿剂。糊料可作为印花后处理汽蒸固色时的吸湿剂。

2. 印花糊料的基本要求

(1)制糊要求。

①容易调煮。糊料在制成原糊后,应具有一定的物理和化学稳定性,不会在存放过程中变质,在调制色浆时,要能经受搅拌、挤压和机械作用。

②与染料和化学药剂有较好的相容性,应能使染料和化学药剂、助剂均匀地分散在原糊中,从而获得均匀的花纹图案。

③在稀释时黏度变化小。

(2)印花要求。

①印花时,色浆要有良好的转移性,使所印的织物具有较高的表面给色量。

②糊料必须具有良好的浸润性能,能很好地润湿织物;而且还必须能克服织物的毛细管效应,避免渗化的产生。

③糊料应具有必要的印花流变性能,印制出的线条精细、块面均匀、轮廓光洁,花纹图案符合原样精神。

④糊料应具有对织物的良好渗透性,使糊料能渗入织物内部。

⑤印花烘干后能在织物表面形成有一定弹性、耐磨性的膜层。这一膜层要能经受摩擦、折叠,不会从织物上剥落、龟裂和飞扬。

⑥要求制成的印花色浆在印花过程中不起泡。

(3)后处理要求。

①汽蒸时,糊料要具有一定的吸湿能力。印花烘干后的织物在汽蒸时,蒸汽中的水分将在印花处和未印花处冷凝,进而被色浆和纤维吸收,便于染料固着于纤维上。

②糊料不会对染料产生有影响的还原作用。

③糊料本身不能具有色素,且必须有良好的洗除性,否则会造成花纹处手感粗糙、色泽不艳亮、色牢度较差等不良效果。

(4)印制效果要求。

①糊料能使染料与化学药剂、助剂均匀地混合,染料在全部印制过程中分布均匀,获得匀染效果。

②糊料在丝网、镍网或花筒上只局限在雕刻制版花型面积以内,不溢向花纹以外,做到印制的轮廓清晰。

③雕刻制版的图案完整地在织物上重现,花样中任何一小部分也不欠缺,其中每一根线条都不中断。

另外,印制效果优良与否,还与印花图案的花型、丝网、镍网的网孔密度或花筒雕刻深浅、印制时的车速、刮刀或磁棒的刮压力以及织物的品种规格有关。

(二)印花糊料的选用

织物印花的效果很大程度取决于色浆增稠剂——糊料的性质。各类印花染料、各种印花方法、各种织物的纤维原料和组织结构乃至印花花纹,都要有相适应的糊料才能获得理想的印制效果。选择糊料,除考虑糊料的化学性能、离子性外,还要考虑其物理性能。

印花糊料的物理性能:黏性、流变性、触变性、曳丝性(以上总称为流动性能)、黏弹性、可塑性、抱水性、渗透性、分散性,其中糊料的流动性能为衡量印制效果的主要指标。

1. 反映印制效果的几项主要指标及测定　印制效果能否达到预期目的,可以通过各种测试手段合理控制,或利用各种糊料的性能,调制成各种印花色浆来进行印制。

(1)轮廓的清晰度。在实际印花中经常会碰到一些精细度较高的花样(如细线条、细巧包边、干笔等),其印制效果往往达不到原样设计的要求(花样粗糙、线条虚毛),这除了取决于筛网制版、花筒雕刻质量、工艺设计外,印花糊料的选择是一个重要的因素。因此,要求印花色浆除具有良好的可塑性外,还具有一定的扩渗性能。

轮廓的清晰度的测定是将印花原糊制作的色浆用楔形图案的筛网印在织物上,比较在织物上显出的花纹清晰度。操作时,将印花色浆倒入筛网框内,用手工台板在织物上印花,然后立即烘干、汽蒸、水洗,计算楔形印花花纹在织物上获得的实际长度,作为轮廓清晰度的度量。测定印花后织物上楔形长度与筛网上楔形长度之比,即为该糊料的尖锐性。

(2)表面给色量。印花织物一般均以表面得色的高低来衡量其上染效果,但在印制紧密织物的大块面花型时,不仅要求表面给色量适度,更要求均匀性好。要获得均匀的印制效果,糊料应具有一定的流变性,黏度不宜过大,调制成印花色浆后,应具有较稳定的黏度,渗透能力要好。表面给色量与原糊的渗透性有关。

原糊的渗透性是指印花色浆印到织物表面上后向织物和纤维内部润湿的性能,它与表面得色量有关。渗透性差的色量,其色浆中的染料大多分布在织物的表面层,因而给色量高,但其匀染性差。常用原糊的渗透性排序大致为:半乳化糊 > 海藻酸钠 > 高醚化度淀粉 > 龙胶 > 醚化植物胶 > 纤维素醚 > 印染胶 > 小麦淀粉。

目前采用分光光度计分别测定印花织物正、反面的 K/S 值,再应用下式计算。

$$渗透率 = \left[(织物反面的 K/S 值)/(织物正面的 K/S 值) \right] \times 100\%$$

这种方法比较简单直观,与实际印制效果也较符合。

(3)抱水性。糊料的水合能力,是指该糊料的膨润性、吸水性和耐稀释性。糊料的抱水性在汽蒸固色过程中对印制效果有很大的影响,抱水性差的糊料,水能在糊料中自由运动,产生花纹轮廓渗化现象,这种现象在印制疏水性织物时更加严重。

测定原糊的抱水性能,一般是将待测的原糊放在试管中,把有刻度的滤纸的下端放入原糊中约10mm,试管上部用塞子塞紧,经一定时间后,测定滤纸上水的上升高度。上升的高度高,说明该糊料抱水性差;反之,则抱水性能好。

常用糊料中,海藻酸钠、醚化植物胶抱水性较好,淀粉醚次之,小麦淀粉最差。

(4)黏着性。黏着性常用曳丝性来表示,曳丝性又称拉丝性,是胶体黏性的一种表现形式。各种印花糊料均应具有曳丝性能来适应印花过程中的形变,以得到完整的花型。印花原糊在筛网印花时,要求黏着力越小越好。所以常有一种说法,筛网印花的色浆要厚而不黏。

常用的曳丝性测定方法,是将一根玻璃棒插入印花原糊中,迅速提起,观察该糊料从玻璃棒上流下的状态,用一定的数学式表示。这个方法和印花调色技工通常用调浆棒在浆桶内提起时,观察印花色浆流成线的长度相类似,比较迅捷、实用。

根据生产实践,曳丝性过大会使刮浆效果降低;过小,则会造成供浆系统送浆困难。不同印花设备对糊料的曳丝性要求也不一样,对拉出高度要求是:圆网印花机 > 平版筛网印花机 > 手工台板印花。常用印花糊料的性能见表3－1。

表3－1　常用印花糊料的性能

印花原糊 ＼ 印花性能	pH 值	还原能力	重金属影响	色素	给色量	鲜艳度	花型轮廓	渗透效果	均匀性	易洗除性	原糊pH 值
小麦淀粉	3～11	微	无	无	高	好	好	差	一般	差	7 左右
印染胶	2～12	强	无	黄色	较低	较好	好	一般	一般	一般	—
黄糊精	2～12	强	无	黄色	较高	较好	好	一般	一般	一般	—
海藻酸钠	6～11	微	凝胶	黄色	一般	较好	好	一般	一般	一般	7 左右
天然龙胶	3～9	无	无	无	一般	好	好	好	好	好	6.5
合成龙胶	3～13	无	无	无	一般	好	好	好	好	好	7～9

2. 影响印花糊料的工艺因素　色浆由原糊加水、染料、化学药剂和助剂,经过搅拌拼混而成。色浆印制到织物上后,原糊是色浆的增稠剂和传递的主要介质。在配制印花色浆和印花过程中,各种工艺因素会影响印花糊料的性能。

(1)加水稀释的影响。加水稀释时,原糊的黏度一般都会下降,但不同流变特性的原糊,稀释对其黏度的影响也不同。牛顿型流体属于抗稀释性好的原糊,加水稀释时黏度变化不大,例如低聚合度海藻酸钠。塑性和假塑性流体在加水稀释时黏度变化大,属于抗稀释性能差的原糊,例如小麦淀粉、油/水型乳化糊等。

(2)染料、化学药剂、助剂加入的影响。调制印花色浆时,需要根据印花工艺设计的要求而加入各种不同的染料、化学药剂和助剂。这些化学品的加入,将使色浆的黏度发生变化,甚至产生凝胶化、沉淀等变化。造成原糊黏度变化的主要原因是脱水作用、溶剂作用、填充作用以及形成结构的变化等。原糊黏度的变化使其流变性能发生变化而影响印制性能。为此,在工艺设计时,必须根据染料、化学药剂、助剂的性能合理地选用糊料。常用的印花原糊与化学药剂的相容性如表 3-2 所示。

表 3-2 常用印花原糊与染料、化学药品的相容性

染化药剂 ＼ 糊料	淀粉 (2%)	印染胶 (10%)	醚化淀粉 (4%)	龙胶 (3%)	CMC (4%)	CM (3%)	羧乙基皂荚胶(3%)	海藻酸钠 (5%)
活性染料	×	△	○	×	◎	×	◎	◎
分散染料	○	◎	◎	◎	◎	◎	◎	◎
阳离子染料	○	◎	×	◎	×	◎	◎	×
98%硫酸(20%)	◎	◎	◎	○↓	×凝胶	◎	△↓	×凝胶
30%盐酸(20%)	◎	◎	◎	◎	◎	◎	△↓	×凝胶
冰醋酸(50%)	◎	◎	◎	◎	◎	◎	◎	×凝胶
酒石酸(20%)	◎	◎	◎	◎	◎	◎	◎	×凝胶
柠檬酸(10%)	◎	◎	◎	◎	◎	◎	◎	×凝胶
氢氧化钠(30%)	△↑	△↑	◎	○↓	○↓	×凝胶	◎	△↑
碳酸钠(10%)	◎	◎	◎	◎	◎	◎	◎	◎
硫酸铝(20%)	△↑	◎	◎	○	×凝胶	×凝胶	×凝胶	×凝胶
氯化亚锡(10%)	○	◎	◎	△	×凝胶	◎	◎	×凝胶
雕白粉(20%)	◎	◎	◎	◎	◎	◎	○	△
硼酸(4%)	○	◎	◎	○	○	△↑	×	△↑

注 ◎表示相容性好;○表示有一定程度的相容性;×表示不适宜;△介于"○"与"×"之间表示基本不适宜;↑表示黏度增加;↓表示黏度下降。

(3)搅拌对原糊的影响。搅拌是调制印花色浆时经常使用的一个操作。由于原糊流变性能的不同,糊料随着搅拌转速的加快和时间的延续,黏度变化也不同。牛顿型流体或近似牛顿型流体的糊料变化较小,例如印染胶、低聚合度海藻酸钠。塑性流体的淀粉糊的黏度则下降迅速。

(4)汽蒸对原糊的影响。印花色浆印到织物上后,要获得高的固着效果,汽蒸时所处的条件是一个重要影响因素。染料对织物的上染、固着以及各种染化料的化学反应,几乎都是在汽蒸过程中完成的。汽蒸时,染料透过原糊的膜层向纤维表面转移,影响因素有:

①转移速度。糊料的浆膜要薄,具有适当的吸水性,促使染料以水为介质向纤维方向浸渍扩散而容易上染。

②染料转移的数量。各种糊料对染料有不同的吸附性能和亲和力,因此染料能够从原糊膜层转移出来的数量也不同。汽蒸时,染料从原糊中的转移是多种效应的综合结果,它既与原糊有关,也与染料的扩散性能有关。对原糊来说,在汽蒸达到染色平衡时,各种原糊的染料转移量大致为:淀粉醚 > 海藻酸钠 > 醚化植物胶 > 玉蜀黍淀粉 > 印染胶 > 龙胶 > 纤维素醚。

（5）工艺条件对脱糊的影响。织物经印花汽蒸后，原糊作为印花色浆的增稠剂和传递介质的作用已经完成，从而被水洗去除。而糊料的易洗除性，除取决于糊料的可溶性能外，还受到不同工艺条件的影响。

①原糊品种的影响。印花用的原糊大致可分为可溶性原糊和不溶性原糊两种，由于两者的水溶性能不同，其脱糊过程也不同。海藻酸钠是典型的可溶性糊料，小麦淀粉是典型的不溶性原糊。

②固着工艺的影响。织物经印花后的固着处理工艺的不同，也会影响原糊的易洗除性。一般离子型的糊料（如海藻酸钠或羧甲基纤维）较易脱糊，非离子型的胶类或淀粉则较困难，尤其是经高温常压汽蒸或热空气固着处理后，这种差别更加显著。

③织物品种的影响。纤维的亲水性能、织物组织的光滑程度不同，对原糊的易洗除性也会产生一定的影响。疏水性纤维比亲水性纤维的脱糊性能好，表面光滑的织物比表面粗糙的织物脱糊率高。

二、常用印花糊料及其制糊

（一）淀粉及其衍生物

1. 淀粉

（1）淀粉的性质。淀粉的来源为面粉、大米粉、马铃薯粉、木薯粉等。

淀粉微溶于冷水，在水中加热，颗粒可膨胀到原体积的 100 倍，当淀粉颗粒在温水中膨胀到一定程度就会裂解成糊状，称这种现象为糊化。由于淀粉品种不同，组成结构不同，其膨胀化和糊化温度也不同，含杂越多，需要的温度越高。

淀粉遇到强酸水解，变为可溶性淀粉——糊精。最后水解为葡萄糖，这一系列水解过程，淀粉的分子结构并没有改变，只是分子链聚合度变小了，黏稠性变低了。淀粉遇弱酸，在低温时水解并不显著。

淀粉与烧碱溶液作用时，充分膨化，变成黏稠的液体，称之为碱淀粉。黏度有所增加，故淀粉适于 pH = 3 ~ 11 的情况下使用。

（2）淀粉成糊特点。淀粉浆料的成糊率和给色量都较高，具有印花轮廓清楚，蒸化时无渗化，不粘烘筒等优点，是主要的印花用糊料，但在渗透性、给色均匀性、洗涤性及手感发硬方面，还有待于进一步克服。

除涂料印花和活性染料印花外，淀粉糊料适用于其他各类染料的印花。

（3）淀粉原糊的制备。制备淀粉原糊有碱化法和煮糊法。

①碱化法。碱化法是利用淀粉在碱中膨化的性质，不升温制备淀粉原糊，以玉蜀黍淀粉为例。

处方：

玉蜀黍淀粉	12kg
烧碱［30%（36°Bé）］	3.2kg
硫酸［62.53%（50°Bé）］	1.8kg

水	x
合成	100kg

操作:先用50kg冷水,将淀粉以快速搅拌成悬浮状后,过滤。将烧碱先用1:1冷水冲淡,在不断搅拌下缓慢加入淀粉液中,继续搅拌至淀粉充分膨化,加入1:1冷水冲淡的硫酸,边加硫酸边测pH值,使pH值达到6~7为止。

②煮糊法。处方:

小麦淀粉	12~15kg
植物油	1~2kg
水	x
合成	100kg

操作:将煮糊锅洗净,先放入50%左右的冷水,开动搅拌器,徐徐加入规定量的淀粉,搅拌均匀至无疙瘩为止,然后加水至总量(也可先放入桶内加入冷水,搅拌过滤进煮糊锅,加满冷水)。用9.8×10^4Pa蒸汽隔层加热煮3~4h,糊料呈透明(煮糊过程中蒸发的水分应随时补充)。然后关闭蒸汽,开夹套冷水在搅拌情况下使原糊冷却为止。

煮糊时,加入植物油可以改善糊料性能,降低其黏性,煮成原糊后,存放过久容易腐败变质,在100kg淀粉原糊中可加入防腐剂甲醛150~200mL。为防止存放过程中表面结皮,可在原糊表面加水保护。

2. 印染胶和糊精 印染胶和糊精均是淀粉在强酸作用下,加热焙炒而成,转化较好,色泽深黄就是黄糊精,而颜色较浅,转化较差为印染胶。成糊率低,给色量也有所下降,但渗透性能提高,容易洗除。

印染胶和糊精由于制备麻烦,除还原染料应用外,其他染料印花极少应用。

印染胶吸湿性很强,蒸化时容易造成印花色浆渗化,从而使织物上花型边缘不清,因此往往将印花胶与淀粉原糊混合应用,取长补短。

(1)黄糊精、印染胶原糊的制备。

①处方:

黄糊料	70~80kg
消泡剂(火油)	1L
水	x
合成	100kg

②操作:将冷水放入煮糊锅内,逐渐加入黄糊精,搅拌均匀,然后加入火油。在搅拌情况下,升温煮沸到黄糊精充分溶解呈深褐色透明体时(需2~3h)。加水至总量,关闭蒸汽,在不断搅拌下,以隔层流动水充分冷却后,储存备用。

(2)印染胶——淀粉混合浆料。

①处方:

	处方1#	处方2#
煤油	1kg	1kg

淀粉	5 ~ 6kg	8kg
印染胶	40 ~ 50kg	25kg
水	x	x
合成	100kg	100kg

②操作:操作基本同黄糊精、印染胶原糊。

③使用:处方 1# 多用于还原染料以烧碱为碱剂的色浆原糊,处方 2# 多用于还原染料以纯碱或碳酸钾为碱剂的色浆原糊。

(3)醚化淀粉(以 SolvitoseC5 – F 为例)。

①处方:

SolvitoseC5 – F 或 C5	10kg
冷水	90L
合成	100kg

②操作:将所需的 SolvitoseC5 – F 倒入加有冷水的调糊容器中,不断搅拌,待 SolvitoseC5 – F 完全膨化后即可应用。

(二)纤维素衍生物

1. 羧甲基纤维素 羧甲基纤维素(简称 CMC)的钠盐可溶于冷水和热水,而羧甲基纤维素则不溶于水,该原糊对一价和二价金属并不敏感,但与三价金属离子(铝、铁、铬)和阳离子会形成不溶性沉淀。羧甲基纤维素原糊在 pH 值为 2.5 以下时会生成凝胶,pH 值超过 2.5 时则溶于水,因此,它不适用于 pH 值为 2.5 以下的印浆,因醚化度低,不适用于 X 型活性染料的印花,而适用于 K 型和 KN 型活性染料,给色量比海藻酸钠糊高,但手感则极差。

羧甲基纤维素糊的调制方法与羧甲基淀粉相同,与后者比较,其黏度比后者大,而其给色量则比后者小,因为它对染料的直接性较大。

羧甲基纤维素的制糊方法也较简便,一般用较低浓度就可获得高黏度的糊液。

(1)处方:

粉末状羧甲基纤维素(醚化度0.6)	3 ~ 4kg
冷水	x
合成	100kg

(2)操作:在不断搅拌的水中,慢慢撒入粉末的羧甲基纤维素,待加完后,再继续搅拌 1h 左右,即可得到无色透明的黏稠溶液。

2. 甲基纤维素 甲基纤维素(简称 MC)可溶解于冷水,但在 50 ~ 90℃下凝固。

甲基纤维素耐酸、耐金属离子的性能较好,但遇碱和硼酸盐会发生凝结,因而利用它的这种特性,可用于还原染料两相法印花工艺和金属络合染料的印花。甲基纤维素糊遇碱也会凝结,在印花时,就根据它这种特性用作两相法印花的原糊,印花时线条轮廓精细,适用于色基。

甲基纤维素对油类具有良好的乳化作用,因此可用作制备油/水型乳液的乳化剂和保护胶体。甲基纤维素商品名为 TyloseMH—300。

甲基纤维素的制糊方法十分简便,根据产品黏度的不同调整用量。

调制操作:在不断搅拌的温水(50~60℃)中,慢慢撒入 TyloseMH—300(甲基纤维素商品名),然后继续搅拌冷却至全部溶解均匀为止。

(三)天然龙胶与合成龙胶

1. 天然龙胶　天然龙胶是从植物紫云英的灌木皮中分泌出来的一种树胶为叶状、带状、贝壳状半透明体,呈白色和黄色,但成为 $C_6H_{10}O_5$ 与 $C_6H_8O_4$ 的复合体。

天然龙胶难溶于水,一般先使其在冷水中自然膨胀或用热水煮成糊状,使其具有一定的黏性和乳化能力,黏性在 pH 值为 8 时最高,比淀粉高 4~5 倍,遇酸、碱、金属盐类或长时间加热都会使其黏度下降。天然龙胶渗透性能良好,印花均匀,成糊率与给色量高,蒸化时无渗化,易于洗除,是优良的印花原糊。但其来源有限,价格高,煮糊又较麻烦,因此现在均用合成龙胶代替。天然龙胶原糊制备:

(1)处方:

龙胶片	8~10kg
水	x
合成	100kg

(2)操作:先将龙胶片用 6~8 倍冷水浸渍 24h,使之充分膨化,并经常翻动。然后将已膨化的龙胶片和水一起倒入煮糊锅中,在不断搅拌下,加热煮沸 12~16h,使其成糊。关闭蒸汽,仍在不断搅拌下,以隔层流动水冷却。要注意,龙胶糊煮得越透,黏度降低,成糊率也越低,但其匀染性好。

2. 合成龙胶　合成龙胶又叫羟乙基皂荚胶,是将槐豆粉醚化而成,它具有天然龙胶的大部分特点,如成糊率高,花纹匀染性好,渗透性好,易洗除性好等;对酸碱的适应范围较大,可适用于 pH=3~12 的范围,固含量低,不粘刀口和辊筒;对各类糊料的相容性好。但遇铜、铬、铝等金属盐类会产生凝集,所以不宜单独用于含金属的络合染料。

合成龙胶适用于色基和色盐的印花,但不适用于活性染料印花。

(1)处方:

羟乙基皂荚胶	5~8kg
水	x
合成	100kg

(2)操作:在不断搅拌的情况下,将羟乙基皂荚胶慢慢撒入已加有温水的煮糊锅中,用 $98 \times 10^{-4}Pa$ 蒸汽隔层加热煮沸 1~2h,使其充分溶解为无粒状的黄色透明胶体。关闭蒸汽,用隔层流动水冷却,继续搅拌约 2~3h。用醋酸调 pH=7~8,冷却备用。

(四)海藻酸钠

海藻酸钠又称海藻胶,海藻酸是从海水中生长的马尾藻中萃取而来。

1. 海藻酸钠制糊特点　海藻酸在碱作用下能生成羧酸钠盐,可溶于水,并具有阴荷性。在海藻酸钠分子中羧基负离子使之与活性染料阴离子有排斥作用,不会发生反应,这是活性染料用海藻酸钠糊保色率高的原因,所以海藻酸钠是用于活性染料最好的原糊。

海藻酸钠遇大多数金属离子会析出凝聚状的盐类而沉淀。用硬水调制原糊时,由于生成海藻酸钙或镁的沉淀物,使海藻酸钠分子失去负电荷,使染料和原糊产生沉淀,造成印花时的色点疵病,且易洗除性下降。因此,要求在制糊时使用软水,否则一定要加入软水剂,例如六偏磷酸钠,将水软化。

海藻酸钠原糊具有流动性和渗透性好,得色均匀,易洗除,不粘花筒和刮刀,手感柔软,可塑性好,印制花纹清晰制糊方便等优点,虽然酸、碱对海藻酸钠均有影响,但 pH 值在 6 ~ 11 之间是比较稳定的。pH 值高于或低于此范围的均有凝胶产生,当色浆中 pH 值较高时,可加入三乙醇胺,以防海藻酸钠糊产生凝胶。

2. 海藻酸钠原糊制备

(1)处方:

海藻酸钠	5 ~ 8kg
六偏磷酸钠	1kg
水	x
碳酸钠适量	0.2 ~ 0.5kg
甲醛(40%)	0 ~ 50mL
合成	100kg

(2)操作:将海藻酸钠倾入盛有含六偏磷酸钠溶液的调糊桶中,开动搅拌器,液温控制在40℃以下,搅拌均匀无粒状(3 ~ 4h),加入适量的碳酸钠,使其 pH 值在 7 ~ 8,然后加水至总量,并加入甲醛溶液,搅拌均匀(气温低时甲醛可以不加),最后用泵抽出,经 150 ~ 200 目尼龙丝网过滤。

海藻酸钠遇大多数金属离子会析出凝聚状的盐类而沉淀,用硬水调制原糊时,由于生成海藻酸钙或镁的沉淀物,使海藻酸钠分子失去负电荷,使染料和原糊产生沉淀而造成印花时色点的产生,易洗除性下降。因此,要求在制糊时使用软水,否则一定要加入软水剂,例如六偏磷酸钠,将水软化。

(五)乳化糊

1. 乳化糊的用途 乳化糊常用作涂料印花色浆的增稠剂,有时也加在其他印花色浆中,以调节色浆性能,但不适合所有染料。常用的印花乳化糊为油/水型。

乳化糊印花时,在切应力作用下黏度降低,有利于透网和润湿织物,以及色浆由花筒向织物转移,乳化糊调成色浆的厚薄与内外相的黏度、内外相的体积、乳化剂的浓度成正比,而与内相液滴的大小成反比。

乳化糊内不含有固体,印花烘干时即挥发,颜色鲜艳手感柔软,花纹极精细,渗透性好,不粘花筒和刮刀,由于乳化糊含水分少,除适用于涂料印花外,还适用于水溶性染料中溶解度高的品种,又由于乳化糊中有大量乳化剂的存在,对很多水溶性染料有缓染作用,使给色量降低,汽蒸时并有渗透化现象发生,所以在一般染料印花时,多与其他原糊拼混使用。

2. 乳化糊的制备

(1)处方:

乳化剂(平平加O)	3kg

热水	10L
白火油	70～80L
水	x
合成	100kg

（2）操作：将乳化剂平平加 O 先用热水充分溶解，待冷却后备用。在快速搅拌下（1500r/min），将火油慢慢加入，使之乳化。火油加完后，再断续搅拌 30min，使其充分乳化。

制备乳化糊时，要加入保护胶，如海藻酸钠、羧甲基纤维素，能增加外相黏度，减小液珠之间的碰撞概率，从而提高乳液的稳定性。其用量一般控制在 0.5%～1.0%。

学习任务 2　印花色浆的调制与打样

印制效果一般是用花纹精细度、满地大块面均匀性来描述的。印花色浆对印制效果的影响主要源于印花糊料的物理性能。印花糊料的物理性能包括：黏性、流变性、触变性、曳丝性（以上总称为流动性能）、黏弹性、可塑性、抱水性、渗透性、分散性，其中糊料的流动性能为衡量印制效果的主要指标。

一、印花色浆的要求

（一）印花工程对印花色浆的要求

（1）色浆各组分混合状态均匀，无杂质、无颗粒、无块状物。

（2）具有一定的润湿性、黏着力和内聚力。

（3）色浆具有一定的流变性，易成膜，且有弹性。

（4）具有高的上染率和给色量。

（5）具有良好的印花均匀性和适当的印透性。

（6）辅助物质的易去除性。

（7）稳定性好。

（8）固含量尽可能低。

根据印花对其色浆的要求，对色浆的组成和染液的组成作一下比较，染液的组成主要是染料（或颜料）和助剂的水溶液或其他液体（临界二氧化碳）的溶液；而色浆与其比较就多了原糊。所以，原糊在色浆中的作用可想而知，色浆的性能主要取决于糊料的性能。

（二）印花方式对色浆的要求

不同的印花方式，由于刮印方式不同，因而对糊料的性能也有不同的要求。

（1）手工台板印花。将印花色浆倒入筛网网框内，用橡胶刮刀往复刮印，通过刮刀的压力挤压和刮印，将色浆挤压过花纹部位透过网孔到织物上。该操作施予色浆的剪切力较小，因此，要求原糊有较好的流变性和透网性。即在刮刀刮印时黏度下降，使之透过网孔转移到织物上，并向织物内部渗透，当刮印停止时，剪切应力消失，它的黏度又能迅速回复到原来的水平，保证了印制到织物上的花型轮廓清晰。

因此,手工台板印花用糊料要求有一定的稠厚度,流变性能要好,但触变性要小。

(2)平版筛网印花。平版筛网印花时,把印花色浆倒入筛网网框内,借助刮刀或磁棒往复刮印,色浆受到刮刀或磁棒给予的压力和剪切应力,是以"压"为主、"刮"为辅助的联合动作,将色浆刮印转移到织物上。因此,要求印花原糊具有良好的流变性和透网性。即要求在刮刀或磁棒刮印时黏度下降,色浆通过筛网网孔转移到织物上,当色浆所受到的剪切应力消除后,它的黏度又能迅速回复到原来的水平。这样可以保证筛网网框升起时,色浆不下漏,并防止色浆的飞溅而造成印花疵病。

因此,平版筛网印花所用的糊料应该是厚而不黏、曳丝性差,而触变性要小。

(3)圆网印花。圆网印花是将印花色浆注入镍圆网的内壁,同样通过刮刀或磁棒将色浆挤压,通过镍网的网孔转移到织物上。由于圆网印花是连续式印制,色浆仅靠一次刮印完成印制过程,因此,必须要求糊料既容易从网孔中刮出,又能保持有光洁的轮廓和均匀的表面。因此,印花色浆必须具备比平版筛网印花更好的流变性能和透网性,且要求有良好的渗透性和适当的曳丝性。

所以应选用游移性较低、固含量高而黏度较低的糊料。

(三)印花色浆配方的要求

1. 糊料的合理选择　理想的印花糊料应满足:

(1)成糊率高,用量小,污染少。

(2)给色量高,不与染料发生化学反应和结合,对染料的亲和力差,不改变染料色光。

(3)成糊具有良好的润湿性、抱水性、稳定性,不渗化,使花纹轮廓清晰。

(4)成糊与染料、助剂相容性好,分散性好,并有良好的储存稳定性;为染料或颜料与织物结合提供良好的固色环境。

(5)成糊具有一定的流变性能(适度的粘流性能),也就是要有一定的黏度、触变性、塑弹性。

(6)成糊对织物有一定的黏着性。

(7)成糊结膜快,柔软,不龟裂。

(8)极易洗除。

2. 染料的合理选用　染料的选择应考虑既经济、适用性又好,还要考虑污染排放等问题。在确定印花配色处方时首先要考虑染料的性能、溶解度、提升率、固色率以及是否是拼混染料等,对拼色的染料还要考虑其配伍性能。

(1)拼色的合理性。

①色光相近原则。拼色数量最少。在一般工厂中,均具有比较丰富的拼色实践经验,因此,在选择染料拼色也日趋合理,拼色染料的种数也基本应该是数量最少。纯棉织物拼色染料的个数,应严格控制在 1~3 个,染料个数越少,生产过程越容易控制,色光波动就越小。

色相相近。无论是两拼色,还是三拼色,都必须遵循色相相近拼色的原则。一般应避免用红、黄、蓝三原色相互直接拼色,以减少色光波动,提高色光的稳定性。

三原色也称三基本色。用这三种基本色可以拼出任何色泽来,用两种基本色拼混在一起配

成的颜色,叫做二次色。用二次色拼混在一起而成的颜色叫做三次色,它们的关系为:

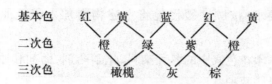

从上述关系可以看出,用基本色(原色)来拼色时虽可得到任何色泽,但它们间的色相变化大。

非余色拼色。在选择染料色光时,有一个问题要加以注意,就是要正确掌握余色原理,所谓余色即两种颜色有相互消减的特性,因此在一般情况下,不能用互为余色的两种染料为主色来拼色。例如一种带红光蓝光,如果认为红光太重,则可加入一些红色的余色即绿色染料来消减,在这里应用余色原理只能是微量的调节,否则用量多后会影响色泽的深度和艳亮度。各颜色的余色关系(对角线两端的颜色称为余色)如下所示:

②特性相近原则。

a. 亲和力相近、反应性能相似。拼色染料之间应具有相近似的亲和力、扩散性及反应速率,尤其是活性染料印花,相近似的扩散性及反应速率是获得均一色泽的重要保证。

b. 工艺条件相近。染料拼色时,要考虑到拼色各染料的类型及所需工艺条件的一致性,一般情况下,应以同类型染料拼色为宜。

c. 色牢度最佳。色牢度是衡量印花产品质量的一项重要指标,色牢度的好坏会影响产品声誉,因此,不仅要选择色牢度相对较好的染料,而且还必须选择色牢度相近的染料来拼色。

(2)深色印花染料总量合理性。工厂有时为了达到客户来样的色泽深度,不得不增加染料的用量,但染料用量也有一定的限度,达到一定用量后,即使再增加用量,深度的提升率也很有限。过量的染料会造成染料聚集在织物上引起色光萎暗,本应该鲜艳的色泽反而不艳;有些染料的提升率本身并不高,盲目增加用量,非但解决不了深度问题,还会造成严重落色现象。即使在水洗中加入防沾污剂或再经二次甚至三次水洗,白地沾污疵病仍会发生,同时污水色度问题也会加重。

(3)正确核对色光。

①标准光源。使用标准光源,严格按客户要求的光源正确核对色光,并注意不同光源下的色变,即同色异谱问题;

②统一目光标准。核对色光时,必须统一目光标准。由于配色试样与实际生产条件存在一定的差异,因此,对仿色拟订的配方还需根据具体情况做适当的调整,以尽量缩小仿色样与生产样间的差距,提高生产效率。

统一目光、专人对色,就是要掌握好仿色样与生产样间的差距的规律,以利及时快速调整。

二、印花色浆的调制

印花色浆是由染料(或颜料)、化学药剂和助剂经溶解(或分散呈悬浮状)后,在不断搅拌的情况下,根据工艺要求,按顺序缓慢地将上述物料加入印花原糊中,经充分混合后制成的。

1.色浆调制的计量 印花色浆中的各种染料、化学药剂、助剂和原料,根据它们的形态,其计量方式有重量法和容量法两种。

粉状、粒状的物料均采用重量法;液状、浆状的物料以容量法为主,但也有采用重量法的。重量法计量用具,按所称重量的多少,有药物天平、台秤、磅秤等多种,它们的感量一般为1/100。为了提高称量的精确度,现均配置了高精度的电子秤。

容量法计量一般采用量筒、量杯或自制的容器计量标尺和容具进行计量。从计量精确度来衡量,色浆的调制还是以重量法为宜。

2.化料 印花用的染料大部分为水溶性,为了帮助染料的溶解,也有加入尿素、溶解盐B等助剂来提高其溶解度。但有小部分染料,例如还原染料、分散染料,它们在水中溶解度很小,甚至是不溶性的,因此需将其制成染料的悬浮体后,加入印花原糊中。

悬浮体印花工艺用的还原染料必须具备一定的细度(平均细度应在 2 μm 以下)。如果染料颗粒没有达到超细粉的标准,必须将染料在砂磨机中进行研磨。其具体操作:将染料、水和助剂加入不锈钢桶中,拌匀,然后加入玻璃球(染料与玻璃球的质量比为2:1),启动搅拌器高速搅拌5~6h,用锦纶筛网袋把玻璃球滤出,即可得到悬浮状的染液。

一般化学药剂的溶解性能均较好,用温水即能使其溶解。个别难溶的物质,可用热水(或加热)来提高其溶解度。助剂一般可直接加入,个别的则需先用水稀释后加入印花原糊中。

3.色浆调制操作 印花色浆的调制必须按拟订的操作程序进行,尤其是在启动高速搅拌机时,不能提速过快,防止某些对皮肤有伤害的化学品飞溅。印花色浆调至总量后,应对色浆的黏度进行测定(一般可用手提式旋转式黏度计),这是为了保证批量生产前后的印制效果的一致性,以及便于今后翻单时的重现性。

4.安全操作 印花色浆调制的区域地面潮湿,部分地块温度偏高,某些化学药剂有异味,粉状物料的粉尘飞扬,总之操作环境不尽如人意。

安全防护与安全操作是确保安全的重要举措。粉状物料,尤其是染料,为有色的有机化合物,其组成中难免含有对人体有害的物质,吸入后,会对身体造成危害,因此,称取染料时应戴好防毒、防尘口罩。染料溶解时,若较易产生粉尘,应在有排气装置的排毒罩下进行。化学药剂,尤其是强酸、强碱,不仅有刺激性气雾逸出,而且会腐蚀皮肤,因此使用这些药剂时,要戴好橡胶保护手套和防护眼镜。印花色浆在调制过程中,难免有原糊溅落在地面上,造成地面又湿又滑,因此,除将其地面铺设防滑砖和保证积水畅流外,操作者应穿防滑胶鞋,以免滑倒造成工伤。

三、印花打样

在花样审理后的生产准备工作中,花型的回头、花型尺寸、套色结构、色泽的任何改变,客户都希望看到修改后的实样。印花打样分为仿色打样、打平板样。

1．仿色打样　根据工艺选定的染料和糊料,对来样进行仿配色,从而确定具体印花色浆配方。仿色打样采用手工平网打样方式,在平网小网筐上,制作成小方块纹样,进行手工刮印。有的把这种方式叫做打方块样。

由于配色试样与实际生产条件存在一定的差异,因此,对仿色拟订的配方还需根据具体情况做适当的调整,以尽量缩小仿色样与生产样间的差距,提高生产效率。

2．打平板样　打平板样的手段有:手工平网打样、圆网小样机打样、数码印花打样以及上大车打样。目前,工厂以手工平网打样为主。

(1)手工平网打样。手工平网打样一般以一个花样的完整回头为准,制成小网框,进行手工刮印,主要用来检查经花样审理、工艺设计后的最终印制效果。其缺点是受人工刮印力度大小的影响,精细度及效果与大样有一定差异。当然因为刮印力及刮印速度与大机有区别,其精细度及效果与大样存在合理差异。

(2)数码印花打样。数码印花机是近几年研制成功的新型印花设备,它彻底改变传统的印花方法,使织物印花变得非常简单,无须制版,印花套色和花回不受限制,是一种先进的打样手段。

(3)大车打样。近年来上大车打样也逐渐升温。现在许多客户不仅要看印制效果,而且还要看市场反应,做成服装预展,因此就要上机台打样,上机台打大样与实际生产能做到同一条件、效果最接近,其最大缺点是浪费严重(既浪费染化料,又影响设备的利用率)。为此,各印花机制造商专门生产印花打样机供印染企业选用。

学习引导

❀ **思考题**

1．印花原糊在印花过程中起什么作用?

2．理想的印花原糊应具备什么样的性能?

3．印花原糊为什么具有触变性?印花原糊触变性对印花过程有什么意义?

4．简述淀粉糊、海藻酸钠糊、龙胶糊和乳化糊的主要性能,并加以比较。

5．原糊的润湿性能对印花质量会产生哪些影响?

❀ **训练任务**

训练任务1　编制印花原糊的制糊方法

1．讨论。

(1)想一想什么样的糊料才能满足织物印花的要求?

(2)印花原糊性能指标有哪些?用什么方法来测定这些性能?

(3)印花工艺因素会对印花糊料的性能造成影响吗?

2. 训练。

常用原糊制糊工艺			
原糊名称		配方	基本操作
淀粉糊	碱化糊		
	煮糊		
海藻酸钠糊			
合成龙胶糊			
乳化糊			
合成增稠剂原糊			

训练任务2 印花色浆(仿色)的调制

1. 讨论。

(1)涂料色浆的基本处方?色浆调制的基本步骤?涂料印花仿色工艺流程?

(2)网版排列越是靠前,压板次数越多,得色就会越浅。想一想,仿色时要怎样操作,才能缩小大小样之间的色差?色浆最终处方要怎样确定?

2. 训练。

给花样配色、仿色,并填写印花配色报告。

印花配色报告					
花样编号		色位	颜色名称		
标样		仿色样	一级贴样	二级贴样	三级贴样
仿色过程样					
色差	原样色差:	原样色差:		原样色差:	原样色差:
仿色过程样					
色差	原样色差:	原样色差:		原样色差:	原样色差:
印花工艺					
印花工艺流程:					
印花色浆组成:					
工艺条件:					
姓名		日期			

✹ **工作项目**

常用印花原糊的制备

分别用煮糊法和碱化法制备淀粉糊 50g，制备海藻酸钠糊、合成龙胶糊、乳化糊和合成增稠剂原糊各 50g。常用印花原糊的制备实施方案如下，仅供参考。

一、准备

1. 实训仪器 恒温水浴槽，烧杯（100mL、250 mL），量筒（100mL），刻度吸管（10mL），搅拌机，玻璃棒等。

2. 实训材料 淀粉、海藻酸钠、合成龙胶、火油、合成增稠剂、涂料、黏合剂、棉布等。

3. 实训药品 NaOH（30%）、H_2SO_4（98%）、平平加 O、氨水（25%）等。

二、实施过程

1. 制订处方和操作方法 略。

2. 备料 略。

3. 操作 略。

学习情境 4　印花工艺控制

纺织品印花是一种工业化的艺术加工,是花型、印花工艺设计、印花设备操作与控制等在纺织物上有机结合的综合效果。

❋ 学习任务描述:

1. 根据印花工艺设计指定书要求,编制印花机工艺卡,并在已备好印花半制品、花网,印花色浆时,在印花机上进行印花生产的过程。

2. 根据印花工艺设计指定书要求,制订蒸化机工艺卡,对已印制上花纹的织物进行固色处理,使染料从印花色浆膜层转移上染并固着在纤维上的过程。

3. 根据印花工艺设计指定书要求,制订水洗机工艺卡,并对已进行固色处理的织物,把印花糊料、未上染的印花染料及其所用助剂药品一起从印花布上洗去的过程。

❋ 学习目标:

完成本学习任务后,应能做到:

1. 了解常用印花设备的类型、基本构造及特点。

2. 会应用印花机台工艺卡的要求对印花机实施过程管理;并进一步能编制印花机台工艺卡。

3. 会应用蒸化或焙烘机台工艺卡的要求对固色过程进行控制;进一步会选用各类染料印花的固色方法,并能编制印花固色机台工艺卡。

4. 会应用水洗机台工艺卡的要求对印花水洗过程进行控制;进一步会选用各类染料印花的水洗方法,并能编制印花水洗机台工艺卡。

5. 能判断与处理印花疵病、固色疵病、水洗疵病。

学习任务 1　印花机操作与控制

织物的印花设备,按印花方法的不同,通常有手工框动式印花台板、布动式平版筛网印花机、圆网印花机、放射式滚筒印花机以及数码印花机和转移印花机等。20 世纪 90 年代,筛网印花设备的占有率超过滚筒印花机,而滚筒印花机则随着印染产品市场需求的变化而逐渐减少。本学习情境的学习任务是平网印花、圆网印花。

一、平网印花

平网印花是先按照图案的颜色不同,分色制作若干个筛网,用框架固定,筛网上非印花图案部分的网孔被割闭。经绷网和制版后的筛网称为色框。印花时,将织物粘贴在长而平直的台面上,色框置于织物上,在色框内加入色浆,用刮印器在色框上往复刮压色浆,使色浆透过筛网印花图案部分的网孔印至织物上。

根据加工方式和工艺不同,平网印花机可分为框动平网印花机(俗称台板印花机)和布动平网印花机两类,其中框动平网印花机又分为手工台板印花机和半自动台板印花机,布动平网印花机又分为间隙进出布式和连续进出布式两种。

平网印花机印制花回长度范围大,网面幅度宽,套色多,不易传色,能印制轮廓清晰而精致的花纹,制版快且容易,印花时织物承受的张力小。适宜品种多、批量小的轻薄、高档织物印花。

(一)台板印花机

框动平网印花机是将织物粘贴在固定的印花台板上,用手工或半机械操作使色框顺着织物长度方向做间隙性移动,一版接一版进行套版刮印。台板长度和宽度随加工织物品种而定。为使台板具有适当弹性,往往在其表面铺一层人造革,人造革下面垫毛毯或双面棉毯。台板下面有加热装置,使台面的温度保持在45℃,便于织物粘贴及干燥色浆,防止前后色框印花时色浆搭色。台板两侧有定位孔,以固定色框位置防止错花。手工台板印花不受张力、色框大小、套色数限制,不易搭色。特别适合真丝、合成纤维、针织物及大花型或满地印花。但由于贴布、移框、刮浆都是人工操作,对操作工技术要求高,劳动强度大,生产效率低,并易产生刮浆不匀等印花疵病。

1.框动式台板印花过程与结构 框动式台板,一般由框架、龙筋脚座、角铁龙筋、台面钢板、台板面层、加热管、保温室、水沟和上下手规矩角铁等组成。手工印花台板示意图如图4-1所示。

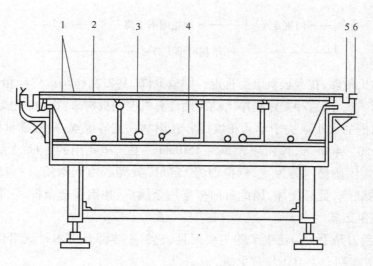

图4-1 手工印花台板示意图

1—台面钢板 2—台板面层 3—加热管 4—保温室 5—水沟 6—上下手对花规矩孔

框动式台板高度一般为 0.65~0.70m,工作幅度 1.3~1.5m,通常为长方形,长度根据厂房而定,以 30~60m 居多,半自动筛框印花台板长度达 120m 左右。

(1)台面钢板。以 3~4mm 的热轧钢板制成平整又具有一定强度的台面,以确保台面平整。

(2)台板面层(覆盖在台面钢板上)。一般由两层工业绒毯,外包一层工业合成革(帆布底),以保持外表光洁平挺,而且具有一定的弹性。合成革表面应无粗糙粒子,并要求无接头印,便于织物粘贴平服,也有利于印花后的台面清洗。

(3)加热管。一般热台板均采用间接蒸汽加热,保持台面温度在 40~45℃,在铺设加热管时,要防止局部冷热不匀而影响烘燥效果。

(4)保温室。在台板下方用石棉板、石棉泥、纤维板等构成一个保温室,使其均匀温热,并防止热量外泄。

(5)水沟(排水槽)。台板两侧均有一条出水流畅的水沟,便于在洗刷台板时,能及时排放污水,一般是由较厚的塑料膜制成。

(6)上下手对花规矩孔。上手(操作面)规矩孔是在角钢上开好一定间隔距离的孔眼,在此孔眼内再镶入用 45 号钢制成、并经过热处理的规矩孔,最后用螺钉固定。这样可以提高规矩孔的使用期限,还可以保持一定的精度。下手(非操作面)规矩孔是在另一向上的角钢槽中心打出具有一定规格要求的孔眼,这样不仅可以插入网框的对花销,还可以供框架的行车滑轮在角钢槽内行走。安装上下手的规矩孔时必须细心,且要逐一校验调整,通入蒸汽加热后,还要调整一次,这样才能达到要求。

由于手工台板刮印均以人工操作为主,所以劳动强度高,产品质量受操作者技术水平和熟练程度的不同影响较大。因此,目前利用在原手工台板的基础上改装成台式平网走车(俗称小电车)或三自动刮印(自动行走、自动定位、自动刮印)设备对织物进行印制加工。它的运转程序为:

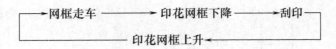

走车由电动机传动,在台板轨道上行走。网框升降、刮刀刮印均由传动箱通过电磁离合器按操作程序进行。现今,这种操作程序已经应用计算机控制机构来执行和完成。

2. 筛框 筛框的大小取决于单元花纹、刮向、织物幅宽等因素,一般筛框的尺寸应比花型的尺寸经向大 250~400mm,纬向应大 80~150mm。手工印花用的筛框过去常用木质框,木质材料以柳桉木、优质松木等为主,制框前经"定形"处理。由于木质具有吸水性,难免存在易变形和扭曲的缺点,且易损坏,因此目前多采用金属框,如铝镁合金框,它既轻又坚固。

3. 手工印花用工具

(1)刮刀。刮刀是手工印花生产的主要工具,它的主体部分由木材或铝合金材料制成,为了便于操作,一般在刮刀架上还装有手柄。

木制刮刀架应选择质地轻、变形小的木材,木材厚度为 20~25mm,中间开有 15mm 深的凹槽,以便嵌入约 30mm 高的橡胶条,并用钉子固定。刮刀架凹槽的宽度应与所配的橡胶条厚度相配合,一般为 9 ~ 10mm。

　　刮刀橡胶必须无杂质、无气泡,且具有一定的弹性和耐磨性,另外,还要求具有耐酸、耐碱、耐有机溶剂的性能。手工刮刀一般采用天然橡胶为多,硬度为邵氏 A 45 ~ 60。由于印花织物规格和花型的不同,橡胶刮刀的刀口一般磨成大圆口、斜口、小圆口和快口四种形式。

　　(2)拖浆刷。拖浆刷用于将洒在印花台板上的贴布浆拖匀,它是由若干羊毛排笔夹固在木制底板上制成的,底板上装有手柄。

　　(3)匀浆辊。匀浆辊是在金属框架上装有两根转动灵活、用塑料或金属材料制成的滚筒,它的表面十分光滑。贴布浆经拖浆刷拖匀后,再经匀浆辊来回滚动,使贴布浆更加均匀平整,以消除拖浆刷的刷帚印。

　　(4)三角架。三角架是粘贴织物时平整开幅的工具,用木材或金属材料制成。顶角约为120°,底边长度比印花织物门幅宽 50 ~ 100mm。三角架的表面必须十分光滑,棱角呈圆弧形,以防止织物被擦伤。

　　4. 手工印花操作程序　　手工印花常用于丝绸、合成纤维、针织物和品质要求较高的纯棉织物。手工印花操作技术要求较高。手工印花操作包括半制品的准备、粘贴织物、印花、揭起织物等工序。

　　(1)印花前半制品的准备。保持半制品布面平整是获得良好印制效果的前提。在印花过程中,织物由于吸收色浆中的水分而伸缩,特别是印制大块面花型时,因织物经纬向收缩不一而浮起或产生气泡,致使织物干燥时形成不均匀的斑块。为了防止这种疵病产生,根据不同织物的伸缩性,考虑是否要进行喷雾给湿。

　　(2)粘贴织物。手工印花粘贴织物方法,因印制织物品种、规格的不同,可分为洒浆粘贴、刮浆粘贴和热塑性树脂粘贴等几种方法。粘贴不当是造成印花常见的疵病,如浆渍、糊边、皱条、纬斜的主要原因。因此除了合理选择粘贴方法外,还应在操作上加以注意,粘贴操作的要点为以下几点:

　　①粘贴平整。为了贴布平整,操作者应相互配合,适当控制织物的张力,发现有不平或局部起皱时,要及时使其平整。

　　②布边贴直。糊边是手工印花最常见的疵病,它的产生大都是由于贴布不直所造成的,因此应在台板上事先用白漆作标记。

　　③防止浆渍。防止浆渍的产生,必须根据织物的品种、工艺和花型的特点,合理选择粘贴方法。若操作者技术熟练程度较高,洒浆贴布是比较简便可行的,尤其是印制纯棉织物时,是最为常用的方法。热塑性树脂则适宜于合成纤维织物的粘贴。

　　④防止纬斜。检查半制品的纬斜是否符合要求,为了保证纬斜控制在 3% 以内,最好进行整纬后再印花。

　　(3)印花。印花前应搞清生产工艺的技术要求,检查网版的编号和质量,在生产过程中经常核对生产样与标样的一致性。

　　根据生产的品种和花型,合理选用印花刮刀。快口,刀口倾斜度大,收浆效果好,适用于精细细茎花型。小圆口,刀口呈薄圆形,收缩效果较好,适用于一般细茎和小花纹。大圆口,刀口呈厚圆形,因其与网版接触面积大,透浆量多而均匀,适宜于粗放花型及大面积花纹。

印花操作时,刮浆刀来回推动,用力要均匀,刮刀与网版的角度要一致,送浆均匀,收浆干净。做到套版准确,防止接版处脱开或重叠等。

为了防止接版处压糊,网版排列,一般先印跳版,后印接版;先印深色,后印浅色;先印细茎、泥点,后印块面。

(4)揿起织物。印花结束后,待织物上色浆干燥,才能将台板上的织物揿起,织物在台板上的干燥程度根据品种、花型来掌握,过分干燥,容易造成色浆折痕,甚至脱落;未完全干燥,则容易产生搭色、渗化。

织物揿起以后,即可对台板进行清洗。先在台板上洒水使贴布浆膨胀,然后用鬃刷或尼龙刷来回拖刷,再用橡胶刮水刀将台面上污水刮净,最后用清水冲洗,晾干待用。

(二)平网印花机

布动平网印花机采用计算机控制技术,实现了自动进布、自动贴布、色框自动升降、自动刮印、自动烘干织物和自动出布,减轻了操作工人的劳动强度,提高了生产效率,是目前使用较多的一类平网印花机。

1. 工作过程及结构 布动平网印花机是将织物粘贴在沿经向循环运行的平直无缝的环形导带上,随导带做间歇运行,色框固定在一定的位置上做升降运动。导带静止时,色框下降,刮印器往复刮压色浆,使色浆透过网孔印至织物上。刮印完毕后,色框提升,织物随印花导带向前运行一个花回的距离(等于筛网中花纹的长度)。印好的织物在印花单元的尾端被拉起脱离导带而进入烘燥机烘干后落布。导带运行到非印花区时,由清洗装置去除残留在导带上的色浆,准备下一次印花循环。布动平网印花机每次印花循环依次自动完成以下动作:

导带行进 → 导带停止运行 → 色框下降 → 刮印器刮印 → 色框提升 → 导带清洗 →(循环)

布动平网印花机一般与其他单元机和通用装置组成印花联合机,由进布装置、印花单元、烘燥和出布装置等组成。印花单元是布动平网印花机的核心部分,主要由贴布装置、导布机构、色框升降机构、刮浆机构、清洗机构等组成。

(1)进布装置。根据需要可采用卷装进布和折叠进布。织物通过导布辊、紧布器、松紧调节辊(张力补偿装置)和吸边器等,以保证织物低张力、平整地进入机台。张力补偿装置调节无级变速直流电动机,使织物运行和印花导带同步;圆盘式压缩空气剥边器能消除织物卷边,特别适合易卷边且伸缩性大的针织物;光电吸边器可消除布面折皱,同时在两边电眼的控制下,防止织物跑偏。若印制窄幅织物,还可双幅进布。

在进布单元中,还可采用旋风集尘装置,它通过拍打、毛刷的交替使用,去除织物上的灰尘、绒毛和纱头,再由强力抽风装置,把灰尘和绒毛通过风道收集在集尘箱中。

(2)贴布装置。为使织物平整地粘贴在导带上,通常采用水溶性浆贴布和热塑性树脂贴布两种形式。而它们要采用两套完全独立的贴布装置。

①水溶性浆贴布装置。水溶性浆贴布装置是通过两辊给浆装置,由给浆辊将浆槽中的水溶性浆均匀传递到印花导带的表面,织物在压辊的作用下平整地粘贴于导带上。浆层的厚薄可随织物规格品种不同通过调节给浆辊与导带的间隙来调整。适用于亲水性织物和门幅较窄的平网印花机。

②热塑性树脂贴布装置。热塑性树脂贴布装置是通过热压辊使织物紧贴于热塑性树脂涂层的印花导带上。热压辊为一无缝钢管,内有电热元件加热钢管,温度一般在 40 ~ 80℃,由温控装置控制。由于导带间歇运行,而热压辊对导带连续施压,容易造成导带的受热不均匀。因而必须使热压辊的线压力与导带的运行速度连锁,即压辊的线压力随导带运行速度的改变而改变。导带速度高时,压力就大;反之,速度低时,压力就小。热塑性树脂贴布可保护导带表面,延长导带使用寿命,并对导带的细微损伤予以弥补。它适用于任何织物及各种幅宽的平网印花机,特别适合疏水性织物。

热塑性树脂有两种,N 型和 I 型。N 型适合于夏季用,黏性较差;I 型用于一般季节,黏性好但耐热性差,在不加热时它没有黏性,因而停车后不会黏附灰尘和绒毛等杂质。

(3)导布机构。导布机构由印花导带和导带传动系统组成。印花导带的作用是把织物定长地从一个网框送到另一个网框。印花导带是一条无接缝的环形橡胶导带,由多层帆布涂橡胶制成。印花导带按花回大小精确控制和调整运行距离及暂停位置,能做出加速、减速、刹车及自动循环动作。印花织物始终平整地粘贴在印花导带上,并随导带一起运行和停止。导带由平直的台面支撑。

导带传动系统是决定印花质量和精度的关键。要求导带在传动时准确定位,不出现任何偏移。导带传动方式分机械传动和液压传动两大类,机械传动是由变速电动机经减速器传动出布端的导带拖引辊,由拖引辊辊面摩擦传动印花导带。液压传动是采用液压缸连接导带夹持器夹持导带边缘推进导带。机械传动结构简单,制造方便,动力消耗少,但机械磨损大,对花精度差;液压传动对花精度高,自动化程度高,便于集中控制,操作方便,但动力消耗大。

导带夹持器种类很多,常用的有电磁铁、气动夹等。另外,还有一种真空吸盘,是在导带下面沿整幅导带吸附的。

(4)色框升降机构。印花时,色框自动下降到与织物接触并压紧后方可刮印色浆,刮印完毕,色框需立即提升到一定高度,完全脱离印花织物,然后印花织物随导带行进一个花回长度。因此,色框升降必须与导带运行、刮印器往复运动配合得当。色框升降必须平稳,因而对于幅宽或花回较大的筛网,为防止发生网底面与印花织物之间色浆飞溅,常采用偏升方法,即先提升传动侧平网,后提升操作侧平网,以减轻网面振动和防止色浆飞溅。在色框下降速度方面,为了缩短每一印花循环所需时间,可采用两次下降方法,即色框先高速下降到距离织物表面约 10mm 时,暂停下降,待织物停稳后再次下降。

筛网框架的升降运动可由电动机或液压缸驱动,通过曲柄滑块或摆杆连杆机构完成,也有采用气缸驱动的移动凸轮式升降机构。

(5)刮印装置。刮印装置是直接影响印花质量的重要单元,分为橡胶刮浆刀(简称刮刀)式和磁性刮浆辊(简称磁辊)式两种。

①刮刀式刮印装置。刮刀式刮印装置由传动箱、导架、滑座、刮刀、色框及色框调整架等组成。传动箱采用变频电动机调速传动,用来控制刮刀滑座的往复刮印与换刀动作:刮印速度、行程、次数及溢印(浮刮)可由操纵面板上的按钮设定,刮印速度为 0.4 ~ 2.2m/s,分 10 挡。刮刀压力、角度和高度可通过滑座上的相应旋转手柄手动调节,刮刀角度调节范围为 25°,一般采取双刮刀纬向刮印,刮印次数 1 ~ 8 次。色框调整架既用作承托色框,又用来调整色框的高、低和纵、横位置,以调整套色对花。色框缩幅架的作用是搁置不同门幅色框,满足窄幅织物印花需要。

②磁辊式刮印装置。磁辊式刮印装置由导架、色框、色框调节架、金属辊及磁力装置(简称磁匣)组成。在导带下面电磁吸力作用下,金属辊与筛网间产生压力,当磁力装置移动时,由于电磁吸力对金属辊心的水平作用分力与筛网对金属辊面的摩擦阻力形成一对力偶,使金属辊在筛网表面随磁匣的移动而滚动,磁匣可由液压油缸推动或由电动机传动往复螺杆带动。

磁辊刮印装置结构简单,采用经向刮印,比沿幅向刮印均匀性好,刮浆辊与筛网面之间为滚动摩擦,可延长筛网使用寿命,但对金属辊的平直度、表面粗糙度要求较高,而且各套色刮浆辊的刮印速度是一致的,不能像刮刀刮印那样可按工艺需要分别调节刮印速度或刮印次数。

(6)清洗机构。在印花过程中,色浆常会从布的正面渗到反面沾污导带,另外,还有黏着的绒毛等污物,必须及时清洗干净。因此,在导带非印花区装有导带的水洗装置。由喷淋器、水箱、刮水器等组成。均匀清洗的首要条件是导带必须连续运动。印花导带由喷淋器预先喷淋。一个软泡沫垫擦去残留色浆,并由塑料刮刀刮去大部分的污物。再经预清洗毛刷粗洗导带上的残留物质,后经刮刀刮水后,由第二个毛刷再次刷洗。由压缩空气加压的刮刀把残水刮干净。水箱由不锈钢薄板制成。水箱水位由传感器连续监测。为便于清洁,水箱可从机器侧面全部拉出。泡沫垫及刮水刮刀可随时拉出检查。

(7)花布烘燥机。印花织物脱离印花导带后,被送到花布烘燥机的传送网带上进行无张力烘燥。传送网带由聚酯纤维单丝织成表面粗糙和透气率很大的网状带。织物在烘燥过程中,不论织物的厚薄、组织的稀密以及印花色浆的渗透性如何变化,都不会导致搭色。

由于平网印花机车速较低,烘房容布量较少,一般穿布 2 ~ 3 层,全机热风大循环,进出布在同一端,便于操作。花布由传送网带托持进入烘房,倾斜式的进布架角度可按需要做适度调节,传送网带线速度与印花导带输送织物的线速度保持同步,由红外光电检测后自动调整。烘燥机热源一般为饱和蒸汽,也可采用过热蒸汽或高温载热油,烘房最高工作温度为 120 ~ 150℃,由温控装置自动控制。

2. 平网印花操作程序

(1)初开车前的准备工作。工艺、设备、织物、花网与色浆的准备。

①根据工艺及来样要求做好印制工艺准备。审查工艺制订书,查看工艺要求有无特殊说明,工艺版号是否与工艺相符;根据工艺要求,磨好刮刀刀口;配备并检查色浆黏稠度是否符合印制要求。

②检查设备各个部位及整体运转是否正常,橡胶导带、尼龙导带有无损伤,纠偏装置是否正常,检查水刷装置是否干净,有无杂物,检查贴布装置是否干净,以免划伤橡胶导带,不锈钢盘是

否润滑良好,检查磁棒是否平直,给浆孔是否堵塞,刀托是否磨损,烘室是否干净等。

③检查半成品规格是否与作业指导书的要求一致,半成品外观、内在质量是否达到印制要求,印制几何花型、排列有规律的花型时半成品是否纬斜,门幅是否一致。

④花网上机前,检查花网是否有损伤、多刻、漏刻、砂眼等问题,上机前花网必须用水冲洗干净,检查刮刀是否有损伤,色浆、花网排列是否与工艺相符。

(2)初开车。

①送电后,检查设备的电器、机械部分是否正常工作,有无异常现象,刮刀、刀托压力是否调到最佳位置。详细检查全机操作人员是否到位、设备符合开车条件后,方可开机。

②调节好上胶的幅度和胶的厚度。

③调节水洗。

④进行对花。

⑤将白布与其进布导带末端接好,推上上胶机构,按照电气程序开车。热风循环,烘房加温。

⑥当印完一个周期后,花布前端与烘房中的导布带接上,操作烘房联动离合器,引花布进入烘房烘燥。

⑦由工艺员核对印花效果符样后,提高车速到工艺要求。

(3)正常运转。正常开车后巡回检查设备运行情况,在印花运转过程中要注意下列情况并加以校正。

①进布的位置、张力及弹簧扩幅辊等是否适宜。

②刮刀的动程、刮印次数、刮刀高低和压力、刮刀口形状和角度是否适当。

③注意刮刀径向往复运动时两端不能与网框内缘碰擦。

④对花及检控器位置是否准确。

⑤注意布面的溅点、布边的渗透、"上延迟"时间及压边辊位置等情况,有问题要及时调整。

(4)停车。

①印花将结束时,把白布尾端接上导布带。

②当白布尾端进入第一套色位时,上胶机构可以放下,并进行清洗。

③当印花结束离开印花网框时,可按程序逐一将各个刮印次数的旋钮开关拨到"0"位,让刮刀逐一停止动作,然后依次取下刮刀、印花网框及浆桶,进行清洗及妥善安置。

④在印完最后一套色位,花布尾端可与烘房导布带接上,直至花布进烘房后,可将对花(光电)系统关闭,让导带单独运转,以便清洗导带表面的污浆。

⑤当刮刀、网框、浆桶全部取下,导带表面清洗干净时,即关闭进水阀门,将水洗箱放下,并使机器全部停车,但须使网框架留在升起的位置上。停止加热,并视烘房的情况,切断风机电源。

⑥对机身及场地进行清洁,检查全机情况,使其处于正常状态。

⑦ 将冲洗干净的网框送到制网室。

⑧ 详细交接班(要货公司、生产品种、花号、工艺、出现的问题、采取的措施等)。

⑨ 提出本机台检修计划和检修要求。

3. 维护保养

(1)光电管损坏时,对花不准,光控失灵,需要调换光敏二极管或调整光电头。

(2)升降行程开关失灵时,机器停止或动作紊乱,需检查行程开关接触是否良好。

(3)刮刀动作失灵时,应检查行程开关。刮印次数不对时,则计数装置有故障。刮刀无延时,应检查延时继电器。

(4)全机电气元件必须每周检查一次,检查工作是否正常,螺丝是否松动,接触是否良好等。

(5)如遇烘房温度不够,出布不干,可选用"上延时"或"下延时",进行适当延时,或开动排风以排除水蒸气。

(6)如遇事故,按"紧急停车"按钮,机器立即停止运转。故障若不能在 5min 内排除,应停止加热,以免花布烘坏。

(三)平网印花常见疵病分析和防止

平版筛网印花织物在生产过程中产生的印花疵病有两种:一是在平版筛网印花机上直接产生的,二是织物原坯本身的织造疵点和印花前处理不当而造成的疵病。现就常见的疵病,分析其产生的原因,结合实践和具体情况,采取相应的防止措施,力求做到以防为主,防治结合,印制出高水平的平网印花产品。

1. 对花不准 印制两套色以上的花型时,织物幅面上的全部或部分花纹,其中有一种或几种色泽没有准确地印到相应花纹位置上。对花不准是多套色平版筛网印花生产中经常发生的疵病,所占疵布比例较大,其产生原因涉及面较广而且较复杂,它与平网制版、印花设备的精度、操作技术熟练程度等有关。因此,在生产过程中,发现对花不准,必须密切注意观察,加以分析,根据布面上出现的规律,加以解决。

(1)在印制过程中,织物上发生间歇性对花不准,即当筛网每印一版有等距离同样花型对花不准现象。应首先核对网框在感光制版时十字线是否未对准或黑白稿片基有伸缩,各张网框张力不稳固或绷丝网时各张网版张力不均一以及连拍机有误差或定位销、定位夹有误差等。

(2)印花网版在网框托架上定位不准或印花网版本身的对花标准有误差。

(3)印花导带上的贴布浆粘贴力较差。由于织物在印制时被色浆润湿后产生收缩,致使织物在印花导带上相对移动,造成局部花纹对花不准。

(4)平网印花机在启动快速运行时产生惯性,或印花导带未能拉紧,容易使它在主动滚筒上滑动而造成经向对花不准,在此情况下,也会产生导带左向或右向位移,发生印花导带左右跑偏现象,使纬向和斜向对花不准。

2. 刀线 平网印花刮刀所产生的刀线是印花刮刀在筛网直接挤压色浆,由于刮刀有小缺口或黏附有杂质,造成本身花位深浅条状刀线,但它不会影响其他花位的色泽。

(1)橡胶刮刀的刀片耐磨性较差,容易造成小缺口,在印制阔幅织物时,刀片弯曲也会产生深浅刀条。

(2)印花色浆中的原糊未充分膨化溶解,或有硬性杂质混入而造成刀线,在此同时还会发生筛网网孔堵塞。

（3）涂料印花时，常由于黏合剂选择或操作不当，涂料色浆结膜后黏附刮刀刀口造成条状刀线。

3. 传色 多套色相互叠印时，先印网版花纹处的色浆被印花刮刀全面性或局部性地刮入后印网版的花纹内。其产生原因：

（1）在工艺设计时，往往会发生多次花纹相互叠印，如果后面叠印的花纹是鲜艳明亮色，当刮印重叠于深暗色之上时，最容易造成传色；或者先印的深色版色浆较厚，后印的叠版色浆薄；或前面网版的印花刮刀刀口软，浮色多，而后面网版的印花刮刀刀口硬，易相互叠色"刮入"。

（2）印花网版本身相互叠印偏多，而在描绘黑白稿时，对叠版部位分色制版时，没有很好处理色与色之间的关系所致。

4. 露底 印花织物上的部分花纹全面或局部没有得到足够色浆，出现色浅或深浅不匀，甚至露白。其产生原因：

（1）印花刮刀选择不当和压力调节不适于印花色浆的刮印要求。

（2）印花网版的网目数选择不当，造成网孔堵塞，影响刮印时对织物的给浆量供应造成深浅不一，似鱼鳞斑状。

（3）织物前处理不匀造成练漂半制品毛细管效应差。这就难以保证色浆均匀地渗透到织物内部，也就容易产生色泽不匀，尤其大块面满地花纹更为明显。

5. 渗化 印花织物花纹的外缘呈现毛糙毛圈，尤其是在采用防印印花工艺时，控制不当，极易发生局部性花纹外缘的色圈或白圈。其产生原因：

（1）印花色浆稠度差，或者使用已分解脱水的剩余色浆，在印花过程中，色浆中的水分容易向花纹四周渗延，造成渗化或花纹轮廓模糊。

（2）印花刮刀压力不均匀，造成局部性收浆不尽，浮浆多，或印花前半制品含糊不一，致使局部性花纹四周模糊或外缘渗化。

（3）防印印花色浆的释酸剂用量控制不当。

（4）拔染印花色浆中还原性拔染剂用量偏高，或者还原汽蒸时蒸化机内湿度控制不当。

6. 压版印 平版筛网印花是间歇式的印花方式，在印制清水满地或多套色大块面花型时，常发现花型接版处的部位，由于多次受压，在已经印上色浆的织物表面被挤压而呈现出不均匀，甚至有鱼鳞斑状的痕迹。

（1）合理选择金属框的横截面的形状，选用梯形、弧形形状的截面网框，以减少网框边缘与已印在织物上的色浆接触面积。

（2）清水满地花纹的色浆原糊不能选用太厚、太黏，或匀染性、渗透性较差的原糊。

7. 压浅印 在印花织物上出现与印花花回等距离的色浅斑痕，其特点是：织物正面色泽浅，反面的色泽较深。其产生原因是筛网网版上无花纹处的表面黏附有纤维绒毛或杂质，当前一个印花网版刮印到织物的色浆被黏附在后一个印花网版表面凸起的纤维绒毛和杂质所压挤，使原有的均匀色泽形成局部色浅。

（1）防止纤维绒毛黏附在平网网版的表面，应在平网印花机进布部位安装毛刷辊和吸尘装置。

（2）经常检查印花导带上黏附纤维绒毛和杂质的情况，尤其是采用热塑性树脂作贴布浆时。

（3）为了防止印花网框挤压，发生前面花纹被压浅的情况，应调节网框与印花导带间的距离，以符合被印花织物的厚度。

8. 拖浆 在印花刮印过程中，印花刮刀夹上的色浆，随着刮刀刮印在前而其色浆流下在后，犹如溢浆状，致使印花织物呈现不规律的较深色条。其产生原因：

（1）印花网框内的色浆过多，致使印花刮印时，刮刀夹内色浆太多而外溢。

（2）印花橡胶刮刀的部分太短，或印花色浆稠厚度控制不当，色浆薄时易使刮刀的另一侧移动。

9. 多花（砂眼） 印花织物上出现间距有规律，与印花花回相等、形态一致的相同色斑。其产生原因：

（1）印花网版制作时，感光胶膜层的黏结性较差，或膜层机械强度较差。印花时，印花刮刀与筛网直接摩擦，黏结性差的膜层从网孔上剥落。

（2）使用有机溶剂揩刷堵塞的网孔时，会使已加固的膜层受损。

10. 堵塞网孔 筛网网孔内嵌入纤维短绒或印花色浆中不溶性颗粒时，就会造成印花织物的花纹局部色浅或露底，或呈现全面性深浅不匀。其产生原因：

（1）印花网版的网孔被色浆所黏附的绒毛嵌入，造成网孔堵塞而影响色浆的渗出。

（2）涂料印花色浆中凝聚或过早结膜皮层嵌入网孔。

11. 溅浆 溅浆是指将筛网抬起时，色浆飞散于白地的现象。其产生原因：

（1）印花原糊的黏着性能、曳丝性、渗透性是关系到印花时是否会产生溅浆、飞浆的主要原因。一般来说，印花原糊分子聚合度大，固含量高的，它的黏着性强，可以防止溅浆现象的发生。

（2）筛网绷框时，网丝四边张力要均匀，并必须紧贴网框，以免网丝发生松动，导致网版上升时筛网提升速度不一而飞浆。

12. 漏浆 印花织物上出现间距相同或与印花花回相等，形态一致、或大或小的色斑。其产生原因：

（1）印花网框的边条粘贴不吻合的部位产生漏浆。

（2）印花网丝碰到硬物而造成破损，在刮印时产生漏浆。

13. 满地不匀 满地印花织物呈现出地色深浅不匀。其产生原因：

（1）印花橡胶刮刀刀口不直、不匀，且弹性差或施加压力不恰当。

（2）满地用的色浆流动性、渗透性、匀染性较差。

（3）用水溶性贴布浆时，粘贴于印花导带上，没有做到"薄、匀、黏"的要求。

14. 布面浮雕 拔染印花织物的地色色泽有时隐时现的、白茫茫似霜花般感觉，其主要原因：

（1）拔染印花色浆中的拔染剂含量过多。

（2）印花后烘燥时温度不高，导致印花色浆有少量粘贴在导布辊上，再黏附到印花织物上，这些少量的拔染剂破坏地色染料，经汽蒸后，轻则形成布面浮雕，重则明显搭色。

二、圆网印花

圆网印花机按圆网排列的不同,分为立式、卧式和放射式三种。国内外应用最普遍的是卧式圆网印花机,有刮刀刮印和磁辊刮印两种基本类型。

(一)圆网印花机的结构及工作过程

圆网印花联合机基本组成与自动平网印花机相似,由进布装置、印花单元、热风烘燥和出布等主要部分组成。只是间歇升降运动的平版筛网改换成连续回转的圆筒筛网,导带间歇运行变为连续运行。印花单元是圆网印花机的核心部分,主要由贴布装置、刮印机构、对花装置、导带整位装置、圆网和导带传动装置、导带清洗机构等组成。

织物由进布装置导入,经预热板加热后被送到连续运行的、无接缝的环形印花导带上,经压布辊使织物平整地粘贴在已涂贴布浆(或热塑性树脂)的印花导带表面,并随印花导带连续运行。当织物通过圆网时,各套色圆网内的色浆在金属刮刀的作用下,透过筛网孔眼印制到织物上。最后织物被送进具有输送网的烘燥机内进行烘燥。导带下面有整位装置,可控制导带在循环运行中不致跑偏。尾端下部有导带清洗装置,可洗净导带上残留的色浆和绒毛。

1. 进布装置 进布装置由进布辊、紧布架、吸尘器、松紧补偿器、吸边器和弧形电热板等组成,适用于布箱进布和布卷进布两种方式。

在进布处另安装有光电布边探测器,它的灵敏度高,能有效地控制进布位置,使印花时布幅两边保持整齐的白边。对一些容易引起卷边的织物,可加装三辊螺旋剥边器,使布边平服地进入弧形电热板后,经压布辊平整地黏着于涂有热塑性树脂的印花导带上。

2. 印花单元

(1)圆网。圆网是圆网印花机的花版。一般采用镍金属电镀法制成,又称镍网,网厚0.1mm左右,网孔呈六边形蜂房状分布,常用网孔规格有23.6网孔数/cm(60目)、31.5网孔数/cm(80目)、39.3网孔数/cm(100目)、47.2网孔数/cm(120目)。圆网两端用闷头固定,防止印花时引起圆网变形,影响对花的准确性。圆网应具有一定的强度和弹性,能承受印花色浆和刮刀的压力。

(2)给浆装置。给浆装置主要由浆桶、给浆泵、给浆管等组成。

给刀管装在圆网里面,一端用管顶帽割闭,防止色浆流溢,一端装管接头,通过塑料软管与给浆泵相连。给浆管下部后侧有一排均匀的孔眼,色浆通过孔眼流向圆网内壁。给浆泵可以正反转,正转时将浆桶里的色浆送入给浆管,反转时则将给浆管里的色浆吸回浆桶。给浆量可以通过液位控制器控制和调节。当圆网与胶毯上的织物接触时,给浆泵自动开启送浆。当色浆液面上升至设定的高度,接触到探测器触片时,给浆泵自动关闭停止送浆,当色浆液面下降脱离触片时,给浆泵重新启动送浆,使圆网中的色浆始终保持在规定的液位。

(3)刮印装置。圆网印花与平网印花刮印装置的最大区别是在刮印过程中,刮印器固定不动,而圆网连续运转,由此产生刮印器与圆网内表面的相对运动。网内色浆受挤压通过网孔,均匀地印制到织物上。

目前圆网印花机刮印装置有以下三种类型。

①弹性金属刮刀刮印装置。该装置由刮刀架、刮浆刀(简称刮刀)等组成。色浆由给浆装

置送到刮浆刀与圆网之间的楔形槽中,刮浆刀靠气管沿幅向均匀夹持,在机械力作用下产生弹性变形。当圆网转动时,色浆在楔形槽中受刮浆刀挤压而均匀地充满圆网孔眼并被挤向织物。

用于圆网刮印的刮刀有橡胶刮刀、钢刮刀及高分子材料刮刀。目前大多使用钢刮刀。选择刮刀应根据织物品种和花型结构的不同而定,以保证适当的给浆量和渗透性,获得理想的印制效果。

a. 常用的不锈钢刮刀的适用范围:

● 40mm×0.10mm(指刮刀片宽度×厚度,以下同)的刮刀适用于给浆量低的花型和渗透性较差的织物,仅用于压力较轻的状态下。

● 40mm×0.15mm 的刮刀用于给浆量低而渗透性能要求较高的织物,适用于精细花型的印制。

● 50mm×0.15mm 的刮刀给浆量高,但渗透力较差,适用于一般织物的印花。

● 55mm×0.20mm 的刮刀用于要求给浆量高,渗透力不高的织物,适用于粗凸纹、绒面织物和厚重针织物的印花。

b. 给浆量随刮刀施加的压力不同而不同,如图4-2所示。

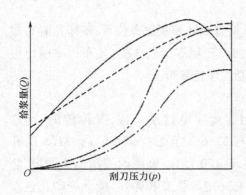

图 4-2　刮刀压力与给浆量的关系

从图4-2可以看出,给浆量 Q 随着刮刀所施加的压力增加而递增,但当刮刀压力 p 增加到一定数值时,Q 的递增趋于缓慢。而刚性较强的刮刀(如 50mm×0.15mm 规格的刮刀),当 p 值达到某一极限值时,若再增加压力,Q 值反而趋于下降。这说明要获得高的给浆量,不能单纯靠增加刮刀压力,而首先应该选择适当型号的刮刀,然后通过微调来获得最佳的压力状态。若盲目增加刮刀压力,不但达不到预期效果,还会导致刮刀与圆网之间摩擦力增大,造成圆网损坏。

色浆对织物的渗透力与刮刀压力的关系呈线性比例。一般来说,色浆的渗透除了织物自身的毛细管效应外,主要是依靠机械挤压来进行的。刮刀对色浆的机械压力作用越大,渗透力就越大,即当刮刀刀片与圆网间夹角越小时,渗透力越大,给色量越高。同理,采用刚性越大的刮刀片,色浆的渗透力越强。一般可以按下列条件来选择刮刀规格和确定刮刀所施加压力的大小:

● 织物的物理状态,如织纹组织、单位面积重量、吸收能力等。

● 所采用的圆网的目数和开孔率大小。

● 色浆的组分、黏度,印制时的车速。

● 对印花织物的外观要求,如花型图案的精细度、匀染性、给色量等。

合理地选择刮刀规格,是提高圆网印花印制效果非常重要的一环。如给浆量和渗透力过大,容易造成大块面给色不匀,花型轮廓模糊,若给浆量和渗透力过小,则又会产生花型露白或因渗透性差而发花,造成各种印花疵病。

织物印制质量优良与否,除合理选择刮刀型号外,刮刀的角度和压力电必须调节适当。刮刀角度和压力的调节取决于印花色浆的稠厚度、织物组织、给浆量多少和渗透力的要求。

②磁辊刮印装置。圆网内放置金属刮浆辊,常用金属辊直径为 10 ~ 20mm,在印花导带的下面,相当于每只圆网最低位置处,都有一组电磁铁。当圆网和导带同步运行时,金属辊在电磁铁作用下绕金属辊轴线自转,色浆自动地从给浆管送入圆网与金属辊之间,多余色浆再从浆管吸回。色浆储藏量的液面取决于金属辊直径大小,由于磁辊刮印的压力较大,能使色浆较好地渗透,又由于电磁铁可分档调节其电磁力,故磁辊压浆能沿织物幅向均匀着色。所以,改变电磁力大小和金属辊直径,就能适应各种织物和不同花型的印制要求。由于金属辊与圆网之间摩擦阻力较小,可大大提高圆网的使用寿命。

③磁性组合刮刀装置。磁性组合刮刀是由磁性加压的金属刮浆辊和一个在形状和作用上与弹性金属刮刀类似的异形板组成。异形板紧贴于刮浆辊,并且固定在输浆管旁,异形板的底与金属辊结合在一起形成一个比较大而平坦的角度。所以,异形板决定了给浆量,而金属辊的作用是渗透和刮净圆网。调节异形板高度位置能控制色浆供应量;调节磁性大小及选择金属辊直径,可控制色浆渗透程度。磁性组合刮刀能适用各种织物的印花,可获得优良的重现性。

(4)对花装置。对花装置可使安装在网架上的所有圆网迅速组成一个完整的图案花型,对花装置具有纵向、横向和斜向(对角)三种调整机构。

①纵向对花。用平面凸轮差动机构进行调节,使圆网获得附加转动,令其在圆网方向瞬时超前或滞后于其他圆网,以矫正花型在此位置上的偏差,使织物经向花型对准。其最大调节量为 ±20mm。

②横向对花。采用丝杆螺母机构进行调节,使圆网做轴向移动,对织物进行纬向花型对准,其最大调整量为 ±10mm。

③斜向对花。采用偏心轴滑块机构进行调节,在操作侧调整对角线误差,使圆网一端摆动,矫正花型偏差,最大调节量为 ±3mm。

最常见的疵病是对花不准和定线不准。在老式的设备上,对花和校准是通过肉眼观察和手工调整来完成的,要浪费很多织物。近些年来,这方面有了许多改进,例如,可以用激光束校准筛网的排列,也可以用来校正每一个筛网的定位。

(5)导带整位装置。导带运行中的整位是靠三辊整位原理实现的,控制辊的摆动是由紧靠导带边沿的两套触辊发出信号使电动机正转或反转。此机构能保证导带平稳运行,跑偏幅度控制在 4mm 内。

(6)圆网与导带的传动装置。圆网与印花导带是连续运行的,传动比平网印花机简单。为保持圆网与导带同步传动,圆网与导带由同一电动机拖动。

(7)导带清洗机构。印花导带在完成一次印花后,先洗去黏附在表面的纱头、涂胶和印浆等污物方能进行下一次贴布印花。导带清洗由预洗和主洗两部分组成。预洗时先喷淋水,并以粗泡沫塑料收集纱头杂物。主洗由四道喷淋管、两道泡沫海绵和三道橡胶刮刀间隔组成,对导带进行反复刷、刮、擦、洗,并刮干水分。上述海绵、刮刀均可十分方便地从机器上卸下清洗。

(二)圆网印花机操作程序

圆网印花机的开车准备工作,印制时操作程序是否符合规定的要求,是影响机台能否正常运转的主要因素之一。

1.初开车前的准备工作

(1)生产前准备。

①检查设备各个部位及整体运转是否正常;橡胶导带、尼龙导带有无损伤,纠偏装置是否正常;检查水刷装置是否干净,有无杂物;检查贴布装置是否干净,以免划伤橡胶导带,不锈钢盘是否润滑良好;检查磁棒是否平直,给浆孔是否堵塞,刀托是否磨损,烘室是否干净等。

②审查工艺制订书,查看工艺要求有无特殊说明,工艺版号是否与工艺相符,根据品种结构、花型结构合理安排花筒排列、选用磁棒,检查色浆黏稠度是否符合印制要求。

③印花半制品检查。检查半成品规格是否与工艺指导书的要求一致,半成品外观、内在质量是否达到印制要求,印制几何花型、排列有规律的花型时半成品是否纬斜,门幅是否一致。

④检查花网是否有损伤、多刻、漏刻及砂眼等问题。

(2)进布部分的准备。

①把贴布浆小车推入并放置在印花机的弧形电热板下面,把车架的气管连接定位。用手轮将浆槽旋转到最低位,使橡胶刮刀和印花橡胶导带之间的距离保持在 1 mm 左右。

②涂布贴布浆。把抽浆管放入贴布浆桶内,另一端连接送浆泵,启动浆泵,当贴布浆槽加满时,把吸浆管移入贴布浆槽,这样在印花时,由于浆泵的连续运转而把贴布浆喷射到印花导带上。

③进布。进布开始时,将电动机开关旋至主动进布辊所需的旋转方向,印花织物经主动导布辊喂入弧形电热板。经气压辊辊紧贴在橡胶导带上,并使织物经向张力通过松紧调节器加以调整,以保证经向张力的恒定。进布方式有:布箱进布、布卷进布。

(3)印花部分的准备。

①圆网托架用旋钮把所有印花位置的横向对花调整在零位上。

②主动圆网托架用旋钮把所有印花位置调整到纵向对花位置上。由于横梁架之间的距离小于圆网周长,因此在装圆网之前,必须把圆网主动托架根据刻度数字加以调整。

③刮刀刀片的装配。将不锈钢刮刀片切成所需的长度,按照随机提供的半径为 20mm 的模板形状,将刮刀片两端剪成圆角,并用 0 号砂布磨去剪切时所留下的棱角和毛口。

将剪切后的刮刀片插入刮刀架的气袋夹具槽内,并把它夹紧。操作时,先拧紧一端的小螺丝,把刮刀的一端固定,再拉紧另一端的刀片,用小螺丝同样把它夹紧固定,然后对夹紧橡胶气袋充气[$0.49 \sim 0.59$ MPa($5 \sim 6$ kgf/cm^2)]。

刮刀片装好后,检查刮刀口有无毛口和是否正直。

④装圆网。圆网在上车安装之前,必须用冷水将圆网充分冲洗,使其表面灰尘去尽,然后按色号排列次序,并将十字符号装于圆网托架底部,再以顺时针方向旋转紧圈,把圆网固定在托架上。

圆网两端应由两人分别以同样的方法安装,在每个印花位置,都用气动拉紧开关把圆网轴向拉紧。如果圆网的印花宽度大于被印的门幅,应封网时圆网两端超出布边 1～2cm,封网应在圆网旋转时进行。

⑤装刮刀或磁棒。装刮刀之前,应先检查刮刀刀片是否平直和损坏,然后把刮刀架从浆泵的一端水平地送入圆网内,送入时刮刀刀片方向应朝上。在传动的一端,需用手伸入圆网内,扶住刮刀架的一端,并引导放入刮刀托架上。然后以顺时针方向转动刮刀架使刮刀刀片朝下,最后把刮刀架放入凹口处使它固定。

装磁棒。装磁棒之前,检查磁棒是否平直、有损坏。装磁棒时,把磁棒从浆泵一边平稳地送入圆网内,在转动的一边需用手伸入圆网内扶住刀架的一端将磁棒导入刀托上,然后以顺时针方向转动刀托,使磁棒朝下,最后将刀托放入凹口固定。

⑥印花色浆供给的准备。把印花色浆桶按编号移到靠近给浆泵处,把浆泵开关旋至手动位置上,将吸浆管插入水槽中用冷水冲刷管道和浆泵,待另一端的出口水澄清无色时,把吸浆管放入色浆桶中。

当输送管送出印花色浆时,就立即关闭浆泵,把输送管接在刮刀管道上,接着再启动浆泵输送色浆进入圆网。当圆网内圆周大约一半被色浆布满时,就关闭浆泵,然后用湿海绵把圆网表面擦湿,有利于色浆均匀地渗过网孔。

⑦ 装液面探测器。在每一印花位置上,都装有液面探测器,借以自动输送印花色浆,并控制圆网内色浆液面的高低。

2. 初开车

(1)进布部分的操作。

①弧形电热板加热。把开关安在需要的位置上,并根据贴布浆的不同,将恒温器调节到所需的温度(最高不宜超过 160℃),加热的宽度应根据被印织物的幅宽加以调节。

②印花导带加热。用热塑性树脂贴布时,应启动印花导带红外线加热器,使印花导带上的热塑性树脂受热而具有良好的黏性,有利于织物紧贴在印花导带上。但加热温度不宜超过 60℃。

③将压力辊的气动开关开启,调节气缸压力在 202.7～506.6kPa(2～5 个标准大气压)之间,使织物紧贴在印花导带上。

(2)印花部分的操作。

①送电后,检查设备的电器、机械部分是否正常工作,有无异常现象,磁棒、刀托压力是否调到最佳位置,烘干程序选择是否合理,详细检查全机操作人员是否到位,设备符合开车条件后,方可开机。

②花网上车要认真检查,特别要核对第一块小样,初开车的基本对花要求先用橡胶导带,基本对花完成后接正常半成品对花,要求新版上机 1～6 套色花版对花疵品不能超过 30m;7～14 套色花版不能超过 70m;对花完成后查看布面花型效果符合客(原)样后开车。

③各项准备工作结束后,启动排风扇,同时检查排风扇指示信号灯,接着启动循环风机,当所有风机全部工作时,指示信号灯应全亮。烘房的温度采用自动恒温控制器来进行调节,以保证烘房气流的烘干温度稳定。

④开启光电管,将旋钮旋至自控位置上,使印花织物在低张力下,由橡胶导带送到烘房内的尼龙导带上。印花织物运行前升高进布吸尘器,以减少织物表面的短毛和灰尘。

⑤按下按钮,使每只圆网转动。

⑥按下按钮,使橡胶导带低速运行。

⑦升起承压辊,使印花橡胶导带升高,进入圆网印花位置,降下印花刀托。旋转给浆泵开关至自动位置,按对花程序进行横向、纵向对花。

⑧适当校正磁棒压力,由工艺员核对印花效果符样后,提高车速到工艺要求。

3. 正常运转

(1)检查布面,随时处理印制过程中出现的质量问题。

(2)检查电器设备有无异常现象,检查机械设备有无异常现象。

(3)检查液面、给浆系统是否正常,保证供浆及时。

(4)详细记录生产情况,本班生产进度、发生的问题及处理方法。

(5)在圆网印花机各岗位区域内定置操作。

4. 停车

(1)减慢车速,给浆泵从"自动"拨到手动位置,停止浆泵转动,必要用时手动送浆。

(2)用手握住浆泵的"倒转"电钮,回吸色浆。

(3)卸下送浆管,用水泵冲洗干净,关闭泵的冷却水。

(4)停止圆网转动。

(5)卸下圆网,卸下刀托,冲洗网子、刀托和磁棒。

(6)开动胶毯进行水洗,用海绵或废布清洁托架,禁止用水喷洗。

(7)用海绵或废布清洁机身。切勿用水喷洗,清洁水刷装置上的残浆,清洁贴布装置。

(8)关闭水源、电源、供热开关,把水刷、贴布装置拉出。

(9)详细交接班(要货公司、生产品种、花号、工艺、出现的问题、采取的措施等)。

(10)提出本机台检修计划和检修要求。

(三)圆网印花机常见故障检查及处理方法

(1)胶毯上发现长条痕迹时,应检查胶水中有无杂质,刮刀口上有无硬性杂质或残胶,并立即处理。

(2)胶毯发生横向偏移时,应立即调节胶毯的张力及胶毯的导向控制器或调整导向控制器的停点与微型开关的距离(一般为 2~3cm),如有喇叭声放出,应立即停车,追查原因,排除故障。

(3)白布粘贴不良时,应立即检查上胶辊的位置是否与白布的位置对准,刮胶刀口是否平整,胶水浓度是否适当。如采用热塑性塑胶而发现白布粘贴不良时,应立即检查上胶是否均匀或是否有漏胶现象,弧形板进布处的加热温度是否达到要求,车速是否适宜,塑胶层表面是否有人用手摸过或沾上油污迹。

(4)发现气控部件失灵时,应立即检查失灵部分的气缸活塞是否漏气,检查管道及气阀等是否损坏,工作压力是否太低,压缩空气是否不清洁、不干燥,冷凝力是否放净。

（5）发现印浆量太多或太少，花型模糊不清时，应立即调整刮刀的位置及刮刀的压力。一般来说，刮刀向后倾斜压力加大时，印浆量就多，反之则少。

（6）发现印花线条模糊、花筒与胶毯不同步时，应检查空气离合器是否失效，蜗轮、蜗杆是否磨损，胶毯加长是否适当。

（7）发现印出花型有条状痕迹时，应检查刮刀片是否平直及刀片是否有波状皱痕。

（8）发现圆网印花对花不准疵病，应检查下列几方面情况：贴布浆粘贴半制品情况，圆网有无闷头松动及脱落趋势，圆网内色浆液位的高低变化情况，刮刀气管气量是否充足，印花半制品干、湿情况及堆布是否顺畅，对花装置及影响对花的零部件有无松动。

（四）圆网印花的常见疵病分析和防止措施

圆网印花织物绝大部分的印花疵病是在圆网印花机上直接产生的。现将在常用的生产工艺条件下经常遇到的印花疵病产生原因和防止措施归纳如下：

1. 对花不准 印制两套色以上的花型时，织物幅面上的全部或部分花型，其中有一种或几种色泽没有正确地印到相应的花纹位置上。对花不准是多套色圆网印花生产中经常发生的疵病，所占疵布比例较大，其产生原因涉及面较广，它与圆网制版、圆网印花设备的精度、操作技术熟练程度、被印花织物的品种规格等都有密切的关系。产生原因和防止措施如下：

（1）在印制过程中，织物上发生间歇性对花不准，即当圆网每转一周有等距离同样花型对花不准现象时，应首先核对圆网上的记号及检查圆网花纹是否错位。

（2）圆网制版方面。圆网感光制版是圆网印花生产过程中一个十分重要的环节，如果圆网制版存在问题，那么圆网印花机就不能顺利地进行生产。因圆网感光制版存在问题而造成对花不准的有以下几点：

①描绘黑白稿片时考虑不够周到，如应该采用借线的而采用分线以及分线时过大或过小等。

②由于圆网的圆周大小精度不一，或圆网大小头的允许误差不在同一侧。

③描绘涤纶片基或连晒软片收缩不一以及感光时包片错位，造成圆网本身对花不准。

（3）圆网印花机方面。圆网在刮印过程中，由于圆网或印花刮刀的抖动，造成对花不准。

圆网运转的主动齿轮磨损后，形成间隙较大，齿尖的摆动导致对花不准。由于圆网印花机启动后的惯性，印花导带未被拉紧，容易使它在主动滚筒上滑移而造成经向对花不准。在此情况下，也会发生导带左向或右向位移，发生印花导带左右跑偏现象，使纬向和斜向发生对花不准。

为了防止经、纬向的对花不准，必须经常检查印花导带运行是否正常。有条件的话，应将原机械集体传动圆网印花机改造成数字化驱动系统的圆网印花机。

（4）贴布黏着方面。织物出现一段一段的对花不准，而且又不是圆网圆周的等距，这是粘贴浆料或热塑性树脂黏着力较差而引起的。

2. 刀线（宽条状） 圆网印花刮刀所产生的刀线，是印花刮刀在圆网内直接挤压色浆，由于刮刀上有缺口或黏附垃圾杂质，当圆网旋转时就会产生刮色不匀，造成本身花位深浅条状刀线。但它不会影响其他花位的色泽，这是与滚筒印花刀线的不同之处。

（1）产生原因。

①印花刮刀质量不好，刀片不耐磨，刀片弯曲，刀口被碰撞卷口而引起的。

②刮刀在圆网内接触不良,造成刮印时色浆渗透不匀而产生深浅色条状刀线。

③圆网内壁表面局部不够光洁,致使刮刀刀口受到磨损,刮刀产生凹凸不平后,造成刮印色浆不匀,织物上就呈现出条状的刀线疵病。

④印花色浆中,由于印花原糊未充分膨化溶解,或有硬性的杂质混入,这不仅容易造成条状刀线,还会造成堵塞网孔。

涂料印花时,常由于黏合剂选择和操作的不当,涂料色浆结膜后黏附于刮刀刀口而造成条状刀线。

(2)防止措施。

①印花刮刀方面:应根据织物品种、花型面积的大小、印花色浆的性能来选择刮刀刀片的规格,这样就能以较轻的压力和适宜的刮刀角度来刮印色浆,以减轻刮刀与圆网的摩擦阻力。

采用 Stork 新型的气流式刮刀更适于圆网印花,但它对糊料的要求是黏度低、流变性能好。

②调色方面:宜采用黏度低、固含量高的印花原糊,尽可能使印花原糊呈近似牛顿型流体。

③圆网方面:电铸成型的多孔圆网,由于胎模表面或孔穴绝缘的关系,使圆网内壁局部不够光洁,或在感光制版时,感光胶乳液渗入圆网内壁。因此,在圆网感光前应认真地检查网孔的清晰度和内壁的光洁度以及控制刮胶时的乳液厚度,以防止胶液渗入圆网的内壁。

3.传色

(1)产生原因。

①印制过程中,前一个圆网刮印到织物上的色浆,没有及时渗入织物内,而堆置在织物表面,当后一个圆网的花纹和前一个圆网的花纹叠印时,堆在织物表面的色浆转移到后一个圆网的网孔内,造成此花纹的色泽与原样不符。

②多套色的圆网印花,由于工艺设计要求的不同,往往发生多次花纹相互叠印,如果后面叠印的花纹是鲜艳明亮的颜色,则刮印重叠于深暗色花纹之上时,最容易造成传色。

③在印制深暗色泽后,调换色浆时印花刮刀、给浆管道及给浆泵未清洗干净,而立即调换鲜艳色色浆,就会发生污染,产生全面或局部传色。

④当印花织物贴在印花导带上偏于一侧,前一个圆网的色浆刮印在印花导带上,而后一个圆网花纹重叠于前一个圆网的花纹时,色浆就易转移到后一个圆网的表面上,产生传色。

(2)防止措施。

①圆网排列时,除考虑印制效果外,还必须考虑传色的因素,对同类色和姐妹色花纹的圆网排列,应尽可能靠近些。

②合理选择印花刮刀,一般深浓色泽花纹的圆网,宜采用硬性刮刀(即厚而狭些的刀片),以利在刮印时增加压力,使色浆的渗透力提高,残留在织物表面的色浆较少。印制浅色花纹时,则采用软性刮刀(即薄而宽些的刀片),以保证深浓色不致传到浅色的圆网网孔内。

③解决织物两边的传色,常采用将印花前半制品先经拉幅,保证半制品的门幅略大于圆网的印花宽度,一般织物的两边各保留 1cm 的余量。

4.露底 印花织物上有些花纹处呈现色浅或深浅不匀,甚至露白。

(1)产生原因。露底疵病的产生,主要是由于织物花纹上得不到应有的色浆。

①印花刮刀选择不当或压力调节不符合印花色浆的刮印要求。

②圆网网孔不清晰、网孔太小、网孔堵塞等,影响刮印时对织物给浆量供应而造成深浅不一,似鱼鳞斑状。

③织物前处理不当所造成练漂半制品毛细管效应差,丝光程度又不足,这就难以保证色浆均匀地渗透到织物内部,也就容易产生色泽不匀。

(2)防止措施。

①印制厚重织物或大块面花型时,选用 50mm×0.15mm 或 55mm×0.20mm 的刮刀,以提高刮印时的给色量。在合理选用刮刀的同时,调节刮刀的压力和角度,也可以改善露底。采用磁棒的刮印方式,也有利于解决露底的产生。

②从印花原糊着手,选择黏度低、流变性能好的原糊,如低聚合度的褐藻酸钠等。

5.渗化

(1)产生原因。

①印花色浆刮印到织物上后,在色浆未烘干前,色浆会从花型轮廓的边缘向外延渗,最后造成花纹外缘的毛糙色圈。尤其是在采用防印印花工艺时,若防印色浆中的释酸剂、还原剂用量控制不当,或汽蒸固着时湿度较大,就容易在花纹周围造成浅色边圈。

②使用稠度差,或者已分解脱水的剩浆,在印花机车速缓慢的情况下刮印到织物上时,色浆中的水分容易向花纹四周渗延,造成渗化或花型轮廓模糊之弊。

(2)防止措施。

①配制印花色浆的原糊稠厚度应严加控制,切不可有变质和脱水现象产生,以保证原糊的印花特性。

②合理选择防印印花工艺的防染剂用量,防拔染剂的用量应根据被防印染料的防染难易以及印花原糊耐防拔染剂的性能而异。

6.压浅印

(1)产生原因。在印花织物表面出现圆网一周的色浅斑痕,这是由于圆网上无花纹处的表面黏附纤维绒毛和杂质,当前一圆网刮印到织物的色浆被黏附在后一圆网表面凸起的纤维绒毛和杂质所压挤,使原有的均匀色泽形成局部色浅(这类疵病特点是:织物正面色泽浅,而反面的色泽较深)。

(2)防止措施。

①为了防止纤维绒毛黏附在圆网的表面,应在圆网印花机进布部分安装毛刷辊和吸尘装置。为了保证印花前练漂半制品的光洁度,最好将织物经过剪毛处理,剪除织物表面的绒毛和棉结,这对粗厚织物特别重要,是提高产品质量的有效措施之一。

②采用热塑性树脂作贴布浆,由于纤维短绒被黏结在印花导带上,虽经预洗器和洗涤部分海绵的刷洗,但仍不能擦除,进而堆结在印花导带上,致使印花导带面层高低不平,由此而产生局部色浅。发现这种情况,应及时将印花导带上的热塑性树脂剥除后,重新上胶。

7.搭开(或拖色)　即在织物上有一定形状的花纹影印。

(1)产生原因。主要是印制花纹面积较大,或由于某些色浆中含有释酸剂、还原剂和润湿剂时,如果织物未能完全烘干,且印花织物堆置于布箱内时间过长,色浆吸收空气中的水分,更容易造成有规则的花纹搭开。

经刮印后的织物进入烘房烘燥时,没有按规定的穿布路线穿布,或烘房内循环风压力控制不当,引起织物飘动,印于织物上的色浆在未烘干前会与导布辊或喷风口相摩擦,并黏附于导布辊或喷风口上,当后面织物进入烘房时,就有可能转粘,造成不规则的搭开或拖色。

(2)防止措施。

①印花时,应根据花纹面积来控制印花机车速和烘房温度,必须保证印花织物在落布时烘干完全。

②印花织物进入烘房内造成搭开,要分析其搭开产生的部位,并经常清洁导布辊和聚酯纤维导布网毯。

8. 堵塞网孔 圆网网孔内嵌入纤维短绒或印花色浆中的不溶性颗粒时,就会造成花纹局部露底。

(1)产生原因。织物表面未除净的纤维短绒或纱头与圆网接触时,易被圆网表面色浆黏附而嵌入圆网的网孔中,造成堵塞而影响色浆渗出,形成嵌塞圆网网孔,使该花纹处局部露底或露白。印花色浆在调制过程中,由于过滤不净,杂质混入也会嵌入圆网的网孔中。

(2)防止措施。

①为了减少纤维短绒,在印花机进布部位安装刷毛吸尘装置,将织物表面的短绒吸尽,并认真搞好进布处清洁工作,做到预防为主。

②加强印花色浆调制操作,印花色浆调制后,在付印之前,应重新用高目数的锦纶网(150目以上)过滤,以防止色浆中的不溶物堵塞网孔。

9. 多花(砂眼) 印花织物上出现间距有规律、与圆网周长相等、形态一致的相同色斑,这是由于圆网感光胶膜层的黏结性较差或胶层机械强度较差。

当刮印时,印花刮刀与圆网直接摩擦,黏结性差的胶层从网孔上剥落。发现这种情况虽然可以用圆网修补胶来涂抹砂眼,但不是根除的办法。因此,必须认真执行圆网制版操作中的有关网坯清洗、上感光胶、曝光、显影等工艺技术条件,提高感光质量,避免在生产过程中出现砂眼疵病。

10. 糊边和白边

(1)产生原因。在印花织物的一边或两边的边缘,出现花型模糊或留白超过允许范围。这是由于圆网制版花纹部分幅宽超过被印花织物的宽度,造成在圆网印花时,前一只圆网的色浆被后续的圆网所黏附。或当印花导带上的织物产生左右偏移时,就会沾污织物的一边或两边的花纹,造成布边花纹模糊。因此,圆网印花织物两边的布边均要按规定留有一定宽度的白边。但进布时,左右歪偏过大,即超过允许范围时,也会造成一边留白过阔,形成白边。

(2)防止措施。

①印花前,检查练漂半制品幅宽是否大于圆网制版花纹的幅度,并保持印花织物两边的留白边余量在允许范围内,这样可以避免糊边产生。

②在印花机进布部位安装高效的光电对中装置和光电吸边器,在印制针织物时,必须安装

圆盘剥边器和三指剥边器,以防止针织物的卷边。

11. 贴布浆印

(1)产生原因。在印花织物上出现块状或条状的色浅斑痕,其原因是由于贴布浆涂刮不匀,或印花导带产生凹痕,致使织物粘贴在印花导带上时,所黏附贴布浆厚薄不一,当织物上印有色浆时,贴布浆多的部位会影响印花色浆的渗透,进而造成块状或条状的浆渍斑的印花疵病。

(2)防止措施。

①贴布浆调制时必须充分搅拌使其溶解,并除去混入的未溶解的浆块和浆皮,应用前,用SP50的锦纶网过滤。

②生产大块面花样时,必须将J形橡胶刮浆刀定时清洗,若发现刮刀刀口凹凸不平时,用0号砂纸将刀口磨平或调换新的刮浆刀片。

12. 圆网皱痕

(1)产生原因。在操作过程中,装卸刮刀不慎碰伤圆网,或人为的捏伤折痕而引起凹凸的痕迹。在圆网刮印时,挤压到织物上的色浆,由于圆网与织物间的空隙而造成刮印不匀,在织物表面就会出现有规律、间距为圆网的周长、形态相同的横线状或块状的深浅色泽,这是由于圆网皱痕所造成的。

(2)防止措施。

①圆网安放在托架上时,调节承托辊的高度,使圆网与印花导带距离恒定在0.3mm,以避免圆网受刮刀的压力而变形,造成皱痕。

②圆网运转前,必须事先将圆网均匀地拉紧,保持圆网具有足够的刚度和弹性,不致在印花刮刀的加压下产生单面传动而扭曲,产生皱痕。

③印花刮刀刀片的两端与圆网接触的尖角必须剪成一圆弧,并进行磨光,以免阻力过大而损伤圆网,甚至会造成整个圆网被切割下来。

④磁棒刮印时,初开车时的车速不宜过快,对花动作幅度不宜过大,磁棒压力也宜轻些,待对花正常后,再调整磁棒压力,否则也易产生皱痕。

13. 布面浮雕

(1)产生原因。防拔染印花时,地色的色泽常有时隐时现的白茫茫似霜花般感觉。这主要是防拔染色浆中拔染剂(还原剂、碱剂等)用量过多以及烘燥时温度不高,导致印花色浆有少量沾染粘在导布辊上,再转黏附在印花织物上,在汽蒸时,这些极少量的拔染剂破坏地色染料,使织物表面产生浮雕,严重时会出现有规律或不规律的花型。

(2)防止措施。

①在地色浸轧时,轧染液中增加抗还原剂的用量,或对已染好地色的织物,在印花前浸轧氧化剂间硝基苯磺酸钠。

②根据地色可拔染程度的难易,合理控制防拔染剂的用量。

学习任务2　印花固色工艺与控制

织物经过印花机印花,颜色即被定位在布上。用作印花着色剂的染料或颜料,要能与纤维结合或固着在纤维上,还需要进一步处理,这步处理过程叫做固色。印花固色的方式通常有:蒸化和焙烘两种。把印花织物置于温度接近或超过水的沸点的蒸汽中进行固色,这一工序称为蒸化;将印花织物置于一定温度的干热空气中进行固色,这一工序称为焙烘。

蒸化(或焙烘)过程是印花工艺的重要环节,是在织物上获得色泽的过程,染料对织物的上染、固着以及各种染化料的化学反应,几乎都是在这一过程中完成的。蒸化机的蒸化效果直接影响的是印花后的色泽深浅和鲜艳度。

一、蒸化与焙烘固色

(一)蒸化的目的

蒸化,亦称汽蒸,是用水蒸气来处理印花织物的过程。蒸化就是将表面印有色浆(染料和浆料的混合物)的织物,在一定温度、压力和湿度的条件下处理一段时间的一个加工工序。

蒸化的目的是使印花织物完成纤维和色浆的吸湿和升温。在蒸化过程中,印在织物表面的色浆吸水膨化,从而促使染料在色浆所在花型范围内溶解并向纤维内部扩散、渗透,并向纤维中转移和固着;同时,纤维的大分子结构在这种湿热条件下,内部空隙增大,接纳染料的渗入并与之发生各种化学键结合,从而将染料固定在纤维上。

蒸化提供了染料从色浆膜层向纤维表面转移,然后向纤维内部扩散,从而染着在纤维上所需要的环境,这个环境就是工艺参数温度、湿度、时间,它们随着不同纤维、染料有一定的变化。

(二)水蒸气的产生及形态

1. 水蒸气的类别　根据压力和温度可将蒸汽分为:饱和蒸汽和过热蒸汽。

(1)饱和蒸汽。当液体在有限的密闭空间中蒸发时,液体分子通过液面进入上面空间,成为蒸汽分子。开始蒸发时,进入空间的分子数目多于返回液体中分子的数目,随着蒸发的继续进行,空间蒸汽分子的密度不断增大,因而返回液体中的分子数目也增多。当单位时间内进入空间的分子数目与返回液体中的分子数目相等时,则蒸发与凝结处于动平衡状态,这时虽然蒸发和凝结仍在进行,但空间中蒸汽分子的密度不再增大,此时的状态称为饱和状态。在饱和状态下的液体称为饱和液体,其蒸汽称为干饱和蒸汽(也称饱和蒸汽)。

蒸汽的饱和温度与压力有关,饱和状态时所具有的温度称为饱和温度,蒸汽所产生的压力称为饱和压力。水蒸气的产生过程是在一定压力下加热水,达到饱和温度后,则饱和水开始汽化,在水没有完全汽化之前,含有饱和水的蒸汽叫湿饱和蒸汽,简称湿蒸汽;湿饱和蒸汽继续在一定压力条件下加热,水完全汽化成蒸汽时状态叫干饱和蒸汽。

(2)过热蒸汽。把干饱和蒸汽继续进行加热,其温度将会升高,并超过该压力下的饱和温度,这种超过饱和温度的蒸汽称为过热蒸汽。蒸汽的产生总是先湿饱和蒸汽→干饱和蒸汽→过热蒸汽。

2. 不同形态蒸汽的特点 蒸汽在印花过程的主要用途就是加热和加湿。不同形态的蒸汽提供的湿热也是不同的。

（1）湿饱和蒸汽是指干蒸汽中掺杂有和蒸汽同温度的呈细雾状的液态水的蒸汽。

（2）干饱和蒸汽是指蒸汽中不含液态水的蒸汽，即所有液态水全部蒸发成为沸点温度相同的蒸汽。

（3）过热蒸汽是将干饱和蒸汽进一步加热，蒸汽温度大于相应压力下水的沸点温度，它一般不含液态水，其特点是蒸汽中温度高而湿度低。

（三）蒸化机

许多染料印花以后，需经过汽蒸才能固色或显色。故蒸化机是印花的主要设备之一，蒸化同样是重要的工序。蒸化机是用于对织物印花或染色后进行汽蒸，使染料在织物上固色的专门设备。在蒸化机中，织物遇到饱和蒸汽后迅速升温，此时凝结水能使色浆中的染料、化学试剂溶解，有的还会发生化学反应，渗入纤维中，并向纤维内部扩散，达到固色的目的。所以，蒸化机必须提供完成这一过程所需的温度和湿度条件。常用的蒸化机有还原蒸化机、圆筒蒸化机及长环式蒸化机。新型的长环蒸化机除了能够提供蒸汽还能够提供热空气两种热介质。

1. 还原蒸化机 还原蒸化机主要由进布装置、蒸化室和出布装置组成，见图4-3。

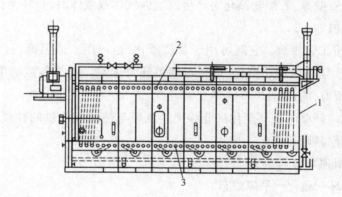

图4-3 还原蒸化机示意图

1—箱体 2—主动导辊 3—被动导辊

进布装置包括吸边器、进布架和预热室。在蒸化过程中要求蒸化机内的空气成分应小于0.4%。蒸化室为铸铁材料制造的长方形箱体，外包石棉绝热材料，两侧设有观察孔，还有供工作人员进入处理故障和做清洁工作的小门。室顶及前后壁有通入蒸汽的夹层，可防止冷凝水的滴落。蒸化室下面为积水槽，有间接蒸汽管加热积水保温，并装有直接蒸汽管喷射至积水中，使积水沸腾蒸发水汽供给蒸化室湿度。

蒸化室内装有多根主动导辊，以减少织物张力。还原蒸化机适宜大批量连续生产的织物，但耗汽量大，生产品种受限制。

2. 圆筒蒸化机 圆筒蒸化机是间歇式蒸化设备，适合小批量、多品种的加工，目前仍广泛使用在丝绸印花、针织物印花上。

（1）结构与操作。圆筒蒸化机主要由蒸化室和悬挂织物的星形架组成,蒸化室有钟罩式和圆筒式等。

圆筒蒸化机外形与家用高压锅十分近似,蒸箱底部有释放蒸汽的管道,蒸箱外壳采用夹层保温结构,以防止蒸汽遇外壁冷凝滴水破坏色浆花型。

蒸化前,以手工将织物圈绕挂在星形架的挂钩上,各层织物间间距约1cm,并用衬布圈绕悬挂在织物夹层间,以防印花织物相碰造成"搭浆"。织物挂于星形架后,将星形架置于蒸化室内,加压或不加压进行蒸化,完毕后吊出送去水洗去除浮色。

（2）圆筒蒸化机特点。圆筒蒸化机结构简单,投资少,准备时间短,得色量高,但劳动强度大,质量不稳定。具体表现在:

①圆筒蒸化机工作时,罐内蒸汽流动速度较慢,挂布密度大,形成各个位置蒸汽流动不同,易产生发色不均的问题,如容易产生上下深浅、内外发色不匀等。

②圆筒蒸化机仅配置了压力表,通过调节蒸汽压力来调节温度,以达到工艺要求。圆筒蒸化机内蒸汽湿度不能调节,受控于外界供应蒸汽,当供应的蒸汽压力和湿度不稳定时,直接影响蒸化质量,并产生蒸化缸差。

③圆筒蒸化机是根据使用饱和蒸汽设计的,不能提供过热蒸汽或带水蒸气。

④圆筒蒸化机管壁厚,若织物蒸化时产生腐蚀性气体或液体时,长环蒸化机不能长期使用,只能使用圆筒蒸化机。

（3）圆筒蒸化机工艺参数。它既可用于常压蒸化,也可用于高温高压[表压可达29.4MPa（3kgf/cm²）,相当于温度143℃]蒸化,蒸化时间可任意选定。工艺参数简单,一般可设定蒸化机温度、饱和蒸汽压力、蒸化时间。

3. 长环蒸化机 新型的长环蒸化机能够提供汽蒸与热空气焙烘两种模式,织物呈悬挂状,适用于各种染料和涂料印花工艺。

（1）织物运行其基本流程为:

平幅进布→成环→蒸化→平幅落布

蒸化过程分四个阶段:织物吸湿升值阶段、织物保温降湿阶段、织物升温降温阶段和固色阶段。

（2）热介质的产生与循环。

①饱和蒸汽汽蒸。饱和蒸汽汽蒸时,来自锅炉房的蒸汽首先通入蒸汽饱和器成为饱和蒸汽,然后分成两路从两侧进入箱体,沿箱体夹层上升到箱体顶部,再从顶部将饱和蒸汽吹向已成环的织物,织物受此蒸汽作用,吸热与吸湿完成汽蒸。由风扇形成的循环系统以蒸汽流向按织物运动方向流动,确保对织物进行汽蒸。

②过热蒸汽汽蒸。过热蒸汽汽蒸时,安装在各循环风道中的间接式热交换器将饱和蒸汽进一步加热,使之成为过热蒸汽,并达到温度控制器上所设定的温度。间接式热交换器采用导热油或电加热,散热器安装在风扇上方,达到常压高温的目的。

③热空气。焙烘时,由空气代替蒸汽在箱体内循环运行,安装在汽蒸箱底板中的空气阀打开,靠虹吸作用从冷凝水排出口进入,经加热器加热后送入蒸箱内对织物进行焙烘。

④饱和蒸汽、过热蒸汽及热空气比较。

a.相对密度不同。在同一温度下作比较,饱和蒸汽最重,其次为加热空气,过热蒸汽最轻。这一特性在高温常压蒸化机结构上,被应用作为不使空气混入的办法。

b.比热容不同。过热蒸汽的比热容约为加热空气的一倍,热容也较大,这意味着对加热条件中的变化,过热蒸汽比加热空气迟钝,容易控制。

c.含水量不同。饱和蒸汽、过热蒸汽与加热空气显著的不同点是有无水分。过热蒸汽的水分要比饱和蒸汽所含水分少得多。例如,180℃过热蒸汽的水分只不过为130℃高压饱和蒸汽的32%。这一点在工艺上有着重要意义,直接影响着染料的固色量的多少。

(3)蒸化工艺参数。影响蒸化机效果的主要工艺参数是温度、湿度和蒸化时间,它们随着不同纤维、染料有一定的变化,蒸化工艺过程的织物成环是蒸化时间、质量、过程的安全可靠保证。

①蒸化温度。饱和蒸汽的温度与饱和蒸汽的压力有关。温度控制一般由控制面板自动控制。

②蒸化湿度。湿度是亲水性纤维、水溶性染料印花上染固着的重要条件。

a.蒸化机的湿度控制:首先对于锅炉送过来的不饱和蒸汽,在进入蒸化前一定要经加湿使之成为饱和蒸汽;其次要给蒸化机箱体内在蒸化过程产生的过热蒸汽给湿降温成饱和蒸汽。

b.加湿装置:它是为保持蒸化机内湿度稳定设计的。加湿喷嘴的正确应用,能够补偿纤维吸湿溶胀和染化料吸湿溶解以及冷凝潜热的放热。加湿喷嘴一端接蒸汽,另一端接软化水,蒸汽和软化水在喷嘴内部混合后喷出。工作时,根据蒸化箱内温湿度的高低,加湿喷嘴在可编程控制器(PLC)的控制下,自动向箱内喷射高温软化水雾,以及时增加箱内湿度,使蒸化箱内蒸汽始终处于饱和状态,并防止蒸汽过热,满足织物发色和固色需要。

③蒸化时间。蒸化时间与成环长度、成环数、织物运行速度有关。

二、织物印花固色工艺

作为印花工艺设计人员应该在掌握和了解印花染料、印制性质,以及对固色条件要求的基础上,选择和考虑合理的固色方法和工艺条件。蒸化工艺包括:蒸前给湿量、蒸化温度、湿度、时间。

(一)织物印花固色基本原理

1.湿热固色——汽蒸　汽蒸固色是从蒸汽中吸附水分和温度,而使染料固着在纤维上。汽蒸过程在织物印花固色中具有如下作用:

(1)构成纤维高分子之间的极性键,特别是氢键,纤维高分子之间的极性键由于吸附水分而被破坏,使得纤维膨胀,增大了高分子链的迁移率。有利于染料、化学药剂的进入。

(2)泡胀干燥的色浆薄膜,进一步使得染料和助剂溶解。

(3)有助于染料向纤维内部扩散及成为化学反应的必要介质。

2.干热固着——焙烘　只需要一定的温度环境就能使色浆中的染料或颜料转移并固着在织物上。

(二)汽蒸工艺条件的确定

蒸化温度主要由纤维和染料的性质以及蒸化湿度决定;蒸前给湿量由纤维和所用糊料的吸湿性决定;蒸化湿度也由纤维和所用糊料的吸湿性决定,但受蒸化设备的限制;蒸化时间由湿度、温度、纤维和糊料的吸湿性、染料的溶解上染性等方面决定。

1. 不同纤维对蒸化过程的要求

（1）亲水性纤维。

①棉、麻、人棉、莫代尔、天丝等纤维素纤维以及毛、蚕丝织物。这些亲水性纤维织物在湿和热的作用下使纤维溶胀，湿和热使纤维溶胀膨化更好，为染料、化学药剂的进入做好充分准备。工艺选择常压饱和汽蒸，只要蒸化机不滴水，蒸化温度可尽量低，才能使蒸汽湿度接近饱和，温度控制在 100~102℃。

②锦纶，吸湿后发生一定程度的溶胀，T_g 温度较低，较低温度就能使纤维热运动起来，有利于染料的扩散和上染。工艺选择常压饱和汽蒸，100~102℃。

③腈纶，吸湿后发生一定程度的溶胀，T_g 温度较高，较高温度就能使纤维热运动起来，有利于染料的扩散和上染。高温易使腈纶收缩发黄，所以温度不宜太高，应控制好蒸化机蒸化压力和时间，工艺选择饱和汽蒸，温度高于100℃以上。

（2）疏水性纤维。常见的涤纶，吸水性差，只有高温才使纤维热运动起来出现"瞬时空隙"，进而为染料、化学药剂的进入做好准备。工艺选择加热空气、常压过热汽蒸或高压饱和汽蒸130℃。

2. 印花色浆对蒸化过程的要求

（1）水溶性染料色浆。涉及染料类别的主要是活性、酸性、阳离子等水溶性染料。这类染料的固着，首先要使浆膜层的染料溶解，其次才能向纤维转移、扩散与固着在纤维上。

蒸化时，由于织物进入蒸箱中表面温度较低，所以当蒸汽和织物及印花色浆膜接触时，蒸汽立即在织物表面及印花色浆膜处冷凝，使印花色浆膜吸收水分而膨润。与此同时，由于蒸汽冷凝时释放潜热，使织物受蒸汽潜热作用温度迅速上升，湿度也随之上升。色浆吸收水分后，染料溶解或和化学药剂反应而形成"染浴"，进而向纤维转移、扩散与固着。

这类染料为保证其充分吸湿，在传统工艺里印花浆中还会加入尿素、甘油、酒精之类的吸湿剂。

蒸汽在汽蒸过程中起着十分重要的作用，它既传递热量又传递水分，是决定花纹轮廓清晰度、色泽鲜艳度、染料固着程度和色牢度的关键因素。

湿度太小，染料发色不充分，给色量下降，浓艳度差；湿度过大，色浆渗化，影响花纹轮廓清晰度。

蒸化过程有吸湿需要时，蒸箱里蒸汽中的水分会失去而进入织物和印花浆膜层中，如不及时补湿，就会使蒸箱里的蒸汽过热，一旦过热就会使得织物和印花浆膜层得不到需要的水分，进而使染料不能有效的固着在纤维上。切记在需要水分的时候，一定要给湿。

（2）不溶性染料色浆。涉及的染料类别主要是涂料、分散染料等。

①分散染料。分散染料转移到织物上的途径有两条：一是升华转移，只要高温使染料气化变成染料气体分子，它自然会跑到已经热运动起来的涤纶内着陆。高温条件：焙烘、过热蒸汽，对湿度无要求。温度既能使纤维热运动又能使染料升华，水分仅起辅助作用，温度确定以染料个体来定，因为每只分散染料的升华温度有所不同。二是分散染料的微溶性，浆膜吸湿使染料

微溶解,溶解后的单分子染料然后向涤纶转移、扩散与固着,浆膜中的染料溶解成单分子向涤纶转移、扩散与固着这个过程循环进行,直至固着完成。固着条件:高压饱和汽蒸,如圆筒蒸化机,温度使纤维热运动、湿度使浆膜吸湿。温度确定以使纤维热运动更充分,一般为130℃左右。

②涂料。依靠的是黏合剂膜固着。没有向纤维转移、扩散与固着的过程。工艺上只考虑黏合剂的成膜条件:先烘干失水成膜使色浆固定形成花纹,再高温使黏合剂交联成更结实的膜层。成膜条件:温度、时间,不考虑湿度。

3. 蒸化时间的确定　蒸化工艺中温度、湿度,要根据纤维与染料在蒸化过程的状态以及固着原理来确定。蒸化时间,则是保证浆膜里的染料向纤维转移、扩散并固着在纤维上,实现固色率最大化。但是,要实现固色率的最大化,并不都是延长时间就能获得高的固色率,还要根据染料的上染率、染料的稳定性等确定。

(1)活性染料。活性染料的固着过程,固色反应与水解反应是同时进行的。考虑活性染料的水解问题,延长时间反而使固色率降低、色泽变萎暗,蒸化时间根据活性染料的反应性以及印花方法来确定。

(2)酸性染料。酸性染料相对分子质量较小,容易溶解于水,染料在水中容易迁移,酸性染料一般只用于羊毛纤维,羊毛纤维是所有纺织纤维中吸湿率最高的,羊毛纤维在蒸汽内吸湿也比其他纤维高。考虑到酸性染料易迁移性、羊毛的高吸湿性,以及羊毛纤维高温受损现象,一般蒸化的时间控制在 10 ~ 20min。

(3)弱酸性染料、中性染料、直接染料。弱酸性染料、中性染料、直接染料的相对分子质量都较大,并有聚集的倾向,对纤维的亲和力有限,需要较长时间的蒸化才能完成染料由糊层向纤维内部的转移,达到固色的目的。一般蒸化的时间控制在 30 ~ 40min。

(4)阳离子染料。腈纶高温容易泛黄和手感发硬,有些对还原气体敏感的染料,还会影响其固着。阳离子染料印花后,常压下汽蒸固着温度为 100 ~ 102℃,时间为 30 ~ 35min;间苯二酚和尿素都是腈纶的膨化剂,可提高染料的扩散和渗透能力,缩短汽蒸时间。

学习任务 3　印花水洗工艺与控制

水洗主要是洗去浮色和糊料,水洗效果关系到印花织物的整体质量。首先是对印花织物的色泽鲜艳度、白地洁白度、染色牢度有很大影响。其次是水洗机对“节能、降耗、减污、增效”清洁生产同样有影响。因此控制好水洗中的各有关因素,把好印花生产的最后一道质量关也是非常重要的。本学习情境的学习任务是织物印花水洗的原理及设备、织物印花水洗工艺。

一、织物印花水洗的原理及设备

(一)水洗的目的

印花织物水洗过程的主要目的是:要把印花糊料、未上染的印花染料及其所用助剂药品一起从印花布上洗去。如果这些杂质不洗净,那将会使印花织物的染色牢度不合格,易造成沾污白地,还会影响色泽鲜艳度,使手感较差。

经过水洗后的印花织物的质量要达到:白地洁白、色泽鲜艳、手感柔和及牢度合格。

（二）水洗基本原理

要使织物中的污物杂质在洗涤过程中迅速从织物上分离下来,并扩散到洗液中去,有必要研究洗涤的过程及洗涤的基本原理,然后从洗涤的工艺条件和净洗机机械性能等方面去研究解决。

1. 水洗过程 水洗的过程大体上可分为以下三个阶段:

（1）洗涤液使织物和污垢充分润湿和渗透,并使某些固体污物杂质膨化。

（2）污物杂质从织物上分离下来,并扩散到洗涤液中去。

（3）防止扩散到洗涤液中的污物杂质再沉积到织物上。

因此,水洗的基本机理是用含污物较低的洗涤液来替换织物中纤维周围的水,使纤维内的污物扩散到洗涤液中,即按其浓度梯度的相反方向运动的结果,这个过程一直重复到水洗过程完毕为止。所以,印花织物上的糊料、染料、化学药剂等残留物被洗涤的过程,主要是通过这些污物与洗液的交换作用,经润湿、膨松、溶解、溶落,逐渐向洗液中扩散,最后被除去的过程。

2. 水洗过程的作用 水洗过程要有效地完成,离不开以下作用:

（1）物理机械作用。物理机械作用是控制织物表面的溶液与洗液中溶液的交换,进而形成浓度梯度。洗液的喷淋及液体与织物的挤压等产生的作用力能加速洗液与织物之间产生的相对运动,使未固着在织物上的色浆向洗液中扩散。从机械设备来考虑,可以采用多次浸轧,延长润湿交换时间,增强轧压、喷淋冲洗,借物理和机械作用来提高交换概率,强化扩散。为了节约用水,可采用逆流、激流、振荡、挤压、刷洗以及低水位等措施来提高净洗效果。

（2）化学作用。加入化学药剂促使浆料或未固着的染料溶解或分解,或者是破坏洗液中的染料再次上染的条件（阻染或缓染）。

（3）洗涤剂作用。润湿、渗透、乳化、分散作用使污物脱离织物进入水中并不再沾污织物。洗涤剂的去垢原理可用下式表示:织物·污垢 + 洗涤剂 = 织物 + 污垢·洗涤剂。

洗涤剂的去污,首先通过洗涤剂的湿润作用,降低和削弱污垢后与织物之间的吸引力,使吸附强度减弱,在水的冲击力作用下脱落,油基污物受合成洗涤剂湿润、乳化、分散、增溶等作用被卷离而悬浮于洗液中。动态的洗涤更有利于洗涤剂的作用。

（4）温度作用。温度可以加速物质分子的热运动,提高反应的速度。要使织物在短时间内达到洗涤的目的,最有效的方法是提高污物的扩散系数。影响扩散系数的因素很多,但温度是影响扩散系数的主要因素之一。因为温度提高后洗液中污物分子的活动能增大,降低了纤维表面边界层中的污物浓度,使纤维表面边界层的饱和状态遭到破坏,因此纤维上的污物进入洗液的数量和速度就会增加,扩散系数就会提高。另外,由于温度提高,水的表面张力和黏度降低,可加速织物上糊料的膨化分离。所以温度,有利于织物上糊料的膨化分离;有利于污物的扩散;有利于溶解。

虽然高温洗涤是从纤维上快速彻底地洗除糊料、助剂和未固着染料最有效的方法,但高温也最容易产生白地和浅地沾色。织物种类不同,洗涤温度也有差异,温度的控制原则是:已经上染的染料解吸少,布面浆料易洗去而又不沾污。

(三)水洗设备

一般水洗工艺根据加工织物品种的不同,可采用绳状水洗和平幅水洗,从操作上来说,又可分为间歇式和连续式两种。目前的印花后处理水洗机还是以平幅洗涤形式最为普遍,也有采用绳状水洗和先平幅水洗后绳状水洗相结合的净洗设备。由于水洗工序用水量较大,另外考虑到各种织物本身的性能,要求所使用的水洗机具有高效、节能、低张力等特点。

二、印花水洗工艺

织物印花固色后要充分水洗,去除纺织品上的未固着染料、化学品、糊料和其他杂质,才能获得良好的色牢度和稳定的颜色。

(一)影响水洗效果的因素

1. 印花织物污垢的去除过程 去除织物印花固色后,未固着染料、化学品、糊料和其他杂质的水洗过程是一个极其复杂的理化反应。通过一系列的反应,水洗过程主要起到以下作用:

第一,彻底破坏污垢和纤维的结合力,由相当牢固变为松散无力。

第二,迫使污垢离开纤维,即污垢丧失在纤维上存在的条件,不能继续在纤维上存在。

第三,使离开纤维的污垢丧失重新与纤维结合的能力,再也不能粘到纤维上去。

完成这个过程,实现上述三种作用,需要各种条件,即水、温度、机械力(如搅拌、摩擦、振动等)、洗涤剂(肥皂、洗衣粉等),缺少其中一个条件都是不行的。

2. 影响水洗效果的因素

(1)染料亲和力或直接性的影响。染料结构不同,其性质(特别是其亲和力)不同。一般直接性高的染料,从纤维内部扩散出来的速率很慢,而且在纤维表面解吸速率也很慢,因此直接性高的染料不易洗净,而且解吸下来的浮色染料又会返沾白底;亲和力低但扩散性差的染料,水洗时浮色染料很难从纤维内部扩散至纤维表面,而且其溶解度低,在硬水中或电解质作用下很容易凝聚,因此,纤维表面的浮色也难以去除,即使洗除也容易返沾,使印花织物白底沾色严重,织物染色牢度差。

(2)水洗温度的影响。水洗温度高的优点是:纤维溶胀充分,染料的分子运动加剧而更易扩散;染料对纤维的亲和力降低;染料溶解度增加;水洗液的表面张力降低,可较好地润湿织物;对于印花织物,使糊料更好地膨胀,从而较快地去除糊料。因此高温水洗时,浮色染料很容易从纤维内部扩散出来,而且很快解吸扩散进水洗液中,即使在大量电解质的条件下,浮色染料也不会聚集返沾,从而白底很白,浮色去除得很干净,色牢度极佳。

(3)织物带液量的影响。织物的带液量越高,织物上的浮色染料和水洗浴的浓度差越小,浮色染料与水的交换率越低,浮色染料洗除越困难,因此要尽可能地降低织物的带液量。

(4)浴比的影响。浴比越大,水洗浴中的浮色染料和电解质浓度越低,浮色染料越容易解吸扩散至水洗浴中,浮色染料和水洗浴的交换率越高,浮色染料去除得越干净。在连续水洗工艺中,表现为新鲜水的更换率。

(5)水质的影响。水洗浴的水质越硬,浮色染料凝聚越严重,越不易洗除,而且凝聚的浮色染料很容易返沾,从而使印花织物白底不白,染色织物色牢度下降。因此水洗尽可能使用软水或在水洗槽中加入螯合剂。

(6)皂洗剂的影响。目前市场上皂洗剂品种很多,根据水洗机理不同,常用的皂洗剂可分为表面活性剂类(常用阴离子、非离子复配),螯合类(如多聚磷酸盐类),螯合分散类(如聚丙烯酸盐)和复配类等。

其作用机理是:在水洗浴中,表面活性剂类皂洗剂会促进纤维内部的浮色染料扩散出来,并削弱纤维表面的浮色染料与纤维之间的吸附力,在机械作用下浮色染料脱离纤维,解吸扩散到水洗浴中,同时在皂洗剂的螯合作用下,凝聚的浮色染料解聚,增溶,均匀地分散到水洗浴中。皂洗剂的分散作用很重要,可以使凝聚的染料聚合体均匀地分散到水洗浴中,皂洗剂胶束还可包覆浮色染料,防止其再次返沾到织物上。近年来,市场上出现大量低温皂洗酶,其主要是利用一种含铜的多酚氧化酶以催化绝大部分浮色染料氧化降解,使染料消色,而其对已固色的染料没有作用。

(7)机械作用的影响。机械作用主要用于脏洗阶段,它能使轧染织物中大量的盐、碱和表面浮色染料快速从织物上分离,解吸扩散进入水洗浴中;使印花织物上大量的糊料、浮色染料和化学品快速解吸扩散进入水洗浴中。通过机械作用加快水的流速,使纤维表面的动力界面层和扩散界面层变薄,浮色染料和其他化学品更容易扩散进入水洗浴中,因此机械作用在脏洗阶段非常重要。近年来,印染设备商也在不断地改进和完善水洗机,新的高效水洗机改变了传统平幅水洗机布动液不动的状况,使大流量的水经水刀均匀地喷冲于织物表面,增强了浮色染料和水的交换效率。

(8)水洗时间的影响。任何一个物理和化学反应,都需要一个合适的作用时间。皂洗前要洗除大量的表面浮色染料,防止白地沾污;皂洗过程主要洗除纤维内部的浮色染料,提高色牢度。

(二)水洗工艺的确定

近年来,为了提高水洗效率,人们对水洗的原理和影响因素进行了深入研究,并设计了多种水洗工艺和相关设备,并开发了一些高效水洗助剂,还逐步完善了对水洗过程的控制,形成了一些新型的受控水洗工艺,大大提高了水洗效果,缩短了水洗时间,节水节能,同时提高了产品质量。

1. 各类染料印花水洗工艺制订依据

(1)活性染料印花。活性染料印花水洗受染料固色率的影响。织物在水洗过程中织物相互挤压,白地与深色在挤压的过程中被沾色;落入水中的染料、水解染料也有沾染印花白地的可能。活性染料印花在水洗时要洗去浆料、纤维内外的染料浮色,同时要防止这些浮色沾色。

分布在织物上的活性染料特性见表4-1。

表4-1 印花织物上的活性染料特性

染料分布	固着形式	水溶性	特 性
固着在纤维上的染料	共价键	不溶	一定条件下断键水解,能从纤维上脱落
未固着、已水解的染料	物理化学吸附	水溶解	即浮色,在水中溶解后解吸回到洗液中,能上染纤维——沾色
残留在浆膜层的染料	—	水溶解	水溶解,能上染纤维——沾色

水洗工艺如下：

①浆料：水膨化，由低温到高温使得其充分溶胀，伴随机械作用而脱离织物；高温、碱性同时存在会使已固着染料断键水解，要避免这种条件出现。

②活性染料、化学药剂：溶解性好，水洗即可。

③防沾色：洗涤与沾色这对矛盾是活性染料印花织物水洗过程中不可回避的一大难题。工艺中可选白地防沾污剂，增强对污物的乳化分散能力，提高白地防沾污的能力。防沾色剂一般是复配物，应用时要看清具体的作用。

沾色是再次上染的过程，弱酸浴可以破坏再次上染的条件，也是克服沾色的有效措施。在弱酸条件不会断键水解的染料可选择弱酸浴水洗。

（2）分散染料涤纶织物印花。分散染料是水溶性极低的染料。上染于涤纶之后具有良好的湿处理牢度。故在水洗时侧重洗除涤纶表面未固着的浮色和浆料。

分布在织物上的分散染料特性见表4-2。

水洗工艺如下：

①冷水喷淋，去除浮色，水膨化浆料，由低温到高温。淀粉酶能有效地去除织物上的淀粉糊料。

②还原清洗：能使分散染料还原溶解或分解而溶于水中，失去上染能力。保险粉使用时，温度不宜超过80℃，分解过快会失去还原作用。还原作用也会发生在纤维表面，使颜色变浅，即剥色，要控制还原剂的使用量以及作用时间。

表4-2　涤纶织物上的分散染料特性

染料分布	固着形式	水溶性	特　性
上染在纤维内的染料	物理化学吸附	不溶	高温才使涤纶分子运动而产生分子内间隙，染料才能上染，在100℃以下几乎不解吸，水及助剂很难进入纤维内
上染在纤维表面的染料	物理化学吸附	不溶	能接触水及助剂，还原清洗能使染料溶解或分解，但有剥色作用使颜色变浅
残留在浆膜层的染料	—	几乎不溶	水洗随浆料溶落在水中呈分散状态，即使吸附在织物上，还原清洗也能化学溶解或分解

（3）弱酸性染料、中性染料锦纶织物印花。弱酸性染料、中性染料等对锦纶的亲和力高，在水洗时洗下的浮色很容易沾污白地。

分布在织物上的染料特性见表4-3。

表4-3　锦纶织物上的染料特性

染料分布	固着形式	水溶性	特　性
上染在纤维上的染料	物理化学作用为主、离子键结合为辅	仍有水溶性	水溶性基团的存在，能解吸回到溶液中；锦纶 T_g 50℃，在 T_g 以上会加重解吸；解吸染料亲和力高，易沾色
残留在浆膜层的染料	—	水溶性	亲和力高，易沾色

水洗工艺如下:

①冷水喷淋,水膨化浆料,去除浮色,水洗温度由低到高,高温 50 ~ 70℃。皂洗箱内温度不能高于 70℃,且要加入防沾污剂。

②在碱性条件下可降低染料对锦纶的亲和力,削弱再次上染的能力,故在初洗时可酌加纯碱。

③深浅反差或白地花型,还可以先用固色剂固色,以封闭或降低染料的水溶性,避免解吸回到水中。

④固色。用酸性染料印花的锦纶织物经汽蒸水洗后,应进行固色处理来提高其湿处理牢度,常用的固色剂为单宁酸—吐酒石,亦可用合成单宁,如尼龙菲克能 P(NlofixauP),其固色力比单宁酸—吐酒石法差些,但色光鲜艳。

(4)阳离子染料腈纶织物印花。阳离子染料腈纶织物印花要遵循"防沾不如控量"原则。在腈纶针织物印花布生产过程中防止沾污,关键一点是在阳离子染料印花时,必须严格控制染料用量。过多的染料固色率会下降,未固着的染料在后处理时会落下沾污白地。

分布在织物上的染料特性见表 4 - 4。

表 4 - 4　腈纶织物上的染料特性

染料分布	固着形式	水溶性	特　性
固着在纤维上的染料	离子键定位吸附、物理化学作用	无水溶性	无解吸
残留在浆膜层的染料	—	水溶性	直接性好,易沾色

水洗工艺如下:

①先用冷流动水冲洗,待未固着的染料基本洗除后,才可用净洗剂在 40 ~ 50℃洗涤 10min,以防止未固着的阳离子染料沾染。70℃以下阳离子染料几乎不上染。

②洗下来的阳离子染料,避免沾色。可加表面活性剂 1227,这是阳离子染料染色常用的缓染剂,在印花布水洗过程中起阻止未固色阳离子染料上染腈纶的作用,防止白地沾污。

2. 印花水洗工艺的制订要求　印花水洗工艺的制订要根据具体的水洗设备、织物品种、印花工艺等进行水洗工艺设计。印花水洗工艺单要表明以下内容。

(1)化学药剂。表明化学药剂的名称、使用浓度及使用方法。

(2)洗槽进水要求。洗涤工艺中的用水有净水、逆流水、喷淋水等,要表明洗槽用水及水量。

(3)洗槽排水要求。洗槽的出水方向有:逆流、溢流排放、直排等,要表明排水方向及水量。

(4)洗涤温度。表明各洗槽温度要求,加热方式(直接加热、间接加热等)。

学习引导

❋ 思考题

1. 贴布胶在印花过程中起什么作用?

2. 描述一下平网印花机完成一个印花循环的印制运转程序。

3. 平网印花与圆网印花进行比较,有哪些异同点。

4. 水蒸气在印花固色过程中的主要作用是什么?

5. 蒸化机的主要工艺参数有哪些?

6. 印花织物水洗过程的主要目的是什么?

7. 水洗的基本机理是什么? 水洗过程发生了哪几大作用?

✿ 训练任务
训练任务1 编制平网印花机工艺卡

1. 讨论。

(1)平网印花操作程序。

(2)平网印花机刮刀的选择依据。

(3)平网印花机刮刀角度的选择依据。

2. 训练。

(1)根据花样及印花工艺编制印花机工艺卡。

花号		色位		客户		布种	
网序	颜色	附色	刀号	刀压			
1						附样	
2							
3							
4							
5						备注	
6							

(2)填写印花机生产记录。

生产日期							
月	日	次序	机号	数量	烘箱温度	重大变化	生产异常情况

训练任务2 编制圆网印花机工艺卡

1.讨论。

（1）圆网印花的操作程序。

（2）圆网印花机刮刀或磁棒的选择依据。

2.训练。

（1）设计圆网印花机工艺卡。

（2）根据花样及印花工艺编制圆网印花机工艺卡。

训练任务3 编制长环蒸化机工艺卡

1.讨论。

（1）确定汽蒸工艺与条件要考虑哪些因素？

（2）蒸化时，为满足固色需要通常会给湿，怎样进行给湿调节？

2.训练。

蒸化机台工艺			
印花类别		蒸化工艺	
客户	温度		
	时间		
	压力		
数量		设定值	实际值
布种	车速		
	进布		
	环长		
花号	环数		
	温度		
色位	压力		
	喷湿		
	出布		
洗版样：			

训练任务4 编制印花水洗工艺卡

1.讨论。

（1）经过水洗后的印花织物要达到怎样的质量要求？

（2）水洗过程的几大作用在水洗工艺中怎样体现?

2. 训练。

印花水洗工艺卡

工艺流程		工艺要求与操作				备注
		化学药剂	温度(℃)	进水	排放水	
进布						
预洗区	预洗箱					
水洗区	1 水洗机					
	2 水洗机					
	3 水洗机					
	4 水洗机					
	5 水洗机					
	6 水洗机					
皂洗区	1 皂煮箱					
	2 皂煮箱					
过洗区	1 水洗机					
	2 水洗机					
	3 水洗机					
固色区	水洗机					
烘干						
落布						

❋ 工作项目

印花设备操作

分别进行衣片印花机、台板印花机、蒸化机及水洗机的操作。印花设备操作实施方案如下，仅供参考。

一、准备

1. 实训仪器　衣片印花机、台板印花机、蒸化机及水洗机等。

2. 实训材料

（1）衣片印花机操作规程。

（2）台板印花机操作规程。

（3）蒸化机操作规程。

（4）水洗机操作规程。

二、实施过程

依照操作规程操作衣片印花机、台板印花机、蒸化机及水洗机等。

学习情境 5 织物印花工艺

✽ 学习任务描述：

　　根据纤维的性质、印花加工织物的要求以及花型特点,确定印花基本色浆组成与配方,确定印花工艺并编制成印花生产任务指定书,用于指导规范生产作业方法与控制。

✽ 学习目标：

　　完成本学习任务后,应能做到:

1. 会选用活性染料直接印花合适的染料、助剂及原糊;
2. 会活性染料一相法直接印花加工工艺的确定及实施;
3. 会选用弱酸性染料直接印花合适的染料、助剂及原糊;
4. 会弱酸性染料直接印花加工工艺的确定及实施;
5. 会选用涤纶织物分散染料直接印花合适的染料、助剂及原糊;
6. 会分散染料直接印花加工工艺的确定及实施;
7. 会选用腈纶织物阳离子染料直接印花合适的染料、助剂及原糊;
8. 会阳离子染料直接印花加工工艺的确定及实施;
9. 会选用涂料染料直接印花合适的染料、助剂及原糊;
10. 会涂料染料直接印花加工工艺的确定及实施。

学习任务 1 纤维素纤维织物印花

　　适用于纤维素纤维织物印花常用的染料有:活性染料、涂料、还原染料及可溶性还原染料、不溶性偶氮染料及稳定不溶性偶氮染料等。

学习任务 1 –1 纤维素纤维织物直接印花工艺
一、活性染料直接印花

　　活性染料是一类具有反应性基团,能与纤维发生化学反应形成共价键结合的染料,因此又称为反应性染料。由于染料结构中的活性基在碱性条件下可以与纤维上的羟基或氨基结合成共价键,因此可用于纤维素纤维和蛋白质纤维的染色和印花。活性染料分子大多由染料母体和反应性基团两部分组成。染料母体类似于酸性染料或结构简单的直接染料。反应性基团包括卤代均三嗪基、乙烯砜基、嘧啶基、膦酸基等。由于反应性基团的不同,反应性能、印花工艺条件、适用纤维等也不同。

(一)活性染料的优缺点

活性染料用于印花的特点是色泽鲜艳,色谱齐全,具有良好的湿处理牢度,配制色浆方便,手感良好,价格适中。尤其近几年来,许多常用印花染料,如不溶性偶氮、稳定不溶性偶氮、酞菁等染料,由于存在环境污染和生态安全等问题被禁用或限用,活性染料成为主要的代用染料,是目前应用较广的印花工艺,大量应用于棉、麻类织物和再生纤维素纤维如粘胶纤维织物、Lyocell织物等的印花,也用于涤/棉织物、丝绸、羊毛的印花。

活性染料印花不足之处主要有以下几个方面:

(1)目前国内广泛使用的一氯均三嗪活性染料固色率不高,一般在60%~70%,深地白花易发生白沾,并产生大量有色污水,既浪费又产生污染。

(2)某些性能还不能满足市场要求,如大部分活性染料的耐氯漂牢度不够理想;以单偶氮染料为母体的红色和蓝色活性染料,耐日晒度不高,尤其浅色花布很难满足市场需求。

(3)新型毛用活性染料要全面取代铬媒染料,还有许多技术问题需解决,如获得深浓颜色并在相同浓度下得到同等色牢度等。

(二)活性染料的选用及分类

适用于印花的活性染料,除考虑印花的一些重要因素外,还必须充分注意印花色浆的稳定性和水洗时不沾污,主要从以下方面加以选择:

(1)具有高的印花固色率和提升率。

(2)具有优良的扩散速率。

(3)良好的溶解度和水解稳定性。

(4)较低的亲和力和易洗除性。

(5)优良的色牢度。

常用国产活性染料按其活性基团可分为X型、KN型、K型和M型。其活性大小的顺序为X>M(KN)>K,而其稳定性则相反,即染料的活泼性越高,则越不稳定,容易水解,制成色浆的稳定性很差,印花成品在储存期间易发生染料母体与纤维间"断键"的分裂。因此,反应性过高的X型染料不宜用作印花用染料,生产上常采用K型和KN型活性染料印花,有时为了色泽的要求和色谱等原因,也可采用少量的几种X型活性染料。

活性染料与纤维反应生成共价键,必须在碱性条件下才能发生。染料在碱性条件下与纤维生成共价键的同时也发生水解,水解后的染料便失去活性,只能在纤维表面发生沾色。和纤维已经生成共价键的染料在高温碱性条件下会发生染料和纤维断键而脱落,这些染料虽然不能再和纤维生成共价键,但它们仍具有一定的亲和力,仍可以重新上染到印花织物的白地上造成沾色。如果这些染料对纤维的亲和力较低,则沾污的染料便容易被洗除,如果这些染料对纤维的亲和力较高,则洗除就很困难,造成白地不白的现象。因此,活性染料用于印花时要尽量选用亲和力较低的染料。

活性染料由于活性大小不同,所以固色时使用的碱剂用量也应有所不同。活性染料拼色时应尽量选用同一类型的活性染料。如需要 K 型和 X 型染料拼用,其碱剂用量应按 X 型活性染料的要求使用,KN 型活性染料不宜与 K 型活性染料拼用,但可与 X 型和 M 型活性染料拼用。

由于活性染料具有水溶性,且对纤维的亲和力都较低,故只能用于中、浅色图案的印花。一些活性染料的氯漂、气候及烟熏牢度还不够理想,有待以后在制造和应用中逐步克服。

(三)活性染料的印花工艺

活性染料的印花工艺根据染料的不同,可分为两大类,一相法和两相法。一相法即为色浆中同时含有固色的碱剂。一相法适用于反应性较低的活性染料,印花色浆中含有碱剂对色浆的稳定性影响较小。两相法则是色浆中不含有碱剂,印花后经各种方式进行碱剂固色处理。两相法适用于反应性较高的活性染料,色浆中不含碱剂,因而储存稳定性良好。各种染料固色方法的选择应根据处方和工艺条件的试验结果加以确定,而不能简单划分。

1. 一相法印花工艺　一相法印花工艺,也称含碱色浆印花。它是将染料、碱剂、原糊和其他化学药剂加在一起调成印花色浆。此法适用于反应性低的活性染料,如 K 型活性染料、KN 型活性染料和 M 型活性染料。

常用的一相法印花工艺有碳酸氢钠法和三氯醋酸钠法,以碳酸氢钠法最常用。

碳酸氢钠和三氯醋酸钠均属弱碱,可以提高色浆的储存稳定性,并避免了色浆与织物接触烘干时,染料过早与纤维键合,降低染料的渗透扩散能力,导致表面固色和固色率下降。三氯醋酸钠水溶液 pH 值为 6 左右,在此范围内乙烯砜型活性染料很稳定,因此三氯醋酸钠更适用于乙烯砜型活性染料的印花。两种碱剂溶解时都应低温溶解。

一相法印花工艺流程为:

白布→印花→烘干→汽蒸→冷水冲洗→热水洗→皂洗→水洗→烘干

(1)印花色浆处方:

	处方 1#	处方 2#
活性染料	x	x
尿素	100 ~ 150g	100 ~ 150g
热水	y	y
防染盐 S	10g	10g
海藻酸钠糊	~ 500g	~ 500g
碳酸氢钠	10 ~ 20g	—
三氯醋酸钠(1:1,pH = 6 ~ 6.5)	—	50 ~ 120g
合成	1kg	1kg

(2)印花色浆调制操作:

①尿素用 50 ~ 60℃ 的热水溶解。溶解尿素时不能用铜锅,因为热浓尿素溶液能溶解铜质,最后使色浆含有铜离子而影响色光。

②先以少量冷水将染料调成浆状,然后加入事先溶解好的尿素溶液,再加入热水使染料充分溶解。

③将防染盐 S 溶解后,滤入原糊中。

④将已溶解好的染料溶液过滤入（对溶解度好的染料，还可以干粉撒入）海藻酸钠原糊中搅拌均匀，室温保持。

⑤用冷水溶解好碳酸氢钠（或三氯醋酸钠），在临用前加入色浆，调匀。

（3）印花色浆中各助剂的作用。

①活性染料印花用糊料。一般采用海藻酸钠。根据不同的印花方式，色浆所受到的压力和剪切力不同，三种传统印花方式为圆网印花、平网印花和滚筒印花，分别适用低黏度、中黏度、高黏度海藻酸钠。但随着高目数筛网的应用，海藻酸钠糊料的流变性、透网性等已不能满足高档印花面料的印制要求，现有高醚化度淀粉、海藻酸钠半乳化糊、海藻酸钠/合成增稠糊的混合糊可供选择。

②尿素。学名为碳酰二胺，分子式为 $CO(NH_2)_2$，形状为白色结晶体，能溶于水和酒精中，除有良好的溶解性外，还有吸湿性和缓慢的弱还原性。由于具有吸湿性，所以在制造时往往制成珠状，以减少和空气接触的面积，但也有呈结晶粉末状的。在活性染料应用中，尿素有如下几点作用：

a. 助溶作用。虽然活性染料分子中已具有磺酸基等可溶性基团，一般溶解度已经很好，但由于印花色浆中的单位染料浓度较高，溶解染料时的浴比又较小，尤其深色时，更需要尿素来助溶。对某些溶解度较低的，如活性染料艳蓝 KGR 等更需要加入尿素来助溶。

b. 吸湿和膨化作用。在汽蒸时，尿素会吸湿，从而使纤维充分膨化，尤其对黏胶纤维织物更具有特殊意义。膨化后的纤维有利于染料的进入，提高渗透作用。同时，印花后的染料呈烘干状态，当织物引入蒸化机后，依靠尿素的吸湿性，促使染料进一步溶解和扩散，并有利于化学反应进一步的进行。

c. 酸碱值的缓冲作用。某些活性染料，如二氯均三嗪结构的活性染料，在高温下与纤维素键合时，会放出酸来：

$$D-NH \begin{matrix} Cl \\ Cl \end{matrix} +HO-纤 \longrightarrow D-NH \begin{matrix} O-纤 \\ Cl \end{matrix} +HCl$$

同时部分染料水解也会放出酸来：

$$D-NH \begin{matrix} Cl \\ Cl \end{matrix} +HOH \longrightarrow D-NH \begin{matrix} OH \\ Cl \end{matrix} +HCl$$

上述这些酸如不中和掉，在高温焙烘时会水解纤维，脆损织物。色浆中含有一定量的尿素就能起缓冲作用，中和释出的酸质，保护织物。

$$CO(NH_2)_2 + HCl + H_2O \longrightarrow NH_4Cl + CO_2 \uparrow$$

d. 作色浆的降温剂。尿素在溶解时是吸热反应，染料用热水溶解后，加入尿素能明显地降低染料溶解时的温度。如同加冰块一样，却不会因尿素的加入而过多地增加色浆的体积。

在涤/棉织物印花中常加入尿素以助溶活性染料，高温焙烘时，尿素已成低熔点共溶物，例如尿素的原熔点是 134℃，而当含 7% 的水后，其熔点只有 115℃。

e. 两个副作用。尿素在受热后会分解出酸性物质,例如在 123℃ 以上尿素会开始熔融,并逐步分解为:

$$CO\begin{cases} NH_2 \\ NH_2 \end{cases} \xrightarrow{>130℃} HOCN + NH_3 \uparrow$$

在汽蒸时,温度虽未达到 132℃,也能使花纹处的 pH 值下降,因此尿素将消耗色浆中的部分碱剂。

KN 型活性染料在采用焙烘固着法时,在 140℃ 以上就会与未分解的尿素发生加成反应:

$$D—SO_2—CH=CH_2 + H_2N—CO—NH_2 \longrightarrow D—SO_2CH_2CH_2NHCONH_2$$

因此,KN 型活性染料在使用高温焙烘法时,色浆中不能加入尿素。除上所述尿素的作用外,扩散速率高的活性染料增加尿素用量时会使给色量降低,扩散速率低的活性染料,增加尿素用量后给色量则有些提高。染料分子内聚力较大的染料,增加尿素用量可以改善其匀染性。焙烘固着法宜比汽蒸固着法使用更多的尿素(KN 型活性染料例外),但是过多地使用尿素相反也会降低表观给色量。因此在活性染料印花中,尿素用量应正确地选用。

尿素对环境的影响已引起人们的重视,取代尿素的研究在不断进行,效果还不尽理想,而采用快速高温汽蒸设备可有效减少尿素的使用。

③防染盐 S。学名为间硝基苯磺酸钠,分子式为 ![间硝基苯磺酸钠结构式，苯环上连有SO₃Na和O₂N]。防染盐 S 外观呈黄色粉末。它对染料的溶解也有促进作用,它是弱氧化剂,在活性染料印花中主要是利用它在高温时,能抵消还原物质作用:

$$\text{间硝基苯磺酸钠} + 6[H] \rightarrow \text{间氨基苯磺酸钠} + 2H_2O$$

防染盐 S 能防止活性染料在汽蒸中受还原汽蒸或还原物质的破坏。例如纤维素及糊料同属葡萄糖残基性质,高温汽蒸时具有还原性。防染盐 S 工业品有时带有酸性,所以在使用前应进行中和后,方可加入色浆中。

属于氨基蒽醌的活性染料,如活性艳蓝 X – BR、KGR 等对氧化敏感。

氨基蒽醌结构的活性染料对氧化剂敏感,如活性艳蓝 K – GRS、活性艳蓝 BPS 和活性艳蓝KN – R,故防染盐 S 不宜多加,否则会引起色泽变萎且淡。

④六偏磷酸钠,又称六聚磷酸钠。其形状是无色透明片状或白色粉末,具吸湿性,粉状的吸湿性较大,且能溶于水。

由于海藻酸钠不会与活性染料发生键合,所以迄今被认为是活性染料的良好糊料。另一方面由于它带负电荷,与带阴荷性的活性染料相斥,更促使染料上染。但如果在调制色浆时使用硬水,它能与硬水中钙、镁等重金属离子反应,生成沉淀,使海藻酸钠失去负电荷,而对活性染料失去排斥作用,产生色点,尤其某些反应性活泼的活性染料,易形成色渍。为此需加入六偏磷酸钠(一般用 5~10g/L)于印花浆内作软水剂用。

⑤小苏打。学名为碳酸氢钠,分子式为 $NaHCO_3$。碳酸氢钠的分子中有个 H 原子,所以又称酸式碳酸钠,外状呈白色粉末。它本身碱性低,在低温溶解时能保持 pH 值在 8.5 左右,在印花色浆中不致严重影响活性染料的稳定性,但随着温度的提高,碳酸氢钠发生下列反应。

$$2NaHCO_3 \longrightarrow Na_2CO_3 + H_2O + CO_2 \uparrow$$

所以,在调制色浆时,应使色浆温度降低到室温后,方能将小苏打加入;否则,不但印花色浆内产生大量气泡,妨碍正常印花,而且由于色浆的 pH 值增高,稳定性下降,使染料容易水解,影响给色量,增加后处理沾污白地的可能性。织物印花后烘干阶段也会产生部分分解作用,但不及蒸化阶段那么激烈。

小苏打在活性染料印花中有两个主要作用:

a. 作为稀碱剂。使活性染料与纤维素纤维在热和碱的条件下进行键合反应。

b. 作为中和剂。中和活性染料与纤维发生键合反应时所生成的酸类,使化学反应朝有利方向进行,又可以防止织物产生脆损之弊。

⑥三氯醋酸钠。分子式为 CCl_3COONa,它的商品名为固色盐 FD。三氯醋酸钠受热会分解成碳酸钠,可用作碱剂。其反应如下:

$$CCl_3COONa + H_2O \xrightarrow{\text{加热}} NaHCO_3 + CHCl_3 \uparrow$$

$$2NaHCO_3 \xrightarrow{\text{加热}} Na_2CO_3 + H_2O + CO_2 \uparrow$$

三氯醋酸钠在常温下较稳定,它分解反应的速度,随温度逐渐上升而加快。从印花后、烘筒烘干过程到蒸化,这一分解反应在逐步地加速。正由于这种分解是逐渐进行的,所以当开始汽蒸时,就不致使染料立即发生固着,而有利于活性染料的扩散和进一步渗透到纤维内部去。

三氯醋酸钠所生成的三氯醋酸其酸性较大多数有机酸强,其钠盐的水溶液呈微碱性。当使用时,先以醋酸调节三氯醋酸钠溶液的 pH 值至 6 左右,再以磷酸二氢钠作 pH 值缓冲剂,在活性染料色浆中由于 pH 值调节至 6,因此活性染料可在色浆中保持其稳定性,特别对 KN 型活性染料更为适宜。

由于三氯醋酸具有腐蚀性,调浆时,忌用铁、锌等金属制品。

(4)印花色浆调制与使用注意事项。

①当染料在 5g/kg 以下时可以省去尿素;相反,如染料浓度在 50g/kg 以上时,应增加尿素用量,一般每增加染料 1%,尿素也递增 1%~2%。

②属酞菁结构的活性染料及高浓度难溶的活性染料,如翠蓝 K—GL、黑 K—BR 等,应增加尿素用量及碱剂用量。但 KN 型的碱性不宜增加,一般限制在小苏打 1% 左右。

③不同类型活性染料拼色时,尿素用量以 X 型为准,碱剂一律用小苏打,但 K 型单独存在时,可增加碱剂用量。有时常采用小苏打、纯碱混合碱剂。

④溶解染料的水温,X 型采用低于 50℃,KN 型低于 68℃,K 型则不高于 85℃。遇难溶的或浓度过高的活性染料,如活性黄 K—6G、K—RS,活性翠蓝 K—GL、活性艳蓝 K—GR 以及活性红紫 X—2R 等,可提高水温到 90℃。

⑤活性染料与纤维素纤维的反应是在碱性条件下进行的,所以在印花工艺中必须加入碱剂。碱剂的碱性强弱,直接影响活性染料的稳定性。一般反应性差的活性染料选用碱性稍强的碱剂,如纯碱;反应性较高的活性染料应选用碱性稍弱的碱剂,如小苏打。

⑥有时还可采用"撒粉法"(但对个别难溶解染料,如活性红紫 X－2R 不能用)。此法对单位浓度较高的较为便利。其操作是先将沸水溶解尿素后,加入海藻酸糊内,并保持较高糊温(一般在 70～80℃),将防染盐 S 固体投入,最后将染料粉末在快速搅拌器不断搅拌下调入原糊中。碱剂必须在糊温冷却后再加入。

⑦配制海藻酸钠原糊时,为了防止硬水的影响,可预先加入六偏磷酸钠 0.5%～1%。有时为了防止色浆凝冻,保持良好流动性,可另加入 0.5% 的磷酸氢二铵。

汽蒸时间要适当延长(因三氯醋酸钠需汽蒸 1～2min 后才能分解出小苏打),一般在 10min 左右。

(5)后处理。

①汽蒸固着。印花后经烘干、汽蒸,染料从色浆转移到纤维上,扩散进入纤维内,与纤维反应形成共价键结合。蒸化工艺条件:

蒸化温度:102～104℃

蒸化时间:M 型 2～5min

　　　　　X 型 3～5min

　　　　　KN 型 3～5min

　　　　　K 型 6～10min

活性染料经印花后的织物应充分烘干,以防止色浆搭开。采用筛网印花方法在印制花型面积大,染料用量高时应及时进行复烘。印花后的织物不宜久放,须及时汽蒸固着,以免暴露在空气中造成"风印"疵病。

三氯醋酸钠法印花除采用汽蒸法外,还可用焙烘法。焙烘法时,印花色浆中不能加尿素,而只加碱剂。一般焙烘时间需按焙烘温度而定,温度高,时间可以短些,一般采用 150℃ 焙烘 5min 即可。干热焙烘固着常较汽蒸所得的固色率为高。

②水洗。固着后,印花织物要充分洗涤,去除织物上的糊料、未与纤维形成共价键的染料和水解染料等。由于活性染料的利用率不高,未与纤维反应的染料在洗涤时溶落到洗液中,随着洗液中染料浓度的增加,洗液中的染料会重新被纤维吸附,造成织物沾色。为保证织物白地洁白,织物水洗时应用流动水,随着大量冷流水的冲洗,洗液迅速排放,再经热水洗涤、皂洗、水洗,这样织物才能洗干净,否则织物会组成永久性沾污。

水洗时应注意冷、温水的流量,并采用逐格升温的方法,使未固着的活性染料逐渐被洗下,以防止在热水槽内落色太多,造成白地沾污和花色沾污之弊。

2. 两相法印花工艺 两相法印花工艺是在印花色浆中不加碱剂,而在印花烘干后再进行轧碱汽蒸固色。该工艺适应于反应性高的活性染料(如乙烯砜型、双活性基团型活性染料),能借浓碱的作用,在短时间高温汽蒸的条件下进行固色。采用该工艺,色浆稳定性大大提高;可有效避免印花后的织物在搁置过程中产生"风印"的弊端;大幅降低尿素的用量,减少污染;汽蒸时间短,节能,而且颜色艳亮度较一相法好,给色量也有所提高,是值得提倡的工艺。

两相法印花工艺流程为：

白布→印花→烘干→面轧碱液短蒸(128℃,8～12s 或 102℃,30s)→水洗→皂洗→水洗→烘干

(1)印花色浆处方：

KN 型活性染料	x
尿素	50g
热水	y
海藻酸钠[或海藻酸钠:甲基纤维素糊(1∶1)]	～500g
防染盐 S	10g
合成	1kg

注意事项：

①两相法印花法选用适当的原糊是此工艺的关键之一。利用海藻酸钠遇碱凝冻这一特性，将染料包住使其不致在轧碱时大量溶落，所以海藻酸钠为目前两相法印花中的良好糊料。

②两相法印花色浆中常采用海藻酸钠和甲基纤维素的混合糊，是因为甲基纤维素糊具有遇碱能凝聚的特性，使织物在浸轧碱液时花纹不易渗化。甲基纤维素的取代度要求在 1.6～2。

③海藻酸钠遇碱凝冻而将染料包住，但包住过紧会使碱剂也不易透入，将延缓染料与纤维的反应。可选用淀粉与海藻酸钠等量拼混，这样即能对两者兼顾。

④碱剂采用混合碱比单独使用氢氧化钠效果好。

(2)后处理。

轧碱固色液处方：

	处方 1#	处方 2#
氢氧化钠(30%)	3%	—
碳酸钾	5%	5%
碳酸钠	10%	15%
硅酸钠(46%)	—	10%
氯化钠	3%	10%
淀粉糊	15%～20%	15%～20%
水	x	x
合成	100%	100%

轧碱液调制操作：淀粉糊与水以 1∶2 的比例调成薄浆状，逐渐加入氢氧化钠使之膨化成碱性淀粉糊，然后加入已溶解好的碳酸钾、碳酸钠，最后加入氯化钠溶液。碱剂和氯化钠溶液应在不断搅拌的情况下渐渐加入，防止糊料脱水。

工艺条件：

①轧碱槽下部呈半圆形，以尽量压缩容积，保持轧液新鲜，一般容量为 30L。

②使用两辊轧车，上辊为橡皮辊，下辊为钢辊，花布在两辊间通过，花面朝下浸轧。

③蒸化机出入口处装有 103℃的缓冲气流装置。

④蒸化机容布量可根据要求制订，一般在 14～20m。

⑤蒸化温度为 $102 \sim 108℃$；蒸化时间为 $30 \sim 80s$，常用为 $40s$；车速为 $15 \sim 45m/min$（单头）；汽蒸时织物反面向下。

3. 两相快速汽蒸法与一相汽蒸法的比较　见表 5-1。

表 5-1　两相快速汽蒸法与一相汽蒸法的比较

对比项目	两相快速汽蒸法	一相汽蒸法
生产成本	低	高
占地	少	大
耗能（蒸汽耗用量）	低	高
蒸汽质量要求	一般	高
得色量	最佳	佳
印花均匀度	较好	好
线条清晰度	高	较低
印花色浆稳定性	好	低
洗除残剩染料	容易	较难

二、涂料直接印花

涂料印花在纤维上着色的原理和一般染料不同，它是利用高分子化合物作为黏合剂，将不溶性颜料微粒机械地黏附于织物上获得花纹的印花工艺。涂料印花具有很多优点：

（1）涂料印花工艺简便，生产流程短，印花后织物经过汽蒸或焙烘即可整理为成品。省去了水洗等湿处理工序，减少了污染水的排放，节约能源，符合环保要求。

（2）涂料色浆色谱广泛，色泽较鲜艳。由于色谱较广，仿色打样较为便捷，适宜使用全自动调色配色系统，可以提高生产效率。

（3）适用于各种纤维材料所织成的织物印花，即使是多种纤维的混纺织物也无须用不同染料进行同浆印花，它着色均一，不会产生闪光现象。

（4）涂料印花印制的花纹轮廓清晰、层次分明、富有立体感。

（5）适用于特殊的印花方法，例如掩盖加印白涂料印花，金、银粉印花，发泡立体印花等；它还能与其他染料共同印花；还可以用于拔染印花、防染印花和防印印花，工艺适应性较广泛。

但涂料印花目前还存在不足之处，如搓洗和摩擦牢度不够好；印制大面积花型时，印花织物的手感较差；涂料印花色浆单价较高；涂料印花的产品，其档次仍不高等。

目前涂料印花主要用于纯棉装饰面料，服装面料、针织物中的精细小花型，以及涤/棉织物的印花。随着新型高分子材料的开发应用，非丙烯酸酯系列的手感柔软、成膜明亮的涂料印花黏合剂及配套助剂，使被印制的织物手感柔软、色泽鲜艳度接近染料印花的效果，涂料印花的优越性、重要性更为突出，为扩大涂料印花的应用范围提供有利条件。

（一）涂料印花色浆的组成

涂料印花色浆由涂料色浆、黏合剂、增稠剂和其他助剂（如交联剂、催化剂、乳化剂、手感改进剂、水保留剂等）组成。

1.涂料色浆 涂料色浆是用颜料与一定比例的保湿剂、扩散剂、匀染剂和水,经过先进的扩散技术,经研磨后,呈一定细度(颗粒直径在 $0.2 \sim 0.5\mu m$)的较均匀分散体系的浆状物。涂料印花用的颜料,包括无机颜料、有机颜料、金属粉末、珠光涂料和荧光树脂颜料。

常用作颜料的有机染料有分子结构上不具有水溶性基团的偶氮染料、金属络合染料、酞菁素染料和还原染料等;无机颜料有二氧化钛、炭黑等。

涂料印花织物的耐光、耐气候牢度取决于颜料本身的分子化学结构,而花色鲜艳度和色泽则与颜料分子对光的吸收以及晶型和晶粒对光的散射有关。

2.黏合剂 黏合剂为成膜性的高分子物质,是涂料印花色浆的主要组分之一。它大多由两种或两种以上的单体共聚而成,也可以由几种高聚物组成。它以均匀的分散状态存在于印花色浆中,当织物印花后经过加热,溶剂或其他溶液蒸发以后,在交联剂和温度的作用下,它在印花织物上相互聚合成几微米厚的坚牢薄膜,从而把颜料固着在纤维上。

涂料印花的黏合剂应具有高黏着力,且安全性好,有耐光、耐老化、耐溶剂、耐酸碱和化学药剂的稳定性,成膜清晰透明;印花后的织物仍有弹性,不影响或少影响织物手感等。黏合剂的性能决定了印花织物的摩擦牢度和耐刷洗牢度,另外,由于黏合剂结膜后的泛黄也会影响织物色泽的艳亮度。目前使用的黏合剂大致有:

(1)丁苯或丁腈合成乳液与其他线型高聚物的复配物。

(2)丙烯酸的衍生物,特别是酯类以及丁二烯、苯乙烯、醋酸乙烯等。其中,丙烯酸酯是目前应用最普遍的一种黏合剂。

(3)以聚氨酯为主体组分的水溶性乳液,它含有异氰酸酯端基的预聚体离子基团。

3.增稠剂 织物涂料印花时,为把颜料、化学助剂等传递到织物上,并获得清晰的花纹轮廓,故印花色浆要有一定的稠厚度,但又不能使色浆的固含量太高,这就需要在调配色浆时加入增稠剂。即加入少量的增稠剂达到显著增加稠度的目的。在织物涂料印花中常用的增稠剂有乳化糊和全水性合成增稠剂两种。

(1)乳化糊。乳化糊即帮 A 浆。它是由两种互不相溶的液体(如火油和水)通过乳化剂在快速搅拌下将火油以极细的液珠形式分散于水中的乳状液。质量好的乳化糊液珠颗粒大小为 $0.5 \sim 1.5\mu m$,而且均匀一致。由于用乳化糊调制成的涂料印花色浆,在烘干或焙烘过程中会产生大量的烟雾外逸,致使这些火油散发于大气中,既污染环境,又浪费能源,因此,有少量火油或无火油(全水性)涂料印花浆已推出。

(2)合成增稠剂。全水性涂料印花色浆中的合成增稠剂是一种高相对分子质量的化合物,能溶于水,且有极高的增稠效果。它的组成原则上与天然胶体相似,而且又有乳化糊的流变性能。合成增稠剂是分子中含有大量布满羧基的聚乙烯链,在水中有良好的溶解度,且电离度较大,能使分子链伸展,且可吸附更多的自由水分,在水中迅速膨化的丙烯酸类物质。因此,它对电解质敏感,遇电解质后,其溶胀度降低,而使黏度大大下降。目前,我国使用的增稠剂,一类是聚乙二醇酯,属于非离子型增稠剂,是一种非离子型高分子化合物的乳液;另一类是聚丙烯酸及其聚合物,属于阴离子型增稠剂。

4.其他助剂 在涂料印花工艺中所使用的其他助剂有以下几种。

（1）柔软剂（手感改进剂）。为了提高涂料印花织物的实物水平，以便于筛网印花能顺利进行，向印花色浆中加入二羧酸酯或含有有机硅类（例如 Alcoprint1739、LuprimolSIG）的柔软剂。它能使印花织物表面平滑、手感柔软，并可提高干摩擦牢度。若在涂料印花色浆中加入混合型乳化剂 LuprintolMCL，它除具有柔软和消泡作用外，还可以改善印花色浆的流变性能，使花纹轮廓更为清晰光洁。

（2）交联剂和催化剂。向涂料印花色浆中加入交联剂和催化剂可以提高黏合剂的牢度。

①在非自交联黏合剂中，印花色浆中常加入外交联剂，如交联剂 EH、AcrafixFH，但此类交联剂焙烘后易泛黄。催化剂以弱酸性盐为宜。

②在自交联黏合剂中，则以改性三聚氰胺类 Helizarin FixagentLT 为宜，它能提高涂料黏合剂在纯棉、合成纤维及其混纺织物上的印制牢度，而且被印制的织物甲醛含量低。但也有采用六羟甲基甲醚化三聚氰胺作为交联剂的。

（3）吸湿剂（水分保留剂）。吸湿剂主要作用是保持印花色浆表面润湿，以防止色浆在储存过程中干裂、倒相、破乳，以提高色浆的稳定性。吸湿剂有乙二醇、甘油、尿素等，但一般以尿素作为吸湿添加剂，因为尿素还具有捕捉游离甲醛的功能。

（4）流变性改进剂。以合成增稠糊作为涂料印花色浆的原糊时。在印制合成纤维织物或花型精细度很高的纯棉织物时，常会产生花纹轮廓清晰度差的缺陷，加入 CarbopolPrintrite PM，可改善其流动性能，避免渗化现象发生。

（5）保护胶体。在涂料印花色浆中，有些涂料容易出现"破乳"及分层现象，对此，可以加些保护性胶体来得到改善，保护性胶体一般为水溶性胶，例如合成龙胶、PVA 等，它们的加入还可增加黏度，有利于增强黏合剂液滴的机械强度，在印花时高剪切的作用下不易破乳凝结。

（二）涂料直接印花工艺

涂料直接印花工艺流程为：

白布→印花→烘干→固着（汽蒸或焙烘）→（平洗）→（烘干）

1. 印花色浆

（1）白涂料印花色浆。白涂料多数与活性染料共同印花，汽蒸后需经净洗处理，洗除活性染料色浆中未固着的染料、助剂和糊料。因此白涂料印花色浆的交联剂要慎重选择，以防止吸附活性染料的浮色而影响白度，如与色涂料共同印花，则经烘干、焙烘后，即可进行后整理。

①处方：

涂料白 FTW	250～300g
合成增稠剂或乳化糊	x
黏合剂	250～300g
合成增稠剂或乳化糊	y
合成	1kg

②操作：先将涂料白 FTW 与乳化糊拌和，使涂料白 FTW 均匀分布在乳化糊中，然后在搅拌的情况下缓慢地加入黏合剂中。也可以将黏合剂与乳化糊预先搅拌均匀，然后将涂料白 FTW 加入其中，但从白涂料分布状况来看，宜先将涂料白 FTW 与乳化糊拌和为好。

（2）色涂料印花色浆。

①处方：

色涂料	1 ~ 100g
乳化糊	x
自交联黏合剂	120 ~ 200g
柔软剂	0 ~ 30g
合成增稠剂或乳化糊	y
合成	1kg

②操作：

a. 黏合剂先用氨水调节 pH 值至 7 ~ 8。

b. 将色涂料与乳化糊拌和均匀，在不断搅拌下缓慢地加入黏合剂中。搅拌速度不宜过快，以免涂料脱水分层。

c. 如果需要加入酸性催化剂（如硫酸铵），则应预先将其溶解后慢慢加入醚化植物胶糊中搅拌均匀，然后在搅拌下渐渐地加入印花色浆中。

d. 为了保证涂料印花后织物具有良好的手感，应在印花色浆中加入有机硅酮柔软剂。

e. 制备印花色浆时，应采用不锈钢或塑料容器。

（3）荧光涂料印花色浆。荧光涂料印花是在纺织品上除印有色泽图案外，还能产生荧光效果的印花。用荧光涂料印花织物的色泽较一般涂料印花的色泽鲜艳，明亮夺目，能产生暗中透亮的特殊效果。

日本松井色素株式会社生产的 Matsumin MR - 96 作为荧光涂料印花色浆的黏合剂，具有特别良好的效果。

①处方：

荧光涂料	100 ~ 200g
Matsumin MR - 96	150 ~ 250g
Matsumin Emulsur M	20 ~ 30g
白火油	250 ~ 300g
水	x
合成	1kg

②操作：

a. 荧光涂料与乳化糊先行搅拌均匀。

b. 乳化剂 Matsumin EmulsurM 先用 1：2 水冲淡搅拌均匀，然后加入黏合剂 Matsumin MR - 96 中混合拌匀，在快速搅拌下，将火油逐渐加入，15 ~ 20min 加完。

c. 在搅拌的情况下，将荧光涂料加入黏合剂 MR - 96 与乳化剂 M 的混合糊中。

d. 最后用乳化糊或水调节印花色浆的黏稠度。

③注意事项：

a. 不同牌号的荧光涂料都有与其相匹配的黏合剂，否则会影响其荧光艳亮度，目前以 Matsumin 系列最佳,且它的手感亦较柔软。

b. 荧光涂料拼色时,应遵循光谱相邻者原则,否则会影响其荧光度,严重时会造成荧光的消失。

c. 印花时荧光涂料用量高,荧光度好,因此一般用量均在20%以上。

d. 固着时,焙烘法的牢度比汽蒸法好。

e. 若以乳化糊全部代用麦祖明乳化剂 M 制的混合糊,其摩擦牢度要低于正常配方。

(4)珠光粉印花色浆。珠光印花采用的珠光浆是由珠光粉、成膜透明的黏合剂和增稠糊等组成,其珠光粉有天然珠光粉、人造珠光粉(无机珠光粉)和云母钛珠光粉等。

云母钛珠光粉为云母包覆二氧化钛或高光线折射率的金属氧化物而成。它具有锐钛型的微晶结构,其折射率为2.5,有很好的闪光效果。它与化学药品相容性很好,耐酸碱、耐高温,制成的印花色浆稳定性好,印花后色牢度能达到4级,在高温焙烘后,仍能闪烁光泽,故目前的珠光粉印花都采用云母钛膜珠光粉。

①处方:

珠光粉	$100 \sim 250g$
渗透剂	10mL
尿素	20g
黏合剂(Helizarin 黏合剂 MT)	250g
合成	1kg

②操作:

a. 调浆时可以适当添加一些乳化剂以防色浆分层。

b. 调配色浆时高速搅拌时间不宜过长,以防珠光粉色浆破乳。

c. 调好的色浆放置时间不能太久。

d. 珠光粉印花浆,在配制时,可直接加入涂料色浆中。为使着色珠光粉鲜艳,涂料用量过大会影响光泽,此时采用五颜六色的彩虹珠光粉,可增加珠光粉的鲜艳度。

③注意事项:

a. 珠光粉印花适宜印在紧密的织物上,在疏松粗糙的织物上效果不甚理想。印花宜在冷台板上进行,印花后必须烘干,以免影响珠光光泽效果。

b. 焙烘时应避免高温,以防分散染料升华,焙烘温度可控制在 150℃ 以下。珠光粉印花的印膜较厚,印花布一定要烘干,否则会影响珠光粉的光泽和色牢度。

(5)金粉印花色浆。织物上的金粉印花的金粉实际上是古铜粉,它是 $60\% \sim 85\%$ 的铜和 $15\% \sim 40\%$ 的锌的合金。铜锌合金粉颗粒的细度与印制后织物上的金属光泽影响很大,又与印花时透网性关系很大。金属颗粒太大,则要引起堵塞网孔,而金属颗粒太细会影响金属的光泽,因此对颗粒细度要进行选择,一般将其颗粒直径控制在 $40\mu m$ 左右。另外,金银粉抗氧化稳定性差。为此,作为印花用的铜锌粉必须经抗氧化处理或在印花色浆中加入苯并三氮唑防氧化剂。

①处方:

金粉	150~250g
黏合剂（Helizarin 黏合剂 MT）	700~800g
固着剂	10g
尿素	2g
合成	1kg

②操作：

a. 先将固着剂与黏合剂充分混合，然后加入吸湿剂尿素，并搅拌均匀。

b. 在不断搅拌下（不能快速搅拌，以避免金粉飞扬），将金粉缓慢地撒入固色剂与黏合剂的混合糊中。

③注意事项：

a. 金粉与色涂料同印时，其固着宜采用焙烘（145~155℃，1~1.5min）工艺，固着后即可进行后整理。

b. 若与活性染料共同印花时，其工艺流程为先进行汽蒸，然后再进行焙烘。若不进行焙烘，则其色牢度达不到要求。

2. 后处理　涂料印花的固着是使黏合剂交联成膜的过程。交联成膜条件取决于黏合剂自身的交联反应条件。交联成膜方法有汽蒸和焙烘，如果是低温交联的黏合剂也可采用复烘固着。

不论是外交联型或自交联型黏合剂，成膜一般采用焙烘法，焙烘温度为150℃，时间为3~5min。提高温度，可以缩短焙烘时间。

外交联型黏合剂如果采用汽蒸法固色，为了获得较好的牢度，应选用反应性大、反应速度较快的交联剂 FH 或 101 交联剂 H。汽蒸固色温度为102~104℃，时间为5min。

需要在较高温度下进行交联的自交联型黏合剂，以采用焙烘法固色最合适。

3. 涂料印花工艺注意事项

（1）含化学纤维的织物建议焙烘温度160~170℃，以提高印花色牢度。但是有些涂料耐高温性能较差，要加以选择。糊料宜采用半乳化糊，也可加入防止印花色浆渗化的流变性改进助剂，以提高用合成增稠剂为原糊的印花色浆的流变性能，防止印花色浆的渗化，改善印花轮廓清晰度。

（2）大多数涂料印花柔软剂是有机硅乳液衍生物，能提供有效的表面光滑性，从而改善涂料印花的手感，在大块面涂料印花时，可以加一定量的这类柔软剂。

（3）白涂料的主要组分是二氧化钛，为提高其对织物的遮盖力，用量一般比色涂料高，相应的黏合剂用量也需提高。

（4）涂料中大红的鲜艳度和黑色的乌亮度不及活性染料。

三、还原染料直接印花

还原染料具有色泽鲜艳、色谱较齐全、染色牢度及色泽稳定等优点。自从活性染料问世以来，由于活性染料印花工艺操作简便、成本较低，因而大部分直接印花工艺选用活性染料。但活性染料印花色牢度不够理想,故还原染料的应用仍占有一定份额。近年来,由于还原染料两相法印花工艺的发展,还原染料又受到重视,特别是对色牢度要求高的品种。

（一）印花色浆组成

还原染料印花色浆由染料、糊料、还原剂、碱和各种助剂组成。

1.染料的选择 适合印花用的还原染料和染色常用的品种有所不同。在色泽上,印花用的品种对鲜艳度要求较高。在性能上,按常规印花工艺给色量和染色牢度要能符合质量指标。以下推荐印花用的若干还原染料品种:

黄6GD、4GF、G、3RT;金橙G、3G;艳橙GK、GR、RK;大红GG;红GG、F3B;桃红R、3B;红青莲RH;艳紫RR、RK;蓝RS、GCD;艳蓝3G、艳绿FFB、B、2G、4G;橄榄绿B;橄榄R、T;红棕R;棕RRD;灰M;黑RBS、BL。

此外,属于靛蓝结构的艳蓝4B、4G和溴靛蓝同类商品均可作印花色浆之用,只是日晒牢度"士林级"染料低,可印深色小花(耐日晒牢度5级),当印浅蓝色时则应改用"士林级"染料(耐日晒牢度7~8级)。

印花时,印在织物上的染料在色浆中还原、溶解和转移,最终被染着在纤维上,全过程是在有限的数分钟蒸化时间内完成。因此,必须掌握各个染料的特性,染料具体性质上的差异会直接影响印制效果。由于种种原因,有些还原染料印花得色量往往不及染色理想,故在选用染料时,还需通过印花小样试验,最后确定处方。

还原染料的商品形态很多,国外商品有专适用于印花的浆状,这类染料不仅有好的扩散细度,并混有特效助剂,有利提高印花给色量和改善印制效果。染色用的超细粉可直接配成色浆,对还原染料染色用细粉,必须加以研磨而后使用。

2.糊料的选择 印花用糊料以印染胶、淀粉、龙胶为最常用。印染胶耐碱性良好,性能与黄糊精相似,本身具有还原性,用以制成的色浆比较稳定,即使放置一段时间,也还能继续使用。印染胶固含量较大,吸湿性很强,在还原蒸化时容易造成搭色,因此可以掺用一些胀性大的糊料,如小麦淀粉,加入后可提高给色量、降低成本;掺入龙胶对浅色大块面花纹的匀染和防止搭色都有好处。海藻酸钠、甲基纤维素一类的糊料,遇强碱立即凝固,利用这一特性,用在还原染料两相法印花,十分见效。

3.还原剂的选择 还原染料色浆所用的还原剂必须在室温条件下稳定,在正常生产情况下,色浆印上棉布、烘干后,直到蒸化处理前,染料不发生化学反应。当印花布进入蒸化机后,染料即被还原,转变为隐色体,并为纤维吸收。保险粉的性质(60℃以上即分解)已不符合此要求,而雕白粉是适合的还原剂。

印染工业用的雕白粉通常是块状半透明物体,可用热水溶解,还原染料色浆中的应用一般在8%左右。受潮变质的雕白粉往往散发出蒜臭气味,即使用量增加也难达到预期效果。存放雕白粉的容器必须保持密闭,放在阴冷干燥之处以防失效。雕白粉在水中的分解温度自80℃开始,印花布正常的还原蒸化温度在102℃左右。雕白粉在碱性介质中分解生成次硫酸氢钠,使色浆中还原成隐色体,反应式如下:

$$NaHSO_2 \cdot CH_2O \cdot 2H_2O \longrightarrow NaHSO_2 + CH_2O + 2H_2O$$

$$NaHSO_2 + 2H_2O \longrightarrow NaHSO_3 + 2[H]$$

上述分解过程是放热反应,故蒸化机温度随时有升高的趋势。

在调制色浆时,对还原比较困难或粉状较粗的染料,可先用保险粉预还原,但雕白粉仍需保持常规的用量。

4.碱和助剂的选择 色浆内的碱剂应根据染料品种特性而定。色浆制备方法和蒸化机的温度条件有关。碳酸钾的适用范围最广,用量一般在8%~10%,雕白粉和碳酸钾能顺利还原大多数染料品种。用碳酸钾调制的色浆,印花给色量高,有利于隐色体的溶解和渗透,因此印花成品色泽鲜艳。有些品种可用纯碱(碳酸钠)代替作为碱剂,因溶解度比碳酸钾低,用量不宜大于6%。用预还原法制备色浆,一般加适量的烧碱液,使染料在保险粉—烧碱作用下充分还原。

碳酸钾的吸湿性比纯碱强得多,但纯碱较碳酸钾成本低,在蒸化机湿度良好的条件下,纯碱的效果可与碳酸钾接近。此外,纯碱做的色浆,在烘干过程中雕白粉分散较慢,台板网印也常有应用。

色浆中添加的助剂,均以提高给色量和鲜艳度为目的。按助剂的功能,大致有吸湿和助溶两个方面,通常使用的甘油其两种作用兼而有之。有时需改用助溶剂TD(又名古来辛A、硫代双乙醇),使艳紫2R,艳绿FFB,艳绿4G,蓝RS、GCD等色泽格外丰满,如同时使用溶解盐B可使花纹匀染,线条更为清晰。葡萄糖作为还原剂兼有吸湿能力,对溴靛蓝(汽巴蓝2B)之类的染料印花得色有好处。有时三乙醇胺也作为助剂,对蓝RS、GCD色浆有增进印花鲜艳度的功效。此外,尿素的应用常见于粘胶织物的印花,但色浆中加入尿素后并非对所有的还原染料都能提高给色量,个别品种,如艳紫2R、橄榄绿B等得色反而略有降低。

5.防拔染助剂的选择 用于防染或拔染印花的助剂,如氧化锌、钛白粉、防染盐S、助拔剂W等分别于防染、拔染印花中叙述。

(二)还原染料直接印花工艺

还原染料直接印花的方法,可分两大类型。一种是还原法(隐色体法)印花,又可分为预还原法和不预还原法;另一种为两相法(悬浮体法)印花。两种方法的主要区别是前者将还原剂、碱剂和染料一起调制成还原隐色体色浆,印制后蒸化发色;而后者在染料内仅加浆料,印制后固着于纤维上,然后浸轧还原液,再加以蒸化发色。还原法印花除较多地用于与其他染料共同直接印花外,尤适合于防染、拔染印花,能获得一般染料所不易做到的轮廓清晰的花型线条。两相法印花仅适用于直接印花,应用范围受到限制。

1.还原染料隐色体印花工艺 还原染料隐色体印花工艺是过去常用的一种直接印花法,根据染料颗粒大小,碱剂浓度及其他工艺条件的不同要求,在调制印花色浆时,一般有预还原法和不预还原法两种。

还原染料隐色体的电位负值大,较难还原,常采用强碱、保险粉预还原法,因为碱性保险粉的还原氧化电位可高达 – 1137mV,足以使所有还原染料充分还原。预还原法一般采用两种还原剂,即在调制色浆时先用保险粉,发挥其还原作用;但由于保险粉的稳定性极差,所以必须补以较稳定的雕白粉,后者在常温色浆中稳定而在汽蒸过程中分解,分解时发挥出应有的还原效力。

另一类还原染料的隐色体在强碱保险粉还原浴中,溶解度较低,即使在汽蒸时所形成的隐色体,在弱碱性介质中溶解度也较小,这类染料应采用不预还原法进行调制,这种染料色浆仅加入还原剂雕白粉即可。

还原染料隐色体印花工艺流程为:

白布→印花→烘干→还原汽蒸→氧化→水洗→皂洗→水洗→烘干

(1)预还原法:还原染料预还原法基本色浆处方及工艺条件见表 5 - 2。

冲淡糊处方:

印染胶淀粉糊	50kg
甘油	5kg
烧碱(30%)	5~6kg
雕白粉	4~6kg
合成	100kg

印花色浆处方:

还原染料基本色浆	x
冲淡糊	y
合成	1kg

操作注意事项:

①还原染料预还原法适用于那些还原电位负值较大的,隐色体钠盐的溶解度较大且较稳定的品种。制浆前染料必须加入甘油、酒精润湿,在研磨机内研磨片刻,再用水调节其稠度,继续研磨至在显微镜下观察时没有明显的粗粒为止(一般研磨至少在 8h 以上)。

②将研磨完毕的染料缓缓加入到印染胶淀粉糊中,并搅拌均匀,然后加入预先用水 1∶1 稀释的 30% 烧碱,边加边搅拌,加入宜慢,每千克控制在 2min 左右。然后连同容器在水浴中加热,达到规定温度后,缓缓撒入保险粉,控制每千克不少于 10min 的速度。加完搅匀,并冷却至室温后方可加入已溶解好的雕白粉,最后调至总量约 70kg。如用于直接印花,只需另加糊料或水,调成要求量 100kg 备用。

如用于拔染印花,则按拔染印花工艺的要求,另加雕白粉、糊料或水,最后合成 100kg 备用。色浆调制完成后,表面应加一层火油,防止结皮。

③有些还原染料色浆中另加尿素、溶解盐 B 或硫代双乙醇,对改善印花的匀染性有利。例如还原艳紫 RR、还原红紫 RH、还原灰 M 和还原灰 BG 等。

④还原蓝 GCDN 色浆稳定性差,且易过度还原,宜随用随制,否则时间过长,色泽变萎绿、给色量也降低,且易产生色点。

⑤对亚士林黄 GCN,以先加保险粉再升温较好,这样调制的色浆印花性能较好,不易起刀线,雕白粉则在临用时加入。亚士林黄 GCN 有严重光脆性,一般在直接印花上避免单独使用,但它与士林艳绿 FFB 拼用时,有一定改善光脆效应。

(2)不预还原法:不预还原法,又称还原染料雕白粉法。雕白粉法在印花制浆时无须加入保险粉,而只要加入碱剂和雕白粉,所以制浆手续较为简便。

不预还原法基本色浆处方及工艺条件见表 5 - 3。

表 5 – 2 还原染料预还原法基本色浆处方

还原染料	还原电位 (mV)	浆料料量 (kg)	甘油 (kg)	酒精 (kg)	30%烧碱 (kg)	碳酸钾 (kg)	还原温度 (℃)	保险粉 (kg)	雕白粉 (kg)	印染胶 淀粉糊 (kg)	印染胶糊 (kg)	初配总量 (kg)	最后总量 (kg)
黄 7GK		6	5	1	8		55~60	2	8~10		20	70	100
黄 GCN	-875	5	5	1	10		55~60	2	8~10		350	70	100
艳橙 RK	-800	5	5	1	10	4	55~60	2	12	30~35		70	100
红紫 RH	-730	5	5	1	8		55~60	2	8~10	30~35		70	100
艳紫 RR	-870	5	5	1	8		55~60	2	8~10	30~35		70	100
蓝 GCD	-815	5	5	1	15		55~60	2	6			70	100
艳绿 FFB	-870	5	5	1	12		55~60	2	12~14	30~35		70	100
艳绿 4G	-920	5	5	1	12		55~60	2	12~14	30~35		70	100
灰 3B	-900	5	5	1	10		55~60	2	8~10	30~35		70	100
灰 BG	-910	5	5	1	10		55~60	2	8~10	30~35		70	100
灰 M	-760	5	5	1	10		55~60	2	8~10	30~35		70	100

表 5-3 不预还原法基本色浆处方

还原染料	还原电位 (mV)	染料量 (kg)	甘油 (kg)	酒精 (kg)	30%烧碱 (kg)	碳酸钾 (kg)	碳酸钠 (kg)	雕白粉 (kg)	印染胶淀粉糊 (kg)	印染胶糊 (kg)	初配总量 (kg)	最后总量 (kg)
黄 G	-640	6	5	1		10~12	或 8	8~10	30~35	20	70	100
金黄 GOK	-770	5	5	1		10~12	或 8	8~10	30~35	350	70	100
金黄 RK	-790	5	5	1		8	4	8~10	30~35		70	100
橙 RF	-780	5	5	1		10~12	或 8	8~10	30~35		70	100
艳橙 RR	-830	5	5	1		10~12	或 8	8~10	30~35		70	100
橙 GR		5	5	1	10			8~10	30~35		70	100
艳妃 R	-725	5	5	1			8	8~10	30~35		70	100
艳妃 BL	-612	5	5	1		10~12		8~10	30~35		70	100
大红 GGN	-671	5	5	1		10~12	或 8	8~10	30~35		70	100
大红 FR		5	5	1		10~12		8~10	30~35		70	100
汽巴蓝 2B	-646	5	5	1	10			8~10		30~35	70	100
溴靛蓝 4B	-646	5	5	1	10			8~10		30~35	70	100
蓝 3G		5	5	1		10~12		8~10		30~35	70	100
棕 RRD	-790	5	5	1			8	8~10	30~35		70	100
印花黑 BL(浆状)	-735	5	5	1		10~12		8~10	30~35		70	100

冲淡糊处方：

	烧碱糊	碳酸钾糊	碳酸钠糊	混合糊
印染胶淀粉糊或印染胶糊	40～50kg	40～50kg	40～50kg	40～50kg
30%氢氧化钠	10kg	—	—	—
碳酸钾	—	12kg	—	8kg
碳酸钠	—	—	8kg	4kg
甘油	5kg	5kg	5kg	5kg
雕白粉	10kg	10kg	10kg	10kg
合成	100kg	100kg	100kg	100kg

印花色浆处方：

研磨储存还原染料液或超细粉还原	x
染料液或快固浆状还原染料	
冲淡糊	y
碱剂	补足至需要量
雕白粉	补足至80～100g
合成	1kg

操作注意事项：

①一般操作基本与预还原法相同，但可省去加热和加保险粉的一些步骤。

②若采用超细粉状（Super Fine Powder）或快固浆状（Suprafix-Paste）的还原染料，其常用处方为：

染料	5～25kg
甘油	8kg
碳酸钾	12kg
雕白粉	8kg
印染胶—淀粉糊	40kg
水	x
合成	100kg

操作：

a. 快固浆状。将甘油、碳酸钾加入原糊中，然后加热15～30min，使其充分溶解，并可提高糊料的流动性。当冷却到40～50℃时加入雕白粉，不断搅拌，待雕白粉充分溶解后，在搅拌的情况下加入染料。

b. 超细粉。加入染料时必须将染料细粉渐渐撒入30℃以下的冷水中，并不断搅拌，不使它聚结，浸渍60min后，即能调成均匀的糊状。

③适用于作不预还原法的还原染料，其还原电位的负值均较小，易于还原。染料颗粒微细化，可使其还原速率提高，从而提高给色量和染色牢度。

④印花色浆宜现配现用，雕白粉应在临用前加入，以防止色浆涨厚而造成印花疵病（如滚

筒印花的刀丝、刮色不清和嵌花筒的印疵)。

(3)印花色浆中各助剂的作用：

①助溶剂。印花色浆中的甘油和酒精对染料的溶解有一定作用,酒精还具有消泡和润湿作用。甘油除具有吸湿和润滑作用外,在汽蒸过程中还能吸收蒸汽中的水分,使染料的还原与扩散以及对纤维的膨化有利,对提高印花固着率和给色量起到增进作用。此外,类似的助溶剂还有溶解盐B、尿素和硫代双乙醇等。

②还原剂。常用于还原染料中的还原剂有保险粉和雕白粉两种,虽然保险粉碱性溶液的还原负电位大于雕白粉,但在印花色浆中的稳定性差,所以仅用于预还原法和悬浮体印花法的两相固着工艺。

雕白粉为羟甲基亚硫酸钠的习称,商品雕白粉含 $NaHSO_2 \cdot CH_2O \cdot 2H_2O$ 为 90% ～95%,它在常温下稳定,还原能力强,当高温汽蒸时,产生极大的还原能力,与保险粉一样,生成 $SO_2 \cdot$ 游离基使还原染料还原。$NaHSO_2 \cdot CH_2O \cdot 2H_2O$ 汽蒸温度高于100℃分解成 $NaHSO_2$、CH_2O、$2H_2O$,$NaHSO_2 + H_2O \rightarrow NaHSO_3 + 2[H]$。雕白粉的还原电位为 $-900 ～ -1000mV$,它在高温汽蒸时,足以使绝大多数还原染料还原。

由于雕白粉在汽蒸时要释放出甲醛,而甲醛可与还原染料中的—NH_2、—NH—等基团发生缩合反应,而导致色光的不正常,因此用雕白粉作还原剂的色光往往不及以保险粉为还原剂的鲜艳。

③碱剂。常用于还原染料印花色浆中的碱剂,有氢氧化钠、碳酸钠、碳酸钾等,其中以碳酸钾较为普遍,这主要是其吸湿性强和碱性缓和。氢氧化钠作碱剂时,对雕白粉的稳定性有影响,尤其是对个别易水解的染料,当采用氢氧化钠进行预还原时,待预还原完毕后,应补加碳酸氢钠,以降低其pH值,防止发生过分水解。

④印花糊料。最常用的原糊为印染胶,是取其本身具有还原性又能耐碱,固体含量较高,同时还具有良好的吸湿性能和匀染性的特点。

由于它渗透性好,表面给色量相对低些,所以常以淀粉糊拼混,即习称的印染胶—淀粉糊。

海藻酸盐因不耐强碱,不适宜用于隐色体印花法,但它适用于悬浮体印花工艺。

(4)还原染料隐色体印花注意事项。

①烘干。织物经印花后,烘干工序很重要。织物含潮不宜过高,落布时加强透风冷却,否则织物热堆在布箱中,雕白粉受热分解,会过早地丧失还原力,造成中间色泽浅两边深的"失风"现象。同时避免长时间暴露在空气中,应用布套包好,否则也会造成中间色泽深两边浅的"冷失风"疵病。

②汽蒸。汽蒸是还原染料印花中的一个重要工序,直接影响染料的色泽鲜艳度、给色量以及色牢度的高低。所以对蒸化机的蒸汽压力和供汽量必须保证稳定。一般工艺条件要求为：

a.温度：100～105℃。

b.湿度。饱和蒸汽,蒸化机机底部积水15～20cm,用直接蒸汽进行"洗汽"。相对湿度不低于99.7%。

c. 蒸化机应该正压,"老虎口"应有足够的蒸汽喷出,以防止空气进入。

d. 前后烟囱应排汽通畅,使蒸化机不处于过热程度过高的情况下。

e. 蒸化机内的空气含量不超过 0.3%。

f. 时间为 7 ~ 8min。

还原染料在上述工艺条件下,印花织物在蒸化机中发生下列各项作用。

a. 促使纤维吸湿膨化。

b. 色浆吸湿,使花纹处含有一定水分,这样:

● 在高温下雕白粉分解,促使染料还原成隐色体钠盐而溶解于水分中。

● 染料的隐色体钠盐从色浆中向纤维内部扩散、转移。

● 纤维素与染料的隐色体钠盐发生氢键作用而染着。

③氧化和水洗。织物经汽蒸后,隐色体已在织物上染着,需经氧化才能回复到原来状态的还原染料。

还原染料的氧化难易不一,如属于易氧化的,只需经过冷流动水处理即可;若氧化速度慢的,亲和力又小的,还原染料隐色体易溶于水中,不宜采用冷流动水进行氧化,应选用适当的氧化剂,如过硼酸钠、过氧化氢等,进行迅速而充分的氧化。

氧化、水洗后需经过高温皂煮,它不仅去除存在于印花色浆中的可溶性盐类,未染着的染料和糊料,更重要的是使经汽蒸、氧化发色后的还原染料分子重新排列,使其色泽艳亮,染色牢度提高。

2. 还原染料悬浮体印花工艺 由于还原染料直接印花工艺往常采用的是雕白粉法,它不仅色浆调制操作麻烦,且不适宜于筛网印花,特别是圆网印花方法。

悬浮体印花是用极细(超细粉)的还原染料调成色浆,色浆中不含碱剂和还原剂,印花后织物经碱性还原液化学处理,在潮湿和高温的情况下,染料被迅速还原成隐色体向纤维转移和扩散,进而上染固着,然后再进行氧化、皂煮,达到雕白粉隐色体法同样的作用。由于染料固相和碱性还原液的液相是分开的,因此又叫做两相印花法。

(1)工艺特点:

①适用的染料品种多,有许多气候牢度优良而原来仅适用于染色的品种,可以采用两相法来进行印花,并得到良好的效果,使色谱范围大为增加。

②给色量高,色泽鲜艳纯正。

③印制的花纹清晰,匀染性好。

④色浆稳定性高,染料拼混性好,使耐不同碱剂的染料可以相互拼色;印花后织物上的染料色浆十分稳定,可以随意放置而不必担心发生"失风"之弊。

⑤采用快速汽蒸工艺,设备比较简单,且节约蒸汽、简化工艺。

(2)工艺流程:

印花→烘干→浸轧碱性→还原液快速汽蒸→氧化→水洗→皂洗→水洗→烘干

(3)还原染料悬浮体印花色浆。

①还原染料。使用于悬浮体印花工艺的还原染料,必须具备一定的细度,其颗粒大小应力

求均匀,平均细度应在 2μm 以下,为防止染料颗粒不致相互聚集而变成大颗粒,在染料中可适当考虑添加些扩散剂。表 5 – 4 是适用于悬浮体印花工艺的还原染料。

表 5 – 4 适用于悬浮体印花工艺的还原染料

染色用细粉	超细粉	细粉	浆状
还原黄 7GK、还原黄 6GK、还原黄 4GF、还原黄 F2GC、还原黄 RK、还原艳橙 GR、还原艳妃 R、还原红紫 RH、还原艳蓝 4G、还原蓝 HCRK、还原蓝 RSN、还原黄绿 GC	还原艳橙 RK、还原红 F3R、还原漂蓝 BC、还原蓝 GCDN、还原橄榄绿 B、还原灰 BG	还原艳紫 4R、还原艳蓝 3G、还原艳绿 4G、还原艳绿 FFB、还原棕 RRD、还原灰 M	还原印花黑 BL

②糊料。还原染料两相法的印花色浆中糊料要求遇碱能迅速凝结,以缚住染料。否则在浸轧碱性还原液时会造成染料的渗化和溶落。经常使用的是海藻酸钠及其与其他糊料的混合糊。例如:海藻酸钠糊(常用于线条,小朵花)、海藻酸钠糊与淀粉糊(2:1 或 1:1)的混合糊、海藻酸钠糊与乳化糊(2:1)的混合糊(常用于大块面花型),在特殊情况下也有用甲基纤维素醚与淀粉糊(1:1)的混合糊的。

③印花色浆处方:

还原染料	x
水	y
糊料	500 ~ 600g
合成	1kg

(4)后处理。

①还原汽蒸。织物经印花烘干后,即可进行面轧或浸轧(一种性能优良轧辊及加压系统,能适应面轧或浸轧溶液,轧液率可根据要求控制在 40% ~ 80%,碱性还原液进行快速汽蒸还原固着)。碱性还原液处方如下:

保险粉	40 ~ 60g
氢氧化钠(30%)	80 ~ 120mL
碳酸钠	0 ~ 50g
水	x
淀粉糊	100g
合成	1L

高效蒸化机的汽蒸箱内温度和湿度由温度和湿度监控装置控制,工艺温度为 128 ~ 130℃,固着时间为 15s。

②氧化、皂煮。织物出快速蒸化机口时,印花部位的还原染料应完全呈还原隐色体,随即迅速将织物上所带的碱性还原液用冷水冲去,然后进入氧化浴处理,氧化浴一般采用过硼酸钠为氧化剂,但也有用过氧化氢为氧化剂的。

过硼酸钠氧化法:过硼酸钠 3 ~ 5g/L,碳酸氢钠 5g/L。

双氧水氧化法:过氧化氢(35%)5mL/L,醋酸(98%)2mL/L,温度50～60℃。

染料必须充分氧化后才可进行皂洗,一般第一次用冷温水平洗,在第二次净洗时再进行皂洗。皂洗用肥皂3～5g/L和碳酸钠2g/L,温度应在90℃以上。肥皂也可用合成净洗剂替代,但效果不及肥皂。

四、可溶性还原染料直接印花

可溶性还原染料习称印地科素(Indigosol)染料,大多数是还原染料隐色体的硫酸酯钠盐。例如溶靛素O是由靛蓝衍生而来。由于磺酸基的引入,可溶性还原染料不再像还原染料那样不溶于水,具有很好的水溶性,并对纤维具有一定的直接性。当这种染料印到织物上以后,在酸性氧化作用下,染料的硫酸酯即水解而成染料的隐色酸,进一步氧化为还原染料的母体,而完成其染色过程。

我国根据染料母体的结构,命名为溶靛素(以靛系还原染料为母体)和溶蒽素(以蒽醌系还原染料为母体)两大类。

可溶性还原染料一般具有优良的染色牢度,而且调制色浆操作方便,渗透性及匀染性较好,工艺过程简单且灵活性大,可以与多种染料共同印花。尤其是应用于浅色花布的印花,其各项染料牢度远比活性染料为佳,因此迄今仍为高档织物的常用染料之一。

可溶性还原染料的直接印花方法很多,有亚硝酸钠法、重铬酸盐法、氯胺T—醋酸法、氯化铁等湿显色法;还有氯酸钠—硫氰酸铵法、氯酸钠—显色剂D法、亚硝酸钠—尿素等汽蒸显色法等。目前国内最常用的为亚硝酸钠—硫酸湿显色法,其他方法已极少应用。本学习内容就只介绍亚硝酸钠—硫酸湿显色法。

可溶性还原染料的许多性能会直接影响印花工艺,因为每一染料的性能各异,因此印花色浆的成分就不能强求统一,每一染料所使用的助剂及化学药品往往相差也很大,各染料有它自己最适宜的化学药剂的用量。所以在使用时,应对每一种染料的性能有一个了解,以便决定其各种助剂的用量。

(一)可溶性还原染料的性能

1. 溶解性 可溶性还原染料可溶于水,但各染料的溶解度是不同的,大多数染料易溶于50～60℃的温水中,无须加助溶剂,在一般使用浓度为5%时,完全可以溶解。但有的可溶性还原染料的溶解度较低,须加入助溶剂。可溶性还原染料的溶解性能见表5－5。

表5－5　常用可溶性还原染料的溶解性能

溶解性能	染料名称
良好	大红IB、红IFBB、蓝O4B、蓝IBC、蓝IGG、绿IB、棕IBR、灰IBL、黑IB
一般	黄V、黄I3G、橙HR、艳红I3B、青莲IBBF
较差	金黄IGK、金黄IRK、艳橙IRK、艳妃IR、红紫IRH、绿I3G、棕IRRD

溶解性能差的品种,需加用助溶剂,其助溶剂类别与用量见表5－6。

表 5－6　常用可溶性还原染料的最高极限用量和适用的助溶剂

染料名称	色浆内染料最高含量（g/kg）	助溶剂名称及用量（g/kg）
金黄 IGK	25	尿素　30
金黄 IRK	25	尿素　30
艳橙 IRK1	5	尿素　30
艳妃 IR	25	溶解盐 B　30
红紫 IRH	25	硫代双乙醇　30 或溶解盐 B　30
绿 I3G	15	硫代双乙醇　30
棕 IKRD	10	溶解盐 B　30

这些染料因溶解度低，所以对电解质很敏感，在较多量电解质的情况下，降低染料的溶解度，甚至发生染料的沉淀析出，所以色浆中应避免过多的电解质。适当控制亚硝酸钠的用量，同时染料的最高用量要加以规定。

2. 直接性与提升率　可溶性还原染料的直接性对染色影响较大，在直接印花中，由于染料的"定量供应"，因此不太受直接性大小的影响。

可溶性还原染料在棉织物上印花时提升率不高，染料浓度递增，印花深度却增加很少，因此，可溶性还原染料在直接印花中只适宜印制中、浅色的花纹，常与不溶性偶氮染料或活性染料共同印花。

3. 氧化性能　可溶性还原染料在酸性中水解氧化而显色，在氧化剂的存在下，水解速度加快；但各染料的水解氧化速率是有差异、易氧化的染料，可以在较低温度下显色，氧化剂的用量较低。而难氧化的染料，须在较高温度下显色，酸及氧化剂用量也要增加。但氧化剂用量过多，往往会导致染料过度氧化而使色光不正常。常用染料的氧化性能及亚硝酸钠用量见表 5－7。

凡易于过度氧化的染料，一方面控制氧化剂用量和显色温度，另一方面可加入尿素、硫脲、硫代双乙醇等以防止过氧化。

已经发生了过氧化的染料，可以用保险粉溶液进行处理纠正，但染料结构中具有的游离氨基则无法补救。

表 5－7　常用可溶性还原染料的氧化性能和亚硝酸钠用量

染料名称	亚硝酸钠用量（g/kg 色浆）	氧化难易	染料较合理用量（g/kg 色浆）	显色温度（℃）
蓝 IBC	2＋（染料用量×0.1）	易氧化	1～30	25～30
橄榄绿 IB	2＋（染料用量×0.1）	易氧化	5～50	25～30
黄 V	5＋（染料用量×0.2）	一般	10～50	25～30
金黄 IRK	5＋（染料用量×0.2）	一般	10～30	25～30
金黄 IGK	5＋（染料用量×0.2）	一般	10～30	25～30
艳橙 IRK	5＋（染料用量×0.2）	一般	1～15	50～60
橙 HR	5＋（染料用量×0.2）	一般	10～50	25～30
红 IFBB	5＋（染料用量×0.2）	一般	5～50	25～30

续表

染料名称	亚硝酸钠用量（g/kg 色浆）	氧化难易	染料较合理用量（g/kg 色浆）	显色温度（℃）
青莲 IRR	5 +（染料用量 ×0.2）	一般	5 ~ 50	50 ~ 60
青莲 I4R	5 +（染料用量 ×0.2）	一般	5 ~ 50	25 ~ 30
绿 IB	5 +（染料用量 ×0.2）	一般	1 ~ 30	25 ~ 30
棕 IBR	5 +（染料用量 ×0.2）	一般	1 ~ 50	25 ~ 30
棕 IRRD	5 +（染料用量 ×0.2）	一般	3 ~ 10	50 ~ 60
灰 IBL	5 +（染料用量 ×0.2）	一般	10 ~ 50	25 ~ 30
印花黑 IB	5 +（染料用量 ×0.2）	一般	100	25 ~ 30
艳妃 IR	7 +（染料用量 ×0.3）	难氧化	5 ~ 20	78 ~ 80
艳妃 I3B	7 +（染料用量 ×0.3）	难氧化	5 ~ 20	78 ~ 80
红紫 IRH	7 +（染料用量 ×0.3）	难氧化	5 ~ 20	80 ~ 90
青莲 IBBF	7 +（染料用量 ×0.3）	难氧化	5 ~ 40	70 ~ 80
蓝 O4B	7 +（染料用量 ×0.3）	难氧化	10 ~ 50	80 ~ 90

4. 光脆性 可溶性还原染料印于织物后，经显色便成为还原染料母体。在日光作用下，有的染料会使纤维发脆，即光敏脆化作用。下列染料品种光脆作用较严重，使用时应予以选择，加以限制：可溶性还原染料黄 V、可溶性还原染料金黄 IGK、可溶性还原染料金黄 IRK、可溶性还原染料橙 HR、可溶性还原染料大红 IB、可溶性还原染料艳妃 IR、可溶性还原染料艳妃 I3B、可溶性还原染料红紫 IRH、可溶性还原染料棕 IRRD。

（二）亚硝酸钠—硫酸湿显色法印花工艺

可溶性还原染料直接印花工艺按显色方法不同，可分为酸液显色法和汽蒸显色法两种。由于酸液显色法工艺简单，因此目前采用以亚硝酸钠—硫酸显色法为主。

印花工艺流程为：

印花→烘干→（汽蒸）酸显色→透风→水洗→皂洗→水洗→烘干

1. 印花色浆

（1）印花色浆处方：

可溶性还原染料	1 ~ 50g
助溶剂	0 ~ 30g
热水	x
印花糊料	500 ~ 600g
碳酸钠或氨水（25%）	2g（氨水 5mL）
亚硝酸钠	2 ~ 20g
合成	1kg

（2）操作：

①将染料及助溶剂混合后，加入热水溶解至澄清（可溶性还原染料蓝 1BC 宜用冷水溶解）。

②另将碳酸钠(或氨水)溶解后加入原糊中,pH 值调节到 7～8。

③将溶解澄清的染料液过滤入糊中,搅拌均匀。

④最后加入亚硝酸钠溶液,搅拌均匀,过滤备用。

(3)印花色浆中各种用剂的作用。

①碳酸钠的作用是增加印花色浆的稳定性,使印花色浆呈碱性防止染料受酸气侵蚀而发色,有的染料溶解度较小,加入碳酸钠后会降低其溶解度,可以氨水代替。

②助溶剂。助溶剂是帮助染料溶解,并能提高染料的给色量,但各染料所适用的助溶剂不同,具体见表 5－6。

③亚硝酸钠。亚硝酸钠在印花色浆中并不发生反应,但在硫酸显色时,它与硫酸作用而生成亚硝酸:

$$2NaNO_2 + H_2SO_4 \longrightarrow Na_2SO_4 + 2HNO_2$$

使染料水解氧化而显色。亚硝酸钠的用量根据染料氧化特性而定,易氧化则亚硝酸钠量要少些,反之则应提高些。

④印花原糊。一般使用淀粉糊,但淀粉糊不能具有酸性,应事先用碱剂中和,pH 值维持在 7～8。淀粉糊给色量高,但渗透性和匀染性差,为了改善起见,可以用淀粉/印染胶糊、淀粉醚以及褐藻酸钠糊。

用褐藻酸钠糊印制的花纹轮廓清晰、匀染性好,但褐藻酸钠在酸显色时会造成凝聚,导致除去困难,必须加强洗涤以去尽。

2. 后处理　织物经印花烘干以后,一般情况可不必进行汽蒸即进行酸浴显色,但有些染料经过汽蒸后能增进其给色量,比较明显的有:艳妃 IR、艳妃 I3B、红紫 IRH、艳青莲 I4R、绿 IB、橄榄绿 IB、棕 IBR、棕 IRRD、黑 IB 等。

(1)酸显色。一般染料的显色,63% 的硫酸(50°Bé)30～40mL/L,难氧化的染料提高到 50～60mL/L,为了防止显色液内有色泡沫被辊筒带至布面,造成色渍,可加入平平加 O 之类的表面活性剂,其用量为 0.5g/L。

显色温度视染料性质而定,显色后透风 15～30s,再充分水洗,然后进行皂洗。

当不同品种共同印花时,应按温度最高的染料来选定显色温度,但对易造成过度氧化的染料,尽量避免使用高温显色,必要时,在显色液中加入 2～5g/L 尿素。

$$CONH_2NH_2 + 2HNO_2 \longrightarrow CO_2 + 2N_2 + 3H_2O$$

(2)皂洗。可溶性还原染料显色后与还原染料一样,皂煮对其色光的鲜艳度和色牢度都有很大影响。皂煮后,染料在纤维中的结晶发生变化,从而提高其色泽鲜艳度和染色牢度。

皂洗浴:肥皂(或净洗剂)5g/L,碳酸钠 2g/L,温度要求在 90℃ 以上。

五、不溶性偶氮染料直接印花

不溶性偶氮染料是由偶合剂(通常称为色酚或纳夫妥打底剂)与重氮化的芳香胺化合物(称为显色剂或称色基)两部分组成。它和其他染料的主要不同点是这两部分组成都不是染料,在织物上偶合而生成不溶性偶氮染料。由于显色剂重氮化时,必须保持低温,所以俗称冰染料。

不溶性偶氮染料的品种繁多,至今色酚和色基的品种各有五十余种,能产生出千余种不同色泽的颜色。但是事实上由于有的颜色不艳亮,有的某几项色牢度不符合使用要求,而失去实用意义。其中常用的色谱只有黄、橙、大红、枣红、紫酱、深紫、深蓝、深棕、黑色等色。

不溶性偶氮染料具有制造简便,成本低廉,能印制浓艳的色泽,经适当的选择,合理使用,染色牢度较好,且大多数耐氯漂。但耐日晒牢度受染料浓度的高低影响较大,如浓度低时则日晒牢度较差。它还存在色谱不够齐全,摩擦牢度较差的缺点,而且有不少的色基与色酚属禁用品种。所以在选择色酚和色基时,首先不要选用禁用的色酚与色基,然后参考染料厂商提供的色谱、牢度样本再做出抉择。

不溶性偶氮染料直接印花有两种方法,色基印花法和色酚印花法,我国绝大部分采用色基印花法。本学习内容只介绍色基印花法。

其工艺流程为:

白布→色酚打底→烘干→显色印花→烘干→(汽蒸)→热水洗→热碱洗→皂洗→热水洗→水洗→烘干

(一)色酚打底

1. 打底剂(色酚)的选择 打底剂对纤维素纤维的直接性大小不一,直接性高的色酚一般能获得较高的摩擦牢度,但是打底后要从织物上除去就比较困难。因此,在使用显色剂印花时,宜选择直接性较小的色酚。同时,这一打底剂与显色剂组合时色谱要广,染色牢度要高,特别是气候牢度要好。

2. 打底方法

(1)打底液处方(举例):

色酚 AS	12~15g
氢氧化钠[35%(40°Bé)]	12~14mL
润湿剂	5mL
合成	1L

(2)操作:

①先将碳酸钠 1~2g/L 加入溶解桶内,将水沸煮3min,使桶内水软化。

②将处方中氢氧化钠的 1/2 用量和润湿剂倒入桶内。

③用小桶将色酚调成浆状,加入 1/2 用量的氢氧化钠,冲入溶解桶的沸热溶液使之完全溶解,然后过滤入溶解桶内。

④调制好色酚溶液应澄清,温度控制在 85℃ 以上。

打底剂的用量根据印花色泽的深浅,染色牢度而定。一般来说,在直接印花中,打底剂的用量是过剩的,这样有利白地洗白,否则会由于显色剂量大于印花处打底剂的含量而沾染白地。

(3)打底液中各种用剂的作用。

①氢氧化钠。打底剂是酚类的衍生物,不溶于水,具有弱酸的特征它与氢氧化钠作用生成强碱弱酸的盐可溶于水:

$$\text{色酚AS} \quad + NaOH \rightleftharpoons \text{色酚AS的钠盐} \quad +H_2O$$

	色酚AS	氢氧化钠	色酚AS的钠盐
相对分子质量	263	40	285

氢氧化钠的用量,从上述反应来计算,1mol 色酚需 1mol 氢氧化钠,即色酚 AS:NaOH = 263:40。

但在实际生产中,色酚 AS 的钠盐易水解(逆反应),为抑制其水解,氢氧化钠就要超过理论值。人们把超过理论用量的氢氧化钠叫做游离碱。游离碱以每升为单位计算,常用的游离碱量为 3~5g/L。

游离碱用量不宜过多,它不仅影响打底剂的上染,还易促使某些色酚在空气中氧化,但游离碱含量过少,会造成打底剂溶解不好,发生混浊现象。

②润湿剂。在打底剂溶液中必须加入润湿剂,如太古油、烷基磺酸钠、蓖麻油皂等,它的作用是帮助色酚润湿溶解,提高打底的渗透性以及起保护胶体作用,使色酚的胶体分子不易凝聚而沉淀,从而使上染均匀,提高摩擦牢度和色泽鲜艳度。

(4)打底工艺。浸轧方式为二浸二轧,轧液率一般控制在 75%~80%。浸轧温度,一般控制在 70~80℃(温度升高时,一般打底剂对纤维的直接性降低,匀染性提高)。为了保持打底前后深浅一致,始染液常掺以 10%~15% 的沸水,掺水的多少视色酚对纤维的直接性和轧槽大小而异。

烘干时,前排烘筒温度宜低些,防止打底剂的泳移,而造成阴阳面与焦斑。打底烘干后的织物应立即用布包好,以防二氧化碳和酸气作用使打底剂的钠盐水解而成游离色酚,以及防止日光对打底剂照射所造成的印花深浅不一或不匀现象。

(二)显色印花

打底织物上用重氮化的色基调成印花浆印花称为显色基印花法,用显色盐调成的印花浆印花称为显色盐印花法。

1. 显色基印花法 显色基是含有游离氨基的芳香胺类,它们在没有重氮化以前,不会与打底剂的钠盐偶合,而经重氮化以后,便能与打底剂的钠盐偶合而成染料色淀。其反应式为:

$$Ar - NH_2 + HCl + NaNO_2 \longrightarrow Ar - N=NCl + NaCl + H_2O$$

色基   重氮化色基

$$\text{色酚AS钠盐} \quad +Ar-N=NCl \longrightarrow \text{染料色淀} \quad + NaCl$$

同一种色基与不同打底剂偶合,色泽和染料牢度各不相同,因此合理选用打底剂和显色基甚为重要。

显色基印花时,须先将显色基进行重氮化,使它成为重氮化合物。

显色基的重氮化在酸性介质中用亚硝酸(盐酸和亚硝酸钠反应而得)反应。重氮化以后,溶液中过量的盐酸必须先行中和并加入适当的抗碱剂,使重氮化液的 pH 值控制在最适宜偶合反应的范围内。中和剂一般是碱性物质,如醋酸钠、氧化锌粉等,抗碱剂一般是酸性物质,如醋酸。抗碱剂实质上是 pH 值缓冲剂,能中和打底织物上的碱而不致使印花处 pH 值发生突变。显色基印花色浆就是用上述缓冲好的重氮化溶液制备而成。

根据色基芳环上取代基的不同,芳胺的碱性不同,重氮化的方法可分为顺法重氮化和逆法重氮化。色基的盐酸盐在水中的溶解度较大的,适合顺法重氮化;反之,色基的盐酸盐在水中的溶解度较小的或难溶解的,以及易于生成重氮氨基化合物的色基,适合于逆法重氮化。

(1)顺法重氮化处方与操作:色基处方见表 5-8。

表 5-8　顺法重氮化色基处方及工艺条件

色基名称	用量 (g)	加酸前水 (mL)	30%盐酸 (mL)	亚硝酸钠 (g)	重氮化温度 (℃)	重氮化时间 (min)	亚硝酸钠 加入速度	醋酸钠 (g)
橘 GC	1	热水 x	1.30	0.46	5	15	快	0.90
大红 RC	1	x	0.98	0.34	5~10	20	快	0.67
红 KB	1	x	1.08	0.40	5~10	20	快	0.78
红 KL	1	x	1.30	0.24	5~10	30	快	1.00
红 RC	1	x	1.08	0.40	5~10	30	快	0.75
红 ITR	1	x	1.13	0.27	10~15	20	中等	0.56
蓝 BB	1	x	1.00	0.25	10~15	30	慢	0.46
黑 B	1	热水 x	1.08	0.45	5~10	30	慢	0.45
黑 LS	1	热水 x	1.06	0.44	10	30	慢	0.66

操作方法:

①先以少量水润湿并调和色基,不允许有块粒存在,再用水调成糊状,就可以加入规定量的盐酸,并搅拌均匀,使色基全部转化成盐酸盐。

②加冰冷却至所需的重氮化温度。

③在搅拌情况下加入预先溶解好的冷亚硝酸钠溶液,亚硝酸钠溶液加入的速度视色基的性能而定。

④重氮化时,亚硝酸钠和盐酸的用量要足够,一般可用刚果红试纸测试重氮化液的酸度(应呈蓝色)和用淀粉—碘化钾试纸测试亚硝酸钠用量(应呈蓝色)。重氮化时间也根据各色基性能而定。

⑤重氮化反应进行时,应严格控制操作规程,否则会由于操作不慎往往会使重氮化反应不完全,产生副反应,甚至产生自偶作用而形成不溶于水的黄色沉淀或豆腐渣状物。

⑥重氮化合物遇光易于水解,且分解速度随温度升高而加快,因此重氮化溶液应存放在阴

凉处,并保持低温(5~10℃)。

⑦重氮化好后,放置10~15min,使多余的亚硝酸气体逸出。重氮化完毕后,可将重氮化溶液调入预先经过冷却的原糊中。临用前加入事先溶解好的醋酸钠中和,并在100kg色浆中加入50%的醋酸0.6~0.7L。

(2)逆法重氮化处方与操作:见表5-9。

表5-9　逆法重氮化色基处方及工艺条件

色基名称	用量(g)	亚硝酸钠(g)	水(mL)	30%盐酸(mL)	重氮化温度(℃)	重氮化时间(min)	醋酸钠(g)
红RL	1	0.50	30	2.00	5~10	30	1.00
红B	1	0.43	20	1.70	5~10	30	0.85
酱GP	1	0.48	15	2.00	10~15	30	0.85
青莲B	1	0.30	30	1.15	10~15	30	0.60

此法的特点是色基并不先生成盐酸盐,而始终在盐酸过剩的情况下进行重氮化。因此重氮化较完全,还可避免重氮氨基化合物的形成。

操作方法:

①先以适量的冷水与色基调和成浆状,加入亚硝酸钠和水,使之充分调和。

②将盐酸加入适量水,并加冰冷却到所需温度。

③将色基和亚硝酸钠混合液缓缓加入盐酸溶液中,此时即发生重氮化反应,并迅速搅拌,待重氮化完毕后,按需用量滤入原糊中,临用前加入醋酸钠溶液中和,最后在每100kg色浆中加入50%的醋酸600~700mL。

(3)重氮化反应时各种用剂的作用。

①盐酸。盐酸在重氮化反应中的作用有三个:

一是与色基生成色基的盐酸盐。1mol色基要用1mol盐酸,才能生成1mol色基盐酸盐。色基原来不溶于水,色基与盐酸生成盐酸盐后才可溶于水中,但溶解度不一。

二是与亚硝酸钠反应生成亚硝酸,生成的亚硝酸与色基盐酸盐发生重氮化反应。亚硝酸钠与盐酸反应的速度很快,生成的亚硝酸又会分解成有毒的氮的氧化物而逸出(黄棕色气体),对人体有害,因此操作时应予以注意。

$$NaNO_2 + HCl \longrightarrow NaCl + HNO_2$$

三是维持重氮化溶液的酸度,因为重氮化合物在不同pH值时有不同的异构体,其活泼性不同。pH值低时,重氮化合物比较稳定,不易分解。为此,需多用些盐酸来维持较低的pH值,以保持重氮化合物有足够的稳定性。

要满足上述三个作用,一般来说,1mol色基要用2.5~3mol盐酸。如果以盐酸盐或硫酸盐的形式供应的色基,则可减少1mol的盐酸量。盐酸用量如过多,造成浪费。盐酸用量过少,则影响重氮化反应的完成和重氮化合物的稳定性。

②亚硝酸钠。亚硝酸钠能与盐酸作用而生成亚硝酸,是进行重氮化反应的主要用剂。亚硝

酸钠的用量根据色基而定。1mol 的单氨基的色基,亚硝酸钠理论用量为 1mol。但是由于亚硝酸钠易分解,因此实际用量要比理论量超过 5% ~ 10% ,即用 1.05 ~ 1.1mol。亚硝酸钠用量不足,会导致重氮化不完全,其结果不是浪费色基就是产生自身偶合,或产生豆腐渣物。如果亚硝酸钠用量过多,印花时会使打底剂亚硝化,造成色变,牢度降低和白地不易洗白。

③中和剂。为了防止重氮化合物的破坏以及重氮氨基化合物的生成,在重氮化过程中以及重氮化以后,溶液应始终保持较强的酸性。

但在印花时,为了使重氮化色基与色酚偶合,必须把重氮化溶液的 pH 值提高,用中和剂中和掉一部分盐酸。中和剂在中和盐酸以后必须成为一种 pH 缓冲体系,使 pH 值能控制在一定范围内。常用的中和剂是醋酸钠和氧化锌,醋酸钠的碱性不强,在一般浓度下,其 pH 值为 8.5 左右,醋酸钠在中和盐酸后生成了醋酸,醋酸与醋酸钠就构成了 pH 缓冲溶液。当醋酸钠与 50% 醋酸为 1:1 时,其 pH 值缓冲在 4 ~ 5 之间。

④醋酸。醋酸在印花时作为抗碱剂使用,其作用有:

a. 中和打底织物上的游离碱,缓冲 pH 值到一定范围不致因 pH 值过高而使重氮化合物破坏而影响色泽鲜艳度。

b. 使色浆 pH 值降低,从而降低偶合速率,以利于重氮化合物向纤维内部扩散,提高发色均匀度和摩擦牢度。在烘干时,醋酸逐步挥发,使偶合速率低的色基逐步偶合。

(4)印花色浆处方:

色基重氮化溶液	x
淀粉糊或醚化淀粉糊	~450g
醋酸(98%)	5 ~ 10mL
合成	1kg

操作:

①糊料一般使用淀粉糊,先以少量水稀释调匀,然后滤入重氮化溶液,搅拌均匀。

②加入醋酸和水至所需的用量。

③为了改善紧密织物的印制效果,可采用褐藻酸钠糊作为糊料,但必须加入一些六偏磷酸钠以减少金属离子的影响,也可以用醚化淀粉 Solvitosec5。

(5)后处理。织物经过印花以后,未印花处的打底剂未经偶合,必须经过后处理将其除去,使白地洁白,如果打底剂没有洗净,日久泛黄,影响产品的质量。

碱洗以前先用90℃以上热水洗,再用90℃的氢氧化钠溶液(洗涤槽中应保持含固体氢氧化钠 1 ~ 2g/L)洗涤。使白地洁白外,还有助于糊料的去除,使织物柔软。

2. 显色盐印花法 显色盐是显色基经过重氮化以后,并经稳定化的产物,它可溶于水,并能够与打底剂的钠盐偶合。显色盐印花法的工艺过程与显色基印花法相同。

为了印染加工中使用方便,染料厂商往往把一些色基(尤其是重氮化比较困难)预先重氮化,中和后加入适当的稳定剂而制成色盐,一般色盐的有效成分为 25% ~ 30% 。稳定的重氮化合物必须能满足以下要求:能够耐受 50 ~ 60℃ 的温度,长期储藏能保持稳定,在运动和撞击下不致急剧分解而爆炸,使用时容易转化为能迅速偶合的活泼形式。

稳定重氮化合物的四种形式为:重氮化合物本身就是十分稳定的重氮盐,如凡拉明蓝 VB、VRT 色盐;重氮化合物的重金属复盐,如黑 K 色盐;重氮化合物的芳香磺酸盐,如红 B 色盐;重氮化合物的氟硼酸盐,如红 RL 色盐。

显色盐使用时,必须了解它的稳定方法,否则常常因显色盐的稳定方法的不同而造成一些麻烦。因此,印花时,必须注意显色盐的相混性能(一种色盐用芳香磺酸盐法稳定,而另一种显色盐用重金属盐法稳定,在互相拼混时,另一种色盐有可能与芳香磺酸盐生成溶解度很小的稳定盐而沉淀出来)。

(1)印花色浆处方:

显色盐	10 ~ 70g
冷水	100 ~ 300mL
醋酸(98%)	5 ~ 10mL
淀粉糊或淀粉/醚化植物胶糊	~ 500g
合成	1kg

(2)操作:将显色盐以少量冷水调成糊状,并加入醋酸,然后加入冷水稀释,并不断搅拌使之溶解,然后过滤加入原糊中。

(3)注意事项:

①大部分显色盐中均含有氯化锌或硫酸铝,单独使用淀粉糊易引起印花部分糊料不易去除,影响手感,因此宜用淀粉/醚化植物胶混合糊或醚化淀粉。

②棕 V 色盐、黑 K 色盐、黑 ANS 色盐溶解较难,加入 50 ~ 100g/L 尿素可以有效地提高其溶解度。

③凡拉明蓝 B 色盐色浆中加入平平加 O,0.5g/L,有助于溶解和扩散,也有利于改善色光和提牢染色牢度。

④溶解色盐时,不能用金属容器,应以塑料或不锈钢容器溶解。

⑤显色盐的溶解,见表5 – 10。

表 5 – 10 常用显色盐的溶解方法

色盐名称	用量(g)	溶解用水(mL)	印花深色浓度(g/kg 色浆)	每千克染料应另加有机酸(mL)
橘 GGD 色盐	1	5	40 ~ 50	—
橘 RD 色盐	1	5	40 ~ 50	—
大红 VD 色盐	1	5	40 ~ 50	—
红酱 BD 色盐	1	5	40 ~ 50	—
蓝绿 B 色盐	1	5	40 ~ 50	醋酸 100
棕 V 色盐	1	15	30 ~ 40	醋酸 250
黑 ANS 色盐	1	10	65 ~ 70	醋酸 250
凡拉明蓝 B 色盐	1	10 ~ 15	25 ~ 35	—
凡拉明蓝 RT 色盐	1	10 ~ 15	20 ~ 30	—

⑥显色盐用量不宜超过和色酚的偶合比例,否则过剩的色盐难以洗净,且易沾污白地。

六、稳定不溶性偶氮染料直接印花

稳定不溶性偶氮染料是指在其组成中存在着色酚和色基(或色盐)两种成分,在一般情况下稳定而不起偶合反应,只有在印花后经过一定处理才能偶合发色。制造这类染料的原则,是把色基的重氮化物制成暂时稳定的中间体,并与色酚混合在一起,作为一类商品染料供印花使用。

视色基的结构和性能的不同,有三种方法可使色基的重氮盐暂时稳定化,得以与色酚混合。它可以选择最理想的色酚与色基组合,以获得较广泛且鲜艳的色谱和染色牢度较佳的品种。

(一)快色素(重氮色酚)染料直接印花

快色素染料是色酚与显色基的反式重氮化合物的混合物。根据重氮化合物的特性,它在重氮化以后,因溶液的 pH 值不同,可以生成各种同分异构物,各同分异构物的性质各不相同。以苯胺为例。

在二氧化碳或酸的作用下,反式重氮化合物便会转化成顺式的重氮化合物,反应式如下:

快色素染料就是利用显色基的反式重氮化合物不会与打底剂偶合的性能,将它们混在一起,然后又利用反式重氮化合物,在酸的作用下又能转化成能与打底剂偶合的活泼重氮化合物的性质而使染料发色。

显色基并不是都能做成重氮色酚的染料,一般选用带有负性基的显色基来制取反式重氮盐,因它比较稳定,且能溶于水。由于带负性基的色基仅限于黄、橙、红及枣红等色泽,因此色谱范围不广。

1. 工艺流程

白布→印花→烘干→汽蒸→冷水洗→热水洗→皂洗→热水洗→烘干

2. 印花色浆处方与操作

（1）印花色浆处方：

快色素染料	50～80g	50～80g
酒精	50mL	50mL
冷水	x	x
氢氧化钠（30%）	10～20mL	10～20mL
淀粉或淀粉/醚化植物胶糊	～500g	～500g
氯酸钠	5g	—
中性铬酸钠（15%）	—	50mL
合成	1kg	1kg

其中，15% 中性铬酸钠溶液处方为：

重铬酸钠	150g
水	707mL
氢氧化钠（30%）	143g
合成	1L

（2）操作：

①染料先用冷水、酒精调成浆状，在搅拌下加入氢氧化钠，使之充分溶解成澄清溶液。

②把已溶解好的染料溶液滤入糊中，搅拌均匀。

③在临用前加入已溶解的氯酸钠或中性铬酸钠溶液。

（3）印花色浆中各种用剂的作用。

①酒精是帮助染料溶解，因为染料中的色酚加入酒精以后才可以采用冷溶法。

②氢氧化钠的作用，一是溶解染料组成中的色酚，二是使色浆稳定，但其用量必须加以控制，否则氢氧化钠用量多，色浆稳定性好，但会造成发色困难，而且易使色泽变萎暗。

③氯酸钠、中性铬酸钠均是一种弱氧化剂，它的加入是增加染料对汽蒸的抵抗性，防止汽蒸时碱性糊料的还原作用而使反式重氮化合物或已经偶合的染料破坏。

3. 后处理 织物经印花烘干后，一般均采用汽蒸法使其充分发色，其汽蒸条件：温度 100～102℃，时间 3～5min。

除汽蒸发色外，还有汽蒸—酸显色法、悬挂—酸显色法、酸蒸显色法和轧酸烘筒显色法等。

显色后的织物，必须用冷水充分冲洗及热水洗涤，使未偶合部分充分去除，然后进行皂洗处理。

（二）快胺素（重氮胺酚）染料直接印花

快胺素染料是色酚与重氮胺的混合物。重氮胺是色基的重氮化合物在一定的 pH 值下和适当的胺类化合物（稳定剂）偶合而得。其通式为：

$$R—NH_2 \xrightarrow{+HCl、NaNO_2} R—N=N—Cl \xrightarrow{+OH^-} R—N=N—OH$$

显色基　　　　　　　　　重氮化色基

$$R-N=N-OH + \underset{NaO_3S}{\overset{COOH}{\underset{}{\bigcirc}}}NH_2 \longrightarrow \underset{NaO_3S}{\overset{COOH}{\underset{}{\bigcirc}}}NH-N=N-R +H_2O$$

稳定剂　　　　　　　　　　　　重氮氨基化合物

适用于制备重氮氨基化合物的色基,是在 pH 值较高时应不生成反式重氮盐,以便于与稳定剂作用而成重氮氨基化合物。

重氮氨基化合物可溶于水,在碱性中比较稳定,不会与色酚发生偶合;在酸性中,重氮氨基化合物即分解成重氮化合物,便与色酚偶合,在酸的作用下分解反应为:

$$\bigcirc\!\!\!R-N=N-NH-\bigcirc\!\!\!R' \xrightarrow{H^+} \bigcirc\!\!\!R-N=N^+ +H_2N-\bigcirc\!\!\!R'$$

快胺素染料发色必须用酸蒸法,若用中性汽蒸显色,须加入特殊的助剂,如显色剂 D(二乙基酒石酸酯),它在汽蒸时便生成酒石酸而使染料发色。由于要在酸性条件下发色,使用不方便,染料制造厂以具有较强的吸电子性仲胺化合物作为稳定剂,印花时能够在中性汽蒸时发色,不必用酸蒸的中性素染料。

1. 工艺流程

白布→印花→烘干→汽蒸→冷水洗→热水洗→皂洗→水洗→烘干

2. 中性素染料印花色浆处方与操作

(1)印花色浆处色:

中性素染料或 N – 型快胺素染料	60g
氢氧化钠[30%(36°Bé)]	15~20mL
酒精或尿素	50mL(g)
水	x
淀粉/醚化植物胶糊	~500g
合成	1kg

(2)操作及注意事项:

①染料先用冷水、酒精或尿素调成糊状,在搅拌下加入氢氧化钠,使其充分溶解成澄清溶液。

②把已溶解好的染料溶液过滤入糊料中,搅拌均匀。

③调制色浆时,印花色浆中氢氧化钠用量须严格控制,氢氧化钠用量较多会阻止染料在中性汽蒸时发色,不仅降低给色量,而且色泽变暗。

④印花色浆必须放在阴凉处,不能受阳光照射和酸气的影响。

(三)快磺素染料直接印花工艺

快磺素染料是色酚和重氮磺酸盐的混合物,是利用某些色基重氮盐经亚硫酸钠处理后,能转化成稳定的重氮磺酸盐,暂时失去偶合能力。当与色酚混合印花后,经高温处理能使重氮磺酸盐转化为重氮盐与色酚进行偶合。目前最常用的快磺素黑,它是由凡拉明蓝 B 盐在亚硫酸钠的作用下极易转化为重氮磺酸钠(俗称反式重氮磺酸盐)。

$$H_3CO-\underset{}{\bigcirc}-\overset{}{\underset{H}{N}}-\bigcirc-N=N-\overset{\overset{O}{\|}}{\underset{\underset{O}{\|}}{S}}-ONa \longrightarrow H_3CO-\bigcirc-\overset{}{\underset{H}{N}}-\bigcirc-N=N-\overset{\overset{O}{\|}}{\underset{\underset{O}{\|}}{S}}-ONa$$

1. 工艺流程

白布→印花→烘干→汽蒸→冷水→洗热→水洗→皂洗→水洗→烘干

2. 凡拉明蓝 VB　色盐重氮磺酸盐的制备

（1）处方：

凡拉明蓝 VB 色盐（150%）	30kg
温水（35～40℃）	200L
亚硫酸钠	18～20kg
冷水	150L

（2）操作：

①亚硫酸钠先用冷水溶解，并加冰使之冷却到5℃左右。将其存放在有搅拌装置的陶瓷或不锈钢的大容量桶内。

②开动搅拌器，然后在快速（约 1000r/min）搅拌下，缓缓加入事先用水溶解并冷却好的凡拉明蓝 B 盐溶液，在 1.5～2h 内加完，加完后再继续搅拌 1～2h，尽可能使反应完全，并提高重氮磺酸钠盐的细度。

③将重氮磺酸钠盐溶液均匀地分成三桶，用布袋过滤，每桶含量相当于凡拉明蓝 VB 盐（150%）10kg 的磺酸钠盐。

（3）注意事项：

①磺酸钠盐的反应过程，温度控制在15℃以下，必要时加入冰降温。

②制造凡拉明蓝磺酸钠盐的凡拉明蓝盐内不得含有锌、镁等抗碱剂的金属盐类。

③在制备过程中，pH 值变化范围要求控制在 6.5～7.5，如 pH 值低于 6 时虽得量高，但稳定性差；pH 值大于 8 时，则得量低，产品色泽泛红，稳定性也不够好，因此在制备过程中应严格加以控制。

④亚硫酸钠与凡拉明蓝 VB 盐用量比例对色浆稳定性有很大关系，亚硫酸钠用量增加虽可提高色浆稳定性，但影响色浆的发色，因此一般不宜超过 20kg。

3. 印花色浆

（1）印花处方：

凡拉明蓝 VB 盐磺酸钠盐（25%）	180～200g
尿素或硫尿	20～30g
水	x
色酚	y
氢氧化钠［30%（36°Bé）］	25～30mL
三乙醇胺	10mL
海藻酸钠糊	～500g

中性铬酸钠(15%)(或氯酸钠)　　　　　　　　　　50～60mL(或5g)

合成　　　　　　　　　　　　　　　　　　　　　　1kg

注:不同色酚与凡拉明蓝VB盐偶合得到的颜色会有不同;选定色酚后,根据与凡拉明蓝VB盐的偶合比计算色酚的用量。

(2)操作:

①将色酚事先溶解成储备液,以便溶液充分冷却。溶解色酚时,氢氧化钠用量要加以控制,以免量多后影响发色。

②将凡拉明蓝磺酸钠盐在搅拌的情况下加到已加入三乙醇胺的海藻酸钠糊中,使之充分扩散均匀,然后加入尿素(或硫尿)和冷却好的色酚溶液。

③在临用前加入中性铬酸钠溶液(或氯酸钠溶液),过滤备用。

4. 后处理

(1)汽蒸。快磺素黑在印花烘干后,进行汽蒸。汽蒸时受热的作用而发色,发色的关键在于蒸箱内的湿度。湿度高时,汽蒸2～3min即能发色。

湿度不足,即使汽蒸6min也不能充分发色。为了保证其吸湿,可在印花色浆中加入吸湿剂如甘油与尿素的混合物。

(2)水洗。大面积的快磺素黑色花纹,在水洗时有大量未及偶合的色酚和凡拉明蓝磺酸钠盐溶落,两者均对棉纤维有一定的直接性,易造成白地的沾污,要加以注意。

七、酞菁染料直接印花

酞菁染料能在织物上生成不溶性色淀,它具有独特的鲜艳纯正的色泽,耐光牢度、湿处理牢度都很高,是目前染料中罕见的一个品种。

在纤维上形成酞菁的单体,目前使用的大致有:

酞菁艳蓝IF3G(异吲哚啉的硝酸盐),硝酸盐加碱后转化成游离碱,缩聚,与铜络合成色淀。

酞菁艳蓝IF3G(异吲哚啉的游离碱),使用时不必加碱,缩聚,与铜络合即成色淀。目前多采用酞菁艳蓝IF3G游离碱。

酞菁艳蓝IF3GM,是单体与铜有机络合物的混合物。

(一)酞菁艳蓝 IF3G 的性能

酞菁艳蓝IF3G是目前应用最广泛的中间体,为1-氨基-3-亚氨基异吲哚啉,它的同分异构体是1,3-二亚氨基异吲哚啉,为黄色粉末,在水中的溶解度不高,在20℃时溶解度为20g/L左右,其游离碱的化学结构式为:

1-氨基-3-亚氨基异吲哚啉　　　　　　1，3-二亚氨基异吲哚啉酞菁雀绿 IFBB 比酞菁艳蓝 IF3G 在分子结构上多一个苯基,因此它的溶解度比较差,扩散能力也差。它的化学结构式为:

酞菁艳蓝 IF3G 在棉织物上合成铜酞菁的化学反应如下:

酞菁的化学结构是由 8 个碳原子和 8 个氮原子组成的芳环共轭体。作为染料的发色体,这个共轭体系中有 16 个原子和 18 个 π 电子,共轭双键是平均化的,酞菁具有平面或近似平面的结构,酞菁的颜色主要取决于这个共轭体和配位中心的金属离子,铜酞菁色光艳蓝,耐强酸、强碱,耐氯牢度最好。镍酞菁色光偏绿,钛酞菁偏红光,易被次氯酸氧化,也会被保险粉还原。

在织物上合成铜酞菁的同时,也伴随着会发生一些副反应,形成一种暗绿色开链形的缩合物,这样将影响酞菁艳蓝的正常色泽,但用热硫酸处理后,能被溶解而除去。

酞菁艳蓝 IF3G 的中间体在提高温度时,溶解度也有所提高,但也能促使其发生水解,水解后生成邻苯二甲酰亚胺化合物,失去了缩合成酞菁分子的能力,所以工艺上应尽量避免或减少这一反应倾向。

(二)助剂的使用

酞菁艳蓝 IF3G 中间体虽能溶于水,但在水中溶解度不高,温度升高又会导致酞菁艳蓝 IF3G 中间体水解,故不能用高温溶解。为了帮助其溶解,还必须加入助溶剂,如酞菁助溶剂 BSM、利凡沙尔 PO(LevasolPO)。

1.助溶剂　助溶剂的作用并不单纯地为了溶解染料,更重要的是提供酞菁艳蓝 IF3G 单体在织物上缩合成酞菁蓝分子的反应介质,也是推动异吲哚啉在印花和烘干过程中渗透到纤维内部的一个良好介质,从而改善匀染效果。

酞菁溶剂一般都是高沸点的有机溶剂,能加速反应的顺利进行,又能供给反应所必需的氢原子。

助溶剂因其组分的不同,对染料的溶解性能,发色速度及得色鲜艳度和色光都有影响。一般来说,在烘干过程中发色速度快,染料得色量就高些。

助溶剂包括三种组分,一是高沸点助溶剂,为有机醇类,以二元醇为主,如硫代双乙醇(古立辛 A);二是指供缩合介质的催化剂,以加速缩合速度,以酰胺类为主,例如甲酰胺、二甲基甲酰胺、甲基甲酰基苯胺;三是能与金属离子络合的络合剂。

常用于印花的溶助剂组分:

	酞菁助溶剂 BSM	利凡沙尔 PO
硫代双乙醇	60%	18%
一缩式乙二醇	—	9%
异丁醇	—	18%
甲酰苯胺	12%	—
甲酰胺	6%	12.5%
三异丙醇胺	21%	24.5%
甲基甲酰基苯胺	—	18%
平平加 O	1%	—

助溶剂的用量随染料用量的增加而增加,染料溶解情况可采用蘸取溶液滴在滤纸上的方法,如无颗粒出现,表明溶解完全。助溶剂的用量一般为染料量的 4~5 倍,以利于染料的渗透和匀染。

2. 络合剂 1,3 - 二亚氨基异吲哚啉本身也是一种内络盐,如果在其溶液中直接投入金属盐就会发生沉淀。因此,不能采用单纯的铜盐来进行环化,而应采用比较稳定的金属络合物,使它在反应过程中逐步释放出铜来。如呋酞罗琴 K(Phthalogen K),它是 N - 甲基 $-N-(\beta-$ 羟乙基)氨基乙酸的铜络合物,其含铜量为 18.5%。

如果不使用呋酞罗琴 K,而使用铜盐,则助溶剂中必须加入含有能与金属络合的络合剂,如羟乙基胺双乙酸、三乙酸叔胺、甲氨基二乙酸等。

3. 缓冲剂 酞菁艳蓝 IF3G 缩合时最适宜的 pH 值一般在 8~8.5,因此必须加入缓冲剂,以维持一定范围的 pH 值。因为色浆 pH 值高时,易发生水解,稳定性降低,不利于缩合反应的进行。色浆 pH 值偏低,酞菁艳蓝 IF3G 游离碱会引起酸水解而降低其溶解度。缓冲剂以醋酸铵最为常用,如采用乳酸铵效果更好,得色较醋酸铵深而红。醋酸铵不会直接与酞菁艳蓝 IF3G 游离碱起反应,因此,pH 值不会下降。在烘干过程中,醋酸铵分解,释放出氨气,醋酸则中和多余的碱剂,使织物上 pH 值降低,有利于酞菁的缩合和络合反应。

4. 印花原糊 由于酞菁艳蓝 IF3G 和络合剂等都对棉纤维无亲和力,在烘干过程中,受热不匀,极易造成泳移,所以在轧染液中常加入抗泳移剂。对印花而言,色浆本身就已有大量糊料,不存在这一要求。适用于酞菁艳蓝 IF3G 的防泳移的原糊必须对助溶剂和金属盐有良好的稳定性,凡能与金属盐络合的原糊,如海藻酸钠、纤维素羧甲醚等都不能采用,具有还原性,对给色量有影响的原糊也不宜采用。能够适用的原糊有淀粉、醚化淀粉、龙胶、醚化植物胶,但以龙胶为最好,它给色量高、渗透性好、给色均匀,但龙胶价格较贵,货源较少。因此,常用醚化淀粉或醚化植物胶类替代,如 Solvitose CRD—40、Indalca PA、Meypro GumNP—16 等。

（三）酞菁艳蓝 IF3G 直接印花工艺

1. 工艺流程

白布→印花→烘干及时→复烘→汽蒸→浸渍热硫酸溶液→水洗→皂洗→水洗→烘干

2. 印花色浆

（1）印花色浆处方：

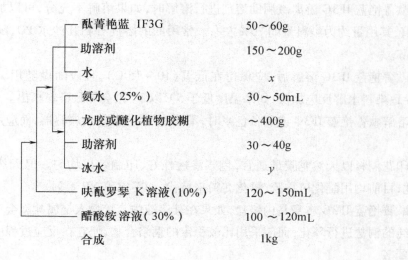

酞菁艳蓝 IF3G	50～60g
助溶剂	150～200g
水	x
氨水（25%）	30～50mL
龙胶或醚化植物胶糊	～400g
助溶剂	30～40g
冰水	y
呋酞罗琴 K 溶液（10%）	120～150mL
醋酸铵溶液（30%）	100～120mL
合成	1kg

（2）调制操作：

①先将酞菁艳蓝 IF3G 用冷水和助溶剂充分润湿调和,必要时可适当加些温水（25～30℃）使之充分溶解。

②将剩余的助溶剂加入已加入氨水的原糊中,并加水稀释,搅拌均匀。

③在不断搅拌下,将溶解好的酞菁艳蓝 IF3G 溶液过滤到糊料中。

④加入溶解好的呋酞罗琴 K 溶液（10%）,并充分搅拌。

⑤在临用前慢慢加入已冷却的醋酸铵溶液。色浆的温度应控制在 15℃左右。

（3）呋酞罗琴 K 溶液（10%）的配制：

①处方：

呋酞罗琴 K	100g
氨水（25%）	125mL
合成	1L

②配制。呋酞罗琴 K 是蓝色粉末,可溶于氢氧化铵溶液中。呋酞罗琴 K 先以 2～3 倍水调成薄浆状,加入氨水,使之充分溶解呈洋蓝色透明无沉淀的溶液,稀释到规定体积即成。

（4）醋酸铵溶液（30%）的配制：酞菁艳蓝 IF3G 最适宜在 pH 为 8～9 的条件下缩合,因此,pH 值高或低时,均不利于缩合反应的进行,必须在印花色浆中加入醋酸铵作缓冲剂。

①处方：

冰醋酸（98%）	285mL
冰水	x

氨水(25%)   570mL

合成   1L

②配制。醋酸以水稀释加冰冷却,慢慢加入氨水,使化学反应控制在30℃以下,反应结束时溶液应呈弱碱性,pH = 7.2~7.5。

(5)印花色浆调制注意事项。

①酞菁艳蓝 IF3G 游离碱用助溶剂进行溶解时,如果溶解不充分,可以加入氨水,提高溶液的 pH 值,其用量约为染料量的70%左右。常用的助溶剂有利凡沙尔 PO、酞菁助溶剂 BSM、硫代双乙醇。

②酞菁艳蓝 IF3G 溶解后,应保持在低温(10~15℃),且应随做随用。温度高,放置时间长,会导致染料水解反应加快;如果温度低于5℃以下,则会导致染料析出。

③溶解酞菁艳蓝 IF3G 或制备色浆时,不能使用铜、铁等金属容器,而应用陶瓷、塑料或木制容器。

④印花糊料以天然龙胶最适宜,色浆渗透性好、印制效果均匀。但天然龙胶资源少,价格贵,因此,目前均用醚化植物胶、醚化淀粉来替代,如美宝胶 NP 系列。

⑤酞菁艳蓝 IF3G 本身是内络盐,如果在其溶液中直接投入金属盐就会产生沉淀,因此不能采用单纯的铜盐进行环化,而应采用比较稳定的铜络合物,使它在反应过程中逐渐释出铜来,如呋酞罗琴 K。

3. 注意事项

(1)为了保证印制效果良好,要求练漂半制品布面的 pH 值保持中性,不能带碱性(最好在印花前进行一次酸洗)。

(2)烘干。酞菁染料直接印花后的烘干是能否获得浓艳纯蓝色的关键。烘干时,一方面使水分蒸发,另一方面使酞菁素单体初步缩合,并扩散进入纤维内部。但随着温度的升高,异吲哚啉水解速率增加,因此在烘干过程中存在着如何减少水解反应的发生和防止异吲哚啉本身对纤维无亲和力,而引起染料泳移的问题。

为了解决烘干时存在的烘干温度、烘干速度及异吲哚啉单体水解之间的矛盾,应设法在烘干时使水分蒸发得越快越好,以使织物上的印花色浆在达到温度很高时已无水分存在,而不致再发生水解。烘干时,最好采用远红外烘干,因为远红外能使织物烘透,水分蒸发快。但不管何种形式烘干,烘干时染料水解是不可避免的。为了促使酞菁艳蓝 IF3G 单体缩合,可提高烘干温度进行复烘,使之进一步缩合发色。

(3)汽蒸。汽蒸是酞菁艳蓝 IF3G 中间体缩合、环化、络合的关键工序,必须借汽蒸的热量,在有机溶剂的存在下进行。其发色速度因溶剂不同而异,其中含硫代双乙醇的色浆发色速度较快,一般经过 2min、102~105℃汽蒸已可成为蓝色,但为了保证获得良好的效果,汽蒸时间宜控制在 6~7min。

(4)酸洗。汽蒸后的印花织物色泽往往不够鲜艳,一般呈蓝绿色,其主要原因在于下列缘故:

①异吲哚啉缩合时,同时生成暗绿色的开链形缩合物。

②水解的异吲哚啉是一个灰色的化合物,不能缩合成酞菁。

③铜盐用量不足,部分酞菁会因缺乏铜离子而以酞菁钠盐存在,造成萎绿色泽。铜盐过量时,一部分形成开链的铜盐,它是一个萎绿带蓝光色泽的化合物。

这些化合物都不稳定,因而需要进行酸洗。酸洗的目的是洗除缩合、络合反应中的副产物。所用酸剂以草酸效果最好,但常用的是 80~90℃、98%(66°Bé)浓硫酸 20~25mL/L 进行酸洗。在酸洗前,织物浸轧 2~3g/L 亚硝酸钠,更有利于未缩合和缩合的副产物洗尽,从而使色泽更鲜艳、纯正。

切忌用盐酸酸洗,以免造成有毒的芥子气。

(5)皂洗。酸洗后,经充分水洗,即可进行皂洗,皂洗液处方如下:

肥皂(或净洗剂)	3~5g
碳酸钠	2~3g
合成	1L

温度宜在 90℃ 以上,经过充分皂洗后,所得的酞菁艳蓝色泽应是带红光的纯艳蓝色。

八、综合直接印花

由于各类染料的色谱并不是十分完美的,牢度和化学性能也各有特点,价格各异。而在印花实际生产时,图案通常又由各种色泽的浓淡花纹所组成,故要印制出原样所要求的彩色图案,往往就需要博采众长,使用不止一类染料进行印花。在实际印花生产时常采用两类或两类以上染料在同一织物上印花。这种用不同类别染料相互配合同时印制一种图案的工艺,称为共同印花(或旁印印花)。在选用同类染料拼色达不到目的时,就需用不同类别的染料放入同一印花浆内进行拼色,这种工艺称为同浆印花。专业上将它们统称为综合直接印花。

总之,采用综合直接印花的方法可以发挥各类染料之长,取长补短,相互配合,在同一织物上印制出色泽鲜艳、牢度良好和成本低廉的印花产品,故综合直接印花是印花工作者必须掌握的更高一层次的技术。综合直接印花的染料组合很多,本学习内容只择其代表性的品种进行介绍。

(一)共同印花

1. 活性染料与涂料共同印花 活性染料与涂料共同印花目前应用较多,一般当有较深的细线条或小块面与中、浅色块面较大的花纹叠印时,则细线用涂料,块面用活性染料。线条用涂料既能印得深,又能使线条光洁清晰。自从防印印花工艺应用以来,该工艺已成为印制立体效果花型图案的特定工艺。

(1)工艺流程:

印花→烘干→汽蒸→水洗→热水洗→皂洗→水洗→烘干

(2)注意事项:

①活性染料与涂料共同印花时,为了保证涂料的线条效果清晰光洁以及色泽艳亮,因此筛网(或花筒)排列宜先印涂料,后印活性染料。

②涂料黏合剂应采用丙烯酸系列的黏合剂,不能采用需加入外交联剂 EH 的黏合剂,否则

会造成吸附,进而影响白度和色泽鲜艳度。

③可在涂料色浆中加入适量的释酸剂(硫酸铵或柠檬酸)以达到防印效果。

2. 活性染料与可溶性还原染料(亚硝酸钠法)共同印花　适用于印浅淡色的活性染料色谱至今不全,并且活性染料印制浅淡色时,耐气候和日晒牢度较差,故需要用可溶性还原染料来补充。为此,常用这两类染料共同印花。可溶性还原染料可用亚硝酸钠显色法,但为了减少轧酸显色时对活性染料的影响,应尽可能选用冷酸或温酸显色的可溶性还原染料。常用的可溶性还原染料品种有:艳橙 IRK、蓝 IBC、橄榄绿 IB、红 IFBB、绿 IB、橄榄绿 IB、艳青莲 I4R、绿 IGG、棕 IBR、艳青莲 I5R、绿 I3G、灰 IT、艳青莲 I2R、橄榄绿 IBB、灰 IBL。

艳莲 I2R 因耐气候牢度差,印花浓度的下限为 0.1%;灰 IBL 因皂洗牢度差,宜用 1% 印花浓度。

(1)工艺流程:

白布→印花→烘干→汽蒸→酸显色→冷水洗→热水洗→皂洗→热水洗→烘干

(2)注意事项:

①可以碰印或叠印,一般先印活性染料,后印可溶性还原染料。

②为了减少酸显色时对活性染料色泽和牢度的影响,可溶性还原染料尽可能选用冷酸或温酸显色的品种,而不宜采用热酸显色的品种,例如艳妃 IR、蓝 O4B 等。

③以溴氨酸为母体的活性染料不适宜于该工艺,因经亚硝酸钠酸性显色后色泽发生变化,如活性艳蓝 K—GRS、艳蓝 K—3R、艳蓝 KN—R 等均易产生色变,不宜采用。

④以金属络合染料为母体的活性染料,经酸处理后,金属易剥落,引起色变和染色牢度下降,尤其是铜络合染料最明显,如活性紫 K—3R、深蓝 M—4G 等。某些灰色、黑色染料虽属金属络合染料,因其是钴络合,因此影响较小,所以可以选择采用。

3. 还原染料与其他染料共同印花　还原染料的色泽鲜艳,各项色牢度较高,但不能印制浓艳的大红等色,故常与其他染料共同印花。

(1)还原染料与重氮化的色基或色盐共同印花。还原染料可以在色酚打底织物上与重氮化的色基或色盐共同印花,以补充大红、酱、藏青和黑色色谱。印花后蒸化 6~8min。但化学结构中具有硝基的重氮化合物(如色基红 B 等)印花,在蒸化时易被还原而色变;蒸后色酚的洗除也比较困难。因还原染料色浆呈碱性,还含有还原剂,能破坏色基的重氮酸盐,故还原染料不能与色基叠印。印花滚筒排列时,一般色基排在前面,还原染料排在后面。

(2)还原染料与快色素染料共同印花。还原染料与快色素染料共同印花时,宜选用稳定性高的快色素染料,且色浆中的中性红矾液用量也宜酌情提高,以防止在蒸化过程中染料遭到破坏。快胺素染料也可应用,但对甲醛敏感的染料如黄 I3G、黄 I4G、金黄 FFG 不宜采用。一般以用中性汽蒸显色的快胺素较妥。快磺素染料也能共同印花,以印制蓝、黑色花纹。

(3)还原染料与活性染料共同印花。还原染料与活性染料共同印花时,活性染料色浆中宜增防染盐 S 的用量,以防止活性染料在蒸化时遭受破坏而色泽萎暗。

(4)还原染料与暂溶性酞菁染料(爱而新染料)共同印花。还原染料与暂溶性染料的共同印花,可以弥补还原染料缺乏纯艳蓝色的不足。共同印花时,爱而新染料中宜用不挥发性的乳酸作酸剂,以免蒸化时影响还原染料的上染。蒸化后用红矾液处理还原染料并同时使爱而新染料固色,然后进行皂煮,使爱而新染料脱除暂溶性基团。

(二)同浆印花

两种不同类别的染料在色浆中进行拼色称为同浆印花。同浆印花不但要求染料性质相似,而且要求它们的相容性好,固色条件互不干扰,还要不发生色牢度的下降。同浆印花可以印制同类染料拼色无法得到的色相和色谱。如活性染料和可溶性还原染料在白布上的同浆印花。

1. 处方　以淡绿色为例。

可溶性还原绿 IB	0.5%
活性嫩黄 K6G	1%
纯碱	0.4%
亚硝酸钠	0.3%
尿素	3%
海藻酸钠—龙胶糊(1∶1)	x

2. 调色操作及注意事项

(1)活性染料用尿素调匀,可溶性还原染料用纯碱和亚硝酸钠调制。两种色浆调制后,分别储放,临用前再混合。

(2)糊料采用海藻酸钠—龙胶糊。在后处理酸显色浴中显色时,海藻酸钠转变成不溶性海藻酸,应防止活性染料大量落色。

(3)必须对可溶性还原染料进行选择使用。凡要经过热浓硫酸显色之类的还原染料,如桃红 IR、紫 IRH 等,不宜采用本工艺。

(4)也应对活性染料进行选择使用。凡易受亚硝酸影响的活性染料,如具有蒽醌结构的如蓝 X—BR、蓝 KN—R 及蓝 K—GR 等,以及含氨基结构的如黑 K—BR 等活性染料,均易变色,不宜选用。此外,含金属的活性染料如紫 K—3R,深蓝 K—R 等在酸浴中金属易被剥除,引起变色及断键,也不宜采用。总之,这一工艺受这些方面的局限性很大,进展不快。

(5)印花后先经过汽蒸,不但使活性染料固色,而且有利于可溶性还原染料的渗透。再经冷酸(50°Bé 硫酸 50mL/L)显色,接着透风,平洗如常法进行。

学习任务 1 – 2　纤维素纤维织物防印印花工艺

防印印花是在印花机上印花时利用罩印的办法,达到防染印花的效果。根据花型要求可分为一次印花(湿法罩印)和二次印花(干法罩印)。在实际生产中以湿法罩印印花为多。

防印印花工艺是在防染印花工艺的基础上发展起来的。当花型面积过大时,防染剂容易落入轧染槽而破坏轧染液,造成防染困难。因此在印花机上以一般色浆罩印在另一种含防染剂的色浆后,达到防止罩印处一般色浆发色的防印印花效果。

防印印花机理与防染印花相同。但防印印花过程短,印花和防染在印花机上一次完成,质量比防染印花稳定,易控制,且工艺灵活,一个花型可设计多种防印工艺,既可机械防印也可化学防印,既可局部防印也可全面防印,这些特点为其他工艺所不及。

防印印花主要适用于以下几种情况:

(1)花型相碰的各色是相反色,且不允许产生第三色。

(2)印制比地色浅的细勾线、包边。

(3)由多种色泽组成,并具有固定轮廓的花型,仅靠对花很难印制出连续光滑的轮廓。

(4)印制深浅倒置的花样,且不希望配置两套筛网(或花筒)。

(5)印制深满地的精细小花,印花织物较稀松。防印印花对于精细线条、点子和云纹,很难获得稳定的防印效果,因此印制效果不及拔染印花。

一、涂料防印活性染料工艺

涂料防印活性染料印花,是借酸剂或释酸剂中和活性染料印花色浆中的碱剂,而达到阻止活性染料与纤维素纤维键合的目的。常用的酸剂以柠檬酸和硫酸铵为主。作为防印印花用的活性染料,要求对棉纤维的亲和力较小,使未固着的水解染料易被洗除。从防染的效果来看,乙烯砜型活性染料具有较良好的防染性能。

(一)涂料防印活性染料印花的常用活性染料

1.防印性能优良的,可作深色防印的品种 活性嫩黄 K—6G、活性艳橙 K—GN、活性艳蓝 K—GRS、活性黑 K—BR,活性嫩黄 M—7G、活性金黄 M—5R、活性艳蓝 M—BR,活性嫩黄 KN—7G、活性嫩黄 KN—G、活性金黄 KN—G、活性艳橙 KN—4R、活性艳红 KN—3B、活性红紫 KN—4R、活性紫 KN—B、活性艳蓝 KN—R、活性黑 KN—B。

2.防印性能良好的,可作中色防印的品种 活性艳橙 K—7R、活性艳红 K—2G、活性艳红 K—2BP、活性黄棕 K—GR,活性深蓝 M—4G、活性灰 M—4R、活性黑 M—2B。

3.防印性能较差的,仅适宜作浅色防印的品种 活性紫 K—3R、活性翠蓝 K—CL、活性翠蓝 K—CP、活性艳红 M—8B、活性翠蓝 M—GP,活性艳红 KN—5B、活性翠蓝 KN—G。

(二)涂料防印活性染料印花工艺

1.涂料防印活性染料色浆

(1)处方:

①防白印花浆处方:

	处方 1#	处方 2#
白涂料 FTW	200 ~ 300g/kg	—
乳化糊	x	—
黏合剂	150 ~ 250g/kg	—
硫酸铵	30 ~ 70g/kg	—
水	y	y
非离子合成增稠剂	z	z

②涂料着色防印印花色浆处方:

涂料	1 ~ 100g/kg

乳化糊	x
黏合剂	$190\sim200g/kg$
硫酸铵或柠檬酸	$20\sim60g/kg$
水	y
非离子合成增稠剂	z

（2）印花色浆调制操作及注意事项：

①黏合剂是决定防印效果的关键。要求黏合剂在结膜后对活性染料基本无吸附力，以保证色泽鲜艳度。要求黏合剂乳液耐电解质，不易破乳，否则在印制过程中容易堵网。

②硫酸铵和柠檬酸是强电解质，直接加入黏合剂中会发生破乳，因此先用少量水溶解后，加入耐电解质的合成增稠糊或合成龙胶糊中，起保护作用，再加入黏合剂乳液中。

③硫酸铵和柠檬酸用量应根据活性染料印制的深浅和防印难易加以调节。柠檬酸的防印效果和对印花色浆的储存稳定性均优于硫酸铵，一般色防印花大多采用柠檬酸。

④增稠糊应选择耐电解质且固含量低的糊料，如非离子合成增稠糊。

⑤被防印的活性染料的分子结构较大时，如染料母体为酞菁结构的翠蓝染料，一般防染性能较差，仅适宜作中浅色防印。

⑥筛网（花筒）排列时，一般防白浆或涂料色防印浆排列在活性染料色浆之前，但应注意防止"传色"，刮刀收浆要净，必要时中间加"光板"筛网。

⑦后处理时，先将织物上未固着的活性染料洗除，才能进行皂洗，以防止沾污涂料花色。

2. 工艺流程

白布→印花→烘干→汽蒸（100～102℃,6～7min）→冷水淋洗→热水洗→皂洗→水洗→烘干

织物经印花、烘干、汽蒸（花型面积较大时，宜进行焙烘）工艺后，在水洗时先将未固着的活性染料用冷水冲淋，去除绝大部分浮色，然后再进行热水洗和皂洗，以防止活性染料沾污涂料花纹影响花色鲜艳度。

二、活性染料防印活性染料印花

活性染料防印活性染料印花，也称为还原型防印。其活性染料以选用的活性基团不同，可分为 X 型、K 型、M 型、KN 型等类型。X 型活性染料由于反应性能较强，色浆不稳定，在织物印花中不宜应用。在印花中应用的活性染料主要是 K 型、KN 型，M 型在印花中也有时用。活性染料的化学结构由三部分组成（即母体、架桥基和活性基团），活性基团一方面牢固地和染料母体结合在一起，另一方面又能与纤维发生反应而结合。由于活性染料有多种活性基团这就决定了活性染料因活性基团和母体染料的不同而有差异。防印就是利用了这种化学行为上的差异性，达到所谓的活性染料防活性染料印花，这是一种很有潜力的印花工艺，可以获得特殊的印花效果。其印花原理是利用乙烯砜型活性染料（KN 型）能与防染剂亚硫酸钠或其衍生物发生反应特性，生成稳定的乙烯砜磺酸钠盐，使 KN 型活性染料失去活性基团而无法与纤维键合；而对于一氯均三嗪（K 型）活性染料的活性基团不与亚硫酸盐起反应，所以，它能与纤维键合而上染印花。事实上，亚硫酸钠也会与三嗪环上的氯原子发生亲核取代反应，且具有还原能力，影响固

色,尤其对黄、橙偶氮结构类的色泽影响较大,在实际生产中应加以注意。

1. 工艺流程

白布→印花→烘干→汽蒸→冷水淋洗→热水洗→皂洗→热水洗→烘干

2. 印花色浆

(1)处方:

	防白浆	色防浆	罩印浆
活性染料(一氯均三嗪型)	—	10~40g	—
(乙烯砜型)	—	—	20~60g
尿素	50~100g	50~100g	100g
防染盐 S	10g	10g	10g
海藻酸钠	400~500g	400~500g	400~500g
小苏打	25g	10~15g	8~15g
亚硫酸钠	30g	10~30g	—
合成(热水)	1000g	1000g	1000g

(2)印花色浆调制操作:

①调制操作与活性染料直接印花工艺相同。

②防染剂亚硫酸钠溶液应在色浆付印时加入,且要随配随用,这是因为一氯均三嗪型活性染料加入亚硫酸钠后,由于染料的母体结构而致使其色泽有变浅的趋向。

③印花色浆中如果已经加入了亚硫酸钠,不可存放过久,防止出现色斑、风印,导致固色率降低。

3. 印花工艺注意事项

(1)亚硫酸钠的用量应尽可能以乙烯砜型活性染料防尽为度。亚硫酸钠用量少,易造成防染不良;用量多,易产生边缘渗化。

(2)一氯均三嗪活性染料色浆中加入亚硫酸钠对其给色量的影响大致可分为以下几类:

①受影响大的活性染料有:活性嫩黄 K—6G、活性粉红 K—2G。

②受影响较大的活性染料有:活性艳橙 K—GN、活性艳橙 K—7K、活性艳红 K—2BP、活性黄棕 K—4K。

③受影响较小的活性染料有:活性紫 K—3K、活性艳蓝 K—3K。

④受影响小的活性染料有:活性艳蓝 K—GRS、活性翠蓝 K—GL、活性翠蓝 K—GP、活性黑 K—BR。

(3)采用活性染料防印印花时,网版排序应先印 K 型活性染料,再罩印 KN 型乙烯砜型活性染料浆。

(4)印花后应立即进行烘干、蒸化,防止吸湿受潮,会受空气中 SO_2 等还原气体影响。

三、机械和化学半防活性染料印花工艺

采用防染剂(白涂料)或三乙醇胺,以降低活性染料的固色率,从而获得多层次的印制效果,工艺简便。

1.工艺流程

白布→印花→烘干→汽蒸→冷水洗→热水洗→皂洗→热水洗→烘干

2.半防色浆

(1)处方:

	处方 1#	处方 2#	处方 3#
白涂料 FTW	100～200g/kg	100～200g/kg	—
三乙醇胺(mL/kg)	—	30～50g/kg	10～50g/kg
磷酸三钠	—	10g/kg	—
水	x	y	z
海藻酸钠	400～500g/kg	400～500g/kg	400～500g/kg

(2)调制操作:

①白涂料先用水搅拌均匀,然后在不断搅拌下调入糊料中。

②磷酸三钠用水溶解后,加入白涂料色糊中,最后加入三乙醇胺。

3.注意事项

(1)白涂料为机械性防染剂,对于印制细茎、细点的花型,可保持花样的轮廓清晰度。

(2)三乙醇胺用量应根据半防白效果的要求加以调节,增加用量可以提高半防白效果,但用量多时,在汽蒸过程容易产生搭开之弊。

(3)花筒或筛网排列先印半防色浆,后罩印活性染料印花色浆,为了保证防印轮廓清晰,半防色浆宜厚一些。

(4)半防染剂的用量、配方的选择,应根据花型层次精神要求而定。

学习任务 1-3   纤维素纤维织物拔染印花工艺

拔染印花也称雕印,是在已染色的织物上,利用化学方法破坏织物上的染料发色团而得到图案效果的印花方法,它有拔白印花和着色拔染印花两种。用以破坏地色染料而使之消色的化学药品称为拔染剂。常用的拔染剂是还原剂。

拔染印花有多种工艺方案,常用的有两种:

(1)全拔染法先染地色,固色后印制拔染色浆;汽蒸时,对地色染料进行拔染。

(2)半拔染法先浸轧染料(不固色),再印制拔染色浆,然后汽蒸,固色和拔染同时进行。此拔染印花工艺虽然繁琐冗长,印疵相对不易检出,且成本较高,但印花产品地色丰满,花纹细致精密,轮廓清晰,其印制效果非直接印花和防印印花所能及。因此,常作为高档织物的印花工艺。

拔染工艺适应的花型有:

(1)大面积深地色的印花,尤其是紧密织物的深满地色。若采用直接印花工艺,即使花型尚可,但地色的深度、均匀性和渗透性也难以达到拔染的效果。

(2)在各种深浅地色上可以重复印制复杂多色的精细花纹图案,而且花纹轮廓清晰。

（3）精致的白花，若用直接满地留白的印花方法，则花型轮廓不光滑，花样失真。

拔染印花工艺繁复，操作要求高，印花时印花疵病相对不容易检出，成本也较高。但它地色丰满、花纹精细、轮廓清晰，其印制效果非直接印花或防染（或防印）印花所能及。因此，目前常作为高档织物的印花工艺。

过去常用的纤维素纤维地色染料有不溶性偶氮染料、直接染料，由于环保问题现已很少采用，而活性染料地色拔染工艺则日益被重视，得到较多的应用。

活性染料地色拔染工艺有两种，即还原剂拔染法和亚硫酸钠拔染法。还原剂拔染法又分还原染料着色拔染和涂料着色拔染两种。

一、活性染料地色还原剂拔染法

活性染料染色并固着以后，即与纤维发生化学结合，它们在还原剂的作用下（由于母体染料结构的不同，其反应情况也并不相同）有的染料能被破坏，生成的产物无色；有的则变成另一种颜色。

常规的拔染印花工艺是在活性染料与纤维发生化学键结合以后，再进行拔染印花，将印花处的地色破坏，这种工艺称为全拔染。因为染色布上的活性染料已与纤维发生键合反应，能被还原剂拔白的活性染料品种为数不多，所以仅限于嫩黄、橙、红、黄棕拼染的中、浅色泽。因此，全拔染印花工艺受到染料结构和染色浓度的限制，使用较少。

改进后的新工艺是在活性染料浸轧白布，稍烘干后，在未经蒸化固色前即行印花，这种工艺就称为半拔染印花工艺。由于浸轧液中带碱，在烘干过程中只有少部分染料与纤维键合，有利于拔白或色拔。还原剂对活性染料既有拔染作用，又有防止染料与纤维反应的能力，故能取得较好的印制效果。采用这种方法，浸轧地色可用的活性染料比较多，深浅色染色、拼染均较方便。通常把半拔染工艺又可称为防拔染印花工艺。

利用还原剂对活性染料地色进行着色拔染的着色染料有还原染料和涂料。

（一）还原染料着色拔染

1. 工艺流程

常用于活性染料地色拔染的还原染料品种有：还原黄 6GK、还原黄 GCN、还原金黄 RK，还原艳橙 GR、还原艳橙 RR、还原艳妃 R、还原红紫 RH、还原艳蓝 3G、汽巴蓝 2B、还原艳绿 4G、还原艳绿 FFB、还原棕 RRD、还原印花黑 BL。

白布→浸轧活性染料（地色）→烘干（温度不得超过 80℃，不过烘）→印花→还原汽蒸→水洗（还原染料为着色拔染染料，需进行氧化处理）→皂洗→水洗→烘干

2. 还原染料着色拔染印花色浆的配制

活性染料地色拔染印花的拔染浆可分为强碱性和弱碱性两种。乙烯砜型活性染料采用强碱性拔染浆效果比弱碱性好。

（1）拔白浆。

拔白浆处方：

	强碱性	弱碱性
雕白粉	150~200g	150~200g
助拔剂	0~100g	0~100g
溶解盐B	30g	30g
氢氧化钠	150~200g	50g
增白剂	5g	5g
醚化淀粉糊或醚化植物胶糊	~400g	~400g
合成	1kg	1kg

操作:操作先用80℃热水溶解雕白粉,配成1:1的溶液,然后边搅拌边慢慢将雕白粉溶液加入已调好的原糊中。助拔剂和溶解盐B用温水溶解后调入糊中,最后加入氢氧化钠和溶解好的增白剂,充分搅拌后,过滤待用。

注意事项:

①雕白粉用量可按地色拔染的难易而增减。雕白粉溶解时应控制好水的用量,防止总量超量。

②加入咬白剂W有利于拔白,但不能与着色拔染的还原染料叠印。

(2)着色拔染印花色浆。

着色拔染印花色浆处方:

还原染料	5~50g
甘油	40~80g
酒精	10mL
碳酸钾(或碳酸钠)	80~120g
雕白粉	100~220g
醚化植物胶糊或醚化淀粉糊	~400g
合成	1kg

操作:

①将还原染料加入研磨机内,并加入甘油、酒精及适量水。研磨时间视检验后无粗粒为宜。

②将染料从研磨机内取出,缓缓地加入原糊中搅拌均匀,再加入已溶解好的碱剂,边加边搅拌,加碱宜慢,然后加热(70~80℃)15~30min。

③待上述混合糊冷却到40~50℃时,加入已溶解好的雕白粉。

3. 还原性拔染浆中助剂的作用

(1)拔染剂。活性染料地色拔染印花的拔染剂常用甲醛次硫酸氢钠(俗称雕白粉),但也有用甲醛次硫酸锌盐(俗称德科林)作拔染剂的。雕白粉在常温下尚稳定,但随温度的提高其稳定性降低,60℃时开始分解,并随温度的升高和酸度的增加使分解加剧。在不同的条件下,雕白粉的分解产物各不相同,在100℃汽蒸时,雕白粉在碱性溶液中分解而生成SO_2·游离基,具有强烈的还原作用。在染料拔染印花工艺中,主要用于还原染料印花的拔染剂,也可作为涂料拔染印花的拔染剂。

为了得到良好的拔白效果,遇到难以拔染的地色,可以在拔白浆中加入适宜的助拔剂。

(2)碱剂。在雕白粉为还原剂的拔染印花中,$SO_2 \cdot$游离基对地色偶氮基的裂解,须在碱性溶液中进行。雕白粉受热分解后有酸性物质生成,如果不予中和,将使纤维素纤维水解受损,而且加速雕白粉的分解而不能有效地利用雕白粉的还原能力。另一方面,被破坏的地色分解物在碱性溶液中的溶解度较大,色浆中加入碱剂有利于分解物的洗除。因此,活性染料地色拔染色浆中均加有碱剂。常用的碱剂有氢氧化钠、碳酸钠、碳酸钾等。拔白浆则以氢氧化钠作碱剂,还原染料着色拔染以碳酸钾或碳酸钠作碱剂,而涂料着色拔染则以中性拔染为宜。

(3)润湿剂和渗透剂。在拔染印花时,尤其是绒类(灯芯绒、平绒)和针织物,要使拔染色浆经筛网刮印后渗透到织物内,防止有拔染不净的现象产生,因此,可选择性地选用甘油、硫代双乙醇、尿素加入拔染色浆中,以帮助印花色浆对织物的润湿和渗透。

拔染印花色浆的原糊必须能耐碱、耐还原剂和电解质,制成色浆后流变性要好,能适应不同印花方法的印制。以往还原染料拔染印花的色浆均采用黄糊精和印染胶,因其结构黏度较大,不适宜筛网印花,尤其是圆网印花的印制。因此,现在采用醚化淀粉或醚化植物胶来替代黄糊精或印染胶,常用的包括 SolritosePAN、IndaleaPA—40、MeyproGumNP—16 等。

(二)涂料着色拔染印花

适用于活性染料地色拔染的涂料色浆,其主要组分为涂料和黏合剂,必须耐还原剂。德国德司达公司的 Decrolin、RongalitST 为拔染剂的 Imperon K 型涂料和 Imperon 黏合剂 706,德国巴斯夫公司的 DecrolinRongalitST 的 Helizarin 黏合剂 UD/UDT,适用于涂料着色拔染印花。国产的涂料和黏合剂经过慎重的选择,同样可以筛选出适用于着色拔染印花的涂料和黏合剂。

1. 德国巴斯夫公司推荐的涂料拔染活性染料地色工艺

(1)工艺流程:

印花→烘干(温度不可超过 105℃)→汽蒸(102℃,10min)焙烘(150℃,5min)→冷水洗→过氧化氢(2mL/L,40~60℃,2~3min)→水洗→皂洗→水洗→烘干

(2)涂料拔染印花色浆处方:

	拔白	色拔
Helizarin 涂料	—	x
Latexal F—HIT	90g	90g
Rongalit ST(Liquid):水(1:1)	180mL	180mL
Luprimol FR—BH	20g	20g
Helizarin 黏合剂 UDT	180g	180g
三乙醇胺	2g	2g
磷酸氢二铵1:3	20mL	20mL
合成	1kg	1kg

(3)色浆调制操作。先将 Lutexal F—HIT 调制增稠成糊,然后将已经用水 1:1 稀释的 Rongalit ST 慢慢加入增稠糊中,搅拌均匀,再加入柔软剂 Luprimol FR—BH 搅拌均匀,然后加入 Helizarin 黏合剂 UDT 和其他助剂(三乙醇胺、溶解好的磷酸氢二铵溶液)搅拌,最后加入涂料色浆。

（4）注意事项。Latexal F—HIT为水性涂料印花用的合成增稠剂，流变性很好，适用于活性染料地色的防染和拔染印花。Rongalit ST（Liquid）为亚磺酸衍生物，涂料拔染印花用的拔染剂。

2. 德国德司达公司推荐的涂料拔染印花工艺

（1）工艺流程：

浸轧乙烯砜型活性染料（地色）→烘干（温度不可超过85℃）→印花→烘干→汽蒸（102℃，10min）焙烘（150℃，3min）→过氧化氢氧化（2mL/L，40~60℃，2~3min）→皂洗→冷水洗→烘干

（2）涂料拔染印花色浆处方：

	处方1[#]	处方2[#]
Imperon K 涂料	20~60g	20~60g
基本糊	800g	700g
Decrolin	50~70g	—
Rongalit ST（Liquid）：水（1:1）	—	180g
醚化植物胶糊或水	x	x
合成	1kg	1kg

其中，基本糊处方为：

Imperon 黏合剂706	140g
磷酸氢二铵：水（1:2）	20mL
乳化糊	750g
甘油	20mL
醚化植物胶糊	100~150g
合成	1kg

（3）色浆调制操作：醚化植物胶用热水调成糊状。Decrolin用温水溶解，慢慢加入醚化植物胶糊中，搅拌均匀。然后加入已配制好的基本糊，搅拌匀透后，最后加入涂料色浆。

二、活性染料地色亚硫酸钠防拔染法

亚硫酸钠防拔染是利用亚硫酸钠能与乙烯砜型活性染料发生加成反应，从而使染料失去与纤维反应的能力，达到防止其固色的目的。利用这一特性，对乙烯砜型活性染料进行防拔染（半拔）印花，它与还原染料着色拔染和涂料着色拔染相比，工艺简单，花色鲜艳，且成本较低。

（一）亚硫酸钠防拔染法印花工艺

1. 工艺流程

浸轧乙烯砜型活性染料+碳酸氢钠染液浸轧70~80℃→热风烘干→印耐亚硫酸钠的K型或Levafix PN型活性染料→烘干→汽蒸（102℃，7~8min）→水洗→皂洗→水洗→烘干

2. 防拔染印花色浆

（1）印花色浆处方：

	拔白	色拔
K 型活性染料（或 Levafix PN 型）	—	x

尿素	50g	100g
碳酸氢钠	—	15～20g
间硝基苯磺酸钠	—	10g
亚硫酸钠	20～30g	15～30g
增白剂 VBL	3g	—
海藻酸钠糊	～450g	～450g
合成	1kg	1kg

（2）调制操作：参见 K 型活性染料防印 KN 型活性染料工艺的有关内容。

（3）注意事项：乙烯砜型活性染料用一氯均三嗪（K 型）或二氟一氯嘧啶（Levafix PN 型）活性染料加亚硫酸钠进行防拔染时，由于印花色浆中加入亚硫酸钠，色泽有变浅的趋向；这主要表现在染料结构中有偶氮组分的黄色、橙色和红色等品种。因此，亚硫酸钠的用量要根据地色的深浅加以调节控制，且要随配随用。

该工艺在操作过程中，浸轧乙烯砜型活性染料后的烘燥是关键，要严格控制烘燥温度，烘房的温度以不超过 80℃为宜，更不能用烘筒直接接触烘燥，因为烘筒表面温度不易控制，因为烘燥温度超过 100℃时，致使部分染料固着，影响拔染效果。为此，可以采用两相法固色工艺：

乙烯砜型活性染料＋磷酸二氢钠75～80℃→热风烘干→K 型或 Levafix PN 型活性染料（色浆中不加碱剂）印花→烘干→汽蒸或焙烘两相法固着（102～105℃,20～30s）→水洗→皂洗→水洗→烘干

（二）适宜用作地色拔染的商品染料

适宜用作地色拔染的商品染料有：KN 型活性染料（上海染料化工八厂）、Diamira（日本三菱化成工业）、Remazol（德国德司达公司）、Sumifix（日本住友化学）。

学习任务 2　涤纶及其混纺织物印花

涤纶及其混纺织物印花常见的产品有印花涤纶绸、印花针织品、印花涤/棉布等。

学习任务 2 – 1　涤纶及其混纺织物直接印花工艺

一、涤纶织物分散染料直接印花

纯涤纶印花产品，包括涤纶绸和涤纶针织物两类，丝绸厂以平网手工台板为主，涤纶针织物常在生产效率较高的圆网印花机上加工。一般采用分散染料直接印花的生产方式，但根据图案设计的要求，个别花型也有采用分散染料与涂料共同印花工艺的。

（一）印花色浆的组成

1.分散染料　用在印花上的分散染料，多数考虑把明亮的品种用于浅淡色泽，给色量高的用于深浓色泽。低温型分散染料适合汽蒸固色，高温型染料对热熔固色或常压高温蒸化更为有利。分散染料直接印花用染料选择原则为：

（1）分散稳定性良好，粒度分布均匀，色泽鲜艳、各项色牢度良好。

（2）拼色时应注意拼混染料的热固着温度是否相近，以便控制固着的工艺条件。

（3）印花后热固着以及后整理定形时，对染料的升华性能要进行选择，以防止花纹轮廓光洁度差。因此应选用高温型或中温型的分散染料。

（4）固着时对还原稳定性和对 pH 值的敏感性要小。

（5）水洗时的白地沾污性良好。

2．糊料

（1）印花糊料的选用原则。

①具有适合于涤纶疏水性的流动特性，用于手工热台板筛网印花时，应符合假塑性流体；在布动式平版筛网印花或圆网印花时，应选用假塑性—塑性流体，以确保花型轮廓的清晰度和均匀性。

②与分散染料、助剂的相容性良好，不会因染料、助剂的加入而导致糊料黏度显著降低。

③由于涤纶表面光滑，印花烘干后浆膜易剥离，容易因静电吸引于白地上造成沾污；因此要求糊料的黏着性良好，具有形成有韧性和弹性的浆膜性能。

④在固色过程中易使染料很好地转移到纤维上，印制出轮廓清晰的花纹，并且在染料汽蒸固着时能保持花纹轮廓不致渗化，给色量高。

⑤在水洗时，糊料润湿、膨化、溶解性能要好，以利于手感柔软和避免白地沾污。

（2）分散染料印花用的糊料种类。分散染料印花用的糊料种类大致可归纳为四大类：

①天然的高分子化合物。植物淀粉包括用酸作有限水解的可溶性淀粉糊，平网印花最常用，价格低，印花轮廓清晰，但对疏水性的涤纶织物黏附性差，印花烘干后容易龟裂剥落。另一种天然糊料是海藻酸钠，制糊方便，用低黏度海藻酸钠调成的色浆流动性好，印制效果精细光洁，最适合圆网印花，印花后处理比淀粉容易洗净。

②化学改性的天然产物。化学改性的天然产物也称化学浆料，商品种类很多，包括淀粉醚，有羧甲基化（CMS）或羟乙基化（HES）的淀粉衍生物；又有纤维素醚，常见的是羧甲基纤维（CMC）以及各种植物种子的醚化物，通称为合成龙胶。这类商品的印制效果和得色量都比淀粉好，成膜无色透明，用于疏水性涤纶织物印花，轮廓清，不渗化，与分散染料的相容性好。

③乳化糊或半乳化糊。乳化糊或半乳化糊即涂料印花常用的油水相乳化糊（又称 A 浆），用白火油和水加乳化剂高速搅拌制成。印花线条清晰，渗透好，固体含量少，有利于分散染料的扩散，与海藻酸钠浆混合使用可提高得色量。

④合成增稠剂。合成增稠剂是丙烯酸系的水溶性高分子化合物，与液体分散染料（主要用非离子型分散剂）配套使用，得色深，染料的利用率高。合成增稠剂的特点是固含量低（2%），无色易洗，但对电解质和重金属离子十分敏感，与阴离子分散剂不相容，因此这种糊料对普通的分散染料没有使用价值。合成增稠剂用量省，易洗净，黏度带触变性，当受到外来压力时，黏度下降，应力消除，即回复原来的黏度状态。圆网印花刮印时，在刮刀压力下，黏度减小，有利于渗透，当刮刀离去，恢复黏稠，无溢流现象，印花的得色量高于天然糊料。

一般产品用可溶性淀粉糊，轻薄的长丝织物用海藻酸钠 4% ~8% 和羧甲基淀粉（CMS）的混合糊，花纹精细色泽要求较高的推荐用 Indalca 3R 9% 350g 和 Solvitose C5 12% 150g 的混合糊。原糊用羟基乙酸(Glycollic acid)调节 pH 值至 5 ~ 6,色浆中加少量硫酸铵保持弱酸性,对稳定分散染料色光有利。

3. 添加剂

(1)增深促染剂。在加工过程中,无论从染料的有效利用率,还是从洗涤时的污染白地,都有必要提高染料的染着量,为了得到高的染着量,最好的办法是进行长时间的高温处理。但考虑到某些染料升华沾染以及对涤纶细旦纤维性能的影响,因此长时间的高温处理就不十分适当,为此有必要使用增深促染剂作为弥补措施。

目前增深促染剂大致可分表面活性剂、溶性剂和尿素三种,但以表面活性剂为主。其组分主要有:有机化合物的混合物、芳香族脂化物的混合物及氧乙烯化合物的混合物。例如国外商品 Luprintan HDF(巴迪许)系脂肪酸类的双环氧乙烷,LeomineHSG(赫司脱)系硬脂酸环氧乙烷化合物。它们在高温条件下,助溶于分散染料。其分子结构中的环氧基具有吸引水分子的效应,因而提高吸湿效能,使分散染料易迁移到涤纶上。

色浆中加增深剂时,要注意调匀,并考虑与混料的相容性,以防堵塞网眼。如用量不当,会影响花纹清晰;浆膜沾污导布辊,将造成搭色。印花后用圆筒蒸箱汽蒸的,时间较长,得色深,无须加增深剂。液体分散染料比普通分散染料得色深,固色率高的(如 90% 以上)分散染料,也不必加增深剂。

尿素是高压高温汽蒸工艺的印花色浆中常用的增深促染剂,但它不适用于常压高温或热溶(热空气)固着工艺。其原因是:

①在常压高温时,尿素的使用会提高吸湿性,对抱水性差的糊料会造成花纹清晰度下降;更大的问题是尿素分解出来的游离氨,导致对碱性敏感的分散染料被分解。

②在热空气固着时,尿素会导致印花原糊变为棕色,尤其是色浆 pH 值偏碱性时更为明显,进而影响色泽鲜艳度。

(2)pH 值稳定剂。对碱敏感的分散染料,尤其是偶氮型分散染料易分解,在 pH 值为 10 以上时,使染料易溶于水,不能染着涤纶,并使色泽灰暗。所以印花色浆中要加入释酸剂。但印花色浆中的 pH 值又不能偏低,否则会使分散染料中某些扩散剂的扩散能力丧失,含有氨基的染料还会形成铵盐而失去对涤纶的上染性。pH 值稳定剂一般可使用不挥发的有机酸,例如酒石酸、柠檬酸。若使用无机酸及无机酸盐释酸剂,例如硫酸铵,会使糊料显著变为棕色。

(3)氧化剂。一般汽蒸具有还原性,会使糊料、添加剂也产生还原性。因此具有硝基和偶氮基的分散染料,在高温长时间汽蒸过程中,由于糊料及添加剂的还原性,使这些结构的分散染料被还原而引起色泽变化。为此在印花色浆中加入 1.0% ~ 1.5% 的间硝基苯磺酸钠或 0.1% ~ 0.3% 的氯酸钠。但要注意,由于氯酸钠在常压高温过热汽蒸时,当温度上升到 170 ~ 180℃时,会促使某些印花糊料的降解,结果影响染料的染着量,因此对糊料要慎重选择。

另外,由于分散染料分子结构具有数个不共用电子对的基团,如—N==N—、—OH—、—COOH、—CO—等,它们能与 Cu、Cr、Co、Fe、Al 等金属离子发生络合作用生成络合物。尤其是这些金属离子的含量超过 50mg/kg 时,会导致分散染料色相的变化,降低分散能力,甚至影响分散染料的染着。为此,应加入 0.2% ~ 0.5% 的磷酸盐软水剂(六偏磷酸钠)或乙二胺四乙酸钠作金属络合剂,以防止色泽变化。

（二）印花工艺

1. 工艺流程

半制品→印花→烘干→固着→冷水淋洗→热水洗→皂洗或还原清洗→热水洗→针板拉幅烘干→成品

涤纶织物在印花前都要经过精练和热定形,消除皱痕,稳定幅宽。

2. 印花色浆

（1）色浆处方:

	处方 1[#]	处方 2[#]
分散染料	x	x
水（40～50℃）	适量	适量
尿素	0～20g	0～20g
防染盐 S	10～15g	—
氯酸钠	—	1～3g
增深促染剂	0～20g	0～20g
酒石酸	2～3g	2～3g
印花原糊	500g	500g
合成	1kg	1kg

（2）操作。

①将分散染料用温水调和,使它充分扩散,待扩散均匀后,倒入印花原糊中搅匀。

②加入尿素,尿素用量应根据固着条件不同而异。

③加入已溶解好的间硝基苯磺酸钠或氯酸钠溶液,搅拌均匀。

④加入增深促进剂,并加以搅拌均匀。

⑤最后加入已溶解好的酒石酸溶液,并搅拌均匀。

3. 后处理

（1）固着。涤纶织物经印花烘干后,染料并没有在涤纶上染着（固着）和发色,仅机械地黏附在织物表面上,必须经汽蒸或热空气使其上染。目前固着方法有压力汽蒸（高压高温汽蒸法）、过热汽蒸（常压高温汽蒸法）和热空气（热溶法）。这些方法的特性如下:

①压力汽蒸:正常固色条件为 128～130℃,30min,0.14～0.17MPa,热载体为饱和蒸汽（热传导系数 13.64）。由于采用密封容量加热至高温（约 130℃）,使涤纶分子结构松懈,染料易渗入纤维内,因而固着效果最好,给色量高,手感良好。适应染料品种范围也较广,对染料的选择、印花原糊、助剂等影响最小。其缺点是不能连续化生产。

②过热汽蒸:正常固色条件为 170～180℃,6～10min,热载体为过热蒸汽（热传导系数 1.02）。操作连续化,经济效果好。但由于热处理时间短,需要加入增深促染剂以达到与压力汽蒸相似的效果。过热蒸汽汽蒸时,若染料选择不当,有部分染料的升华而易产生白地沾污。

另一方面,由于蒸汽温度接近干热,因此原糊的脱糊性较压力汽蒸法差。

③热空气:正常固色条件为 200~210℃,1~1.5min,热载体为干热空气(热传导系数1.00),由于固色效果不及压力汽蒸法,因此也需要加入增深促染剂和合理选用印花原糊,以获得较为理想的固着效果。同时对染料的选择也较其他固色方法要慎重,否则会由于染料选用不当产生升华沾污白地,且影响给色量,难以得到深浓的色泽。

(2)净洗。采用过热汽蒸法、热空气法的染料固着量一般均比压力汽蒸法低,因此在净洗处理时,染料脱落较多,净洗的目的就是除去未固着的染料、糊料和助剂,以提高色牢度和花色鲜艳度。净洗处理一般采用以下流程

冷水淋洗→热水洗→还原清洗→热水洗→水洗→烘干

冷水淋洗时尽可能将未固着的染料及糊料去除大部分,以免在热水洗涤时,分散染料被再吸附而造成白地沾污,热水洗的温度以 50~60℃ 为宜。

还原清洗的目的是将在热水中尚未除去的糊料和助剂,以及织物表面未固着而被吸附的分散染料除去。这样不仅可以提高色泽鲜艳度,且有利于糊料的进一步去净,以改善织物的手感柔软度。还原清洗宜在松式绳状洗涤机或抽吸式辊筒水洗机中进行。

还原清洗液配方:保险粉 1~2g/L,氢氧化钠(固体)1g/L,非离子型表面活性剂 1~2mL/L。

织物在 70~80℃ 的还原清洗液中处理 15~20min,中、浅色改用皂洗,最后水洗,退捻开幅、拉幅定形。

二、涤/棉织物直接印花

涤/棉织物印花时,为了获得均一色泽,一般采用两种方法:

一是,用一种染料同时印两种纤维。可以使用的染料有涂料、缩聚染料、可溶性还原染料、聚酯士林染料(Polystren)以及混纺染料。但它们有一定的局限性,除涂料印花外,其他类型染料往往由于混纺织物组分造成色相还不够平衡,有涤深棉浅或棉深涤浅现象发生,即俗称的闪色现象。因此,染料选择性强、色谱较难配套、色泽也不够丰满。

二是,两种染料的同浆印花,即用两种染料分别上染两种纤维。目前常用的有分散染料与活性染料同浆印花、分散染料与可溶性还原染料同浆印花、活性染料与还原染料同浆印花,以及分散染料与快磺素染料同浆印花等。调节同浆印花色浆中的两种染料用量的比例,可以在两种不同纤维上得到比较接近的色相和深度,从而获得均一丰满的色泽。

(一)涤/棉织物涂料印花

涂料印花是涤/棉织物成熟的印花工艺。涂料印花的特点,已在纯棉织物涂料印花中叙述。但在涤/棉织物上印花时,不论用手工台板网印、布动平版筛网印花、圆网印花或滚筒印花等印花方法来印制,常发现涤/棉织物上的花纹边缘有渗化现象,轮廓不够光洁,在印制精细花型时就会遇到麻烦。其原因是:涤纶是疏水性纤维,棉是亲水性纤维,而涂料印花色浆属水相体系或半乳化体系,色浆中颜料的超细颗粒会随着乳液中水分子的运动沿棉纤维束之间的毛细管扩散,进而向花纹边缘迁移,造成渗化引起花型模糊、轮廓不清的情况。从实际应用效果来看,不论乳化糊还是合成增稠糊,作为涂料印花色浆的原糊来印制涤/棉织物,均会产生不同程度的渗化现象。全水相合成增稠糊的渗化现象更为明显,因此宜采用半乳化涂料印花浆为宜。

若在涂料印花色浆中加入防止色浆渗化的流变性改进助剂,例如 Printrite PM(BF. Goodrich),以改善合成增稠糊的流动性能,防止印花色浆的渗化和减轻印花色浆的渗透性能。

1. 工艺流程

印花→烘干→焙烘(160~165℃,2~2.5min)→后整理

2. 印花色浆

(1)印花处方:

①抗渗化专用糊:

涂料	x
丙烯酸或聚氨酯黏合剂	150~180g
抗渗化糊料	800g
合成	1kg

②乳化糊/合成增稠糊:

涂料	x
丙烯酸黏合剂(自交联型)	120~180g
乳化糊 A	y
合成增稠剂	z
柔软剂(有机硅酮型)	20~30g
合成	1kg

(2)注意事项:

①涂料色浆应选择粒度分布大部分为 0.1μm,最大不超过 0.5μm 的为宜,颜料粉含量在 35% 的优质涂料浆。

②黏合剂应采用自交联丙烯酸共聚物的水性分散体或聚氨酯为主组分的水性乳液;其用量根据涂料用量多少进行调节,尽可能在保证色牢度的前提下减少黏合剂用量,使印制的织物手感良好。

③印制精细花纹用抗渗化专用糊,或在常用乳化糊/合成增稠糊色浆中加入 0.5%~1.0% 的 Printrite PM 外;块面较大的花型可以采用乳化糊与合成增稠糊拼混的半乳化糊,使糊料的透网性能改善,有利于块面花型的色浆渗透和均匀扩散。

(二)可溶性还原染料印花

可溶性还原染料对棉纤维有亲和力,对涤纶不能上染,但当其水解氧化后,就能上染涤纶。浅色印花对耐日晒、气候及皂洗牢度要求较高,一般过浅的活性染料的牢度不够理想,所以,常用可溶性还原染料来代替。它的印花工艺一般采用亚硝酸钠—酸显色热溶法和亚硝酸钠—尿素热溶法等,但以亚硝酸钠—尿素热溶法为多。

1. 染料与糊料

(1)染料的选择。可溶性还原染料在涤纶和棉纤维上能获得一致色泽,且几乎具有同等深度的染料有:可溶性还原黄 V、可溶性还原蓝 IBC、可溶性还原黄 I2G、可溶性还原绿 IB、可溶性还原金黄 AR、可溶性还原橄榄绿 IBU、可溶性还原艳橙 IRK、可溶性还原棕 IBR、可溶性还原大

红 IB、可溶性还原灰 IBL、可溶性还原红 IFBB。

（2）糊料的选择。因为涤纶的疏水性，因此印花原糊应选用固含量较高、吸水性较大和 PVI（印花黏度指数）值较高的糊料。

①小麦淀粉糊的给色量高，色泽鲜艳，但印花匀染性极差，不能单独使用。

②使用海藻酸钠做原糊时，除个别染料外，大部分染料的表面给色量均较低，有些染料的色光也不够鲜艳；但印制轮廓清晰、花纹均匀。

③用醚化植物胶印花时，各染料的给色量高低不一，印花均匀性不及海藻酸钠，花纹轮廓清晰度也差些。

④淀粉醚与海藻酸钠拼混的混合糊（1:1），它的印花均匀性、色泽鲜艳度均较上述糊料为好。

2.印花工艺

（1）亚硝酸钠—酸显色法。

①工艺流程：

印花→烘干→硫酸浴显色→冷水洗（洗除织物上的酸性）→焙烘（190～200℃，2.5min）→水洗→皂洗→烘干

②处方：

可溶性还原染料	x
热水	y
亚硝酸钠	5～20g
碳酸钠	2g
海藻酸钠/淀粉醚混合糊（1:1）	500g
合成	1kg

（2）亚硝酸钠—尿素热溶法。

①工艺流程：

印花→烘干→焙烘（190～200℃，2.5min）→水洗→皂洗→烘干

②配方：

可溶性还原染料	x
热水	y
尿素	100～150g
亚硝酸钠	3～15g
海藻酸钠/淀粉醚混合糊（1:1）	500g
太古油/松油（2:1）	50mL
合成	1kg

3.注意事项 可溶性还原染料在亚硝酸钠和较多的尿素存在下，经过热溶就能发色。该法能获得较好的给色量和鲜艳的色泽。

（1）在印花后的焙烘过程中，可溶性还原染料会发生水解、氧化而成为还原染料母体，一方面上染棉纤维，另一方面可以通过热溶而上染涤纶。

亚硝酸钠为可溶性还原染料显色所必需的氧化剂，印花时色浆呈中性，但经烘焙后，色浆pH值下降到5.5~6，这是由于尿素在高温时分解出酸性物质氰酸。

当在200℃焙烘时，尿素分解以后，pH值下降。当尿素用量达100g/kg时，织物上色浆pH值一般在6左右。一方面使可溶性染料在高温下水解，另一方面使亚硝酸钠分解成亚硝酸，促使染料氧化，使染料发色。尿素的存在又可使涤纶膨化，有利于可溶性还原染料向涤纶中扩散，因此，采用亚硝酸钠—尿素热溶法能够同时上染涤纶和棉两种纤维。

（2）亚硝酸钠的用量。亚硝酸钠是染料的氧化剂，它的用量直接影响到印花得色量和色光，亚硝酸钠用量应该根据可溶性还原染料氧化难易和染料浓度的不同而异。一般掌握在3~15g/kg。

（3）助剂的影响。亚硝酸钠—尿素热溶法虽能同时上染涤纶和棉纤维，但棉深涤浅。在色浆中加入太古油/松油（2:1）混合物或Leomin HSG（利奥明HSG），能够使大多数染料上染涤纶的数量增加，以致能获得均一色，或使原来不能上染涤纶的染料上染，改善和克服银丝状。

（4）印花后的焙烘温度和时间也因各染料不同而异。尿素用量不足100g/kg时，热溶温度对表面给色量的高低有显著影响，尿素用量达到100g/kg或以上时，这种影响就降低了。但一般掌握在190~200℃，焙烘时间为2.5min左右。

（5）焙烘后可以不经过硫酸显色，即使在水洗时，前面浸轧酸浴，也并不能对给色量有所帮助，因为在热溶时染料已充分显色固着，而亚硝酸钠也几乎分解殆尽。

（三）分散染料/活性染料同浆印花

分散染料/活性染料同浆印花，其特点为色谱齐全、色泽鲜艳、手感较好，可用于涤/棉织物的中、深色印花。但该工艺也存在一些不足之处，主要是两种染料分别对不同纤维的沾色现象，导致花色鲜艳度降低，白地不白的弊病。因此，采用分散染料和活性染料同浆印花时，必须注意下列几个问题。

1. 分散染料和活性染料的选择

（1）尿素和碱剂对分散染料的影响。活性染料一相法印花时，印花色浆必须加入尿素和碱剂，但它们的加入对分散染料会产生一定的影响。尿素在加热（如焙烘）到一定温度时便熔融（132℃）、蒸发和分解，当有分散染料存在时，它与分散染料组成共熔物而有利于分散染料渗透入棉纤维造成分散染料沾染棉纤维。另一方面，尿素又能促使活性染料沾污涤纶。因此，分散染料和活性染料同浆印花，虽然它们分别上染涤纶或棉，但总有一些相互沾色，其结果既影响色泽鲜艳度又影响色牢度。若活性染料采用乙烯砜型（KN型）或乙烯砜/均三嗪混合型（M型、BPS型）为活性基团时，在焙烘时，由于碱剂的存在，会使已经与棉纤维键合的活性染料发生水解，水解后便与尿素作用而生成不能与棉纤维发生反应的染料，从而降低染料的给色量。

色浆中的碱剂对分散染料来说，碱剂能使某些分散染料水解而影响色光，如分散蓝S—GFL、分散藏青S—2GL等；碱剂又能减弱或消失荧光分散染料的荧光度和明亮度，如Samaron艳黄H7GL、Samaron桃红HGG等。另一方面，分散染料借助于分散剂的作用，均匀地分散在水中。而常用的分散剂为阴离子助剂，在pH值为5时较为稳定，色浆中的碱剂使分散体系的pH值上升，促使分散染料的分散体系解体，从而使分散染料发生凝聚，以致在热溶时产生色点。

（2）分散染料对棉的沾污。分散染料易于沾棉而使色泽灰暗、染色牢度（尤其是湿处理牢度)降低。其沾污性能由染料分子结构和未固着在涤纶上的数量所决定。

这在染料用量过多和固着工艺条件不充分时,沾棉现象尤为严重。常用分散染料对棉纤维的沾污程度如下:

①沾污轻微的染料:分散黄 H4GL、Foron 橙 S—FL、Foron 大红 S—BW FL、Foron 黄棕 S—2RFL、Foron 藏青 S—2GL。

②沾污一般的染料:Samaron 艳黄 H7GL、Samaron 艳橙 HFFG、Foron 艳红 S—GL、Foron 蓝 SE—2R、Sumikaron 翠蓝 S—GL、Foron 棕 S—2BL、Foron 蓝 S—BGL、Foron 黑 S—2BL。

③沾污严重的染料:Samaron 艳黄 H6GL、Foron 艳黄 SE—6GFL、Foron 艳红 S—RL、Samaron 紫 HFRL、Foron 灰 S—GL、Cibacet 黑 TW 、分散红 3B、分散蓝 2BLN。

(3)活性染料对涤纶的沾污。活性染料也有沾污涤纶的可能,在同浆印花时,应合理选择染料,一般除考虑染料的色牢度外,还必须选择扩散速率高和染料母体亲和力低的染料,它们既有利于从糊料薄膜中迅速转移到被印花的织物上,也有利于未固着的染料快速洗除,使水洗及皂洗时不易沾色。

常用活性染料对涤纶的沾污程度如下:

①沾污轻微的染料:活性嫩黄 M—7G、活性嫩黄 K—6G。

②沾污一般的染料:活性艳橙 K—GN、活性艳橙 K—7R、活性艳红 K—2BP、活性艳蓝 K—3R、活性艳蓝 K—GRS、活性黄棕 K—GR、活性灰 K—B4RP、活性黑 K—BR。

③沾污较严重的染料:活性艳红 M—8B、活性紫 K—3R、活性深蓝 M—4G、活性翠蓝 K—GL、活性翠蓝 M—GP、灰 M—4R、黑 M—2R。

2. 印花工艺

(1)一相法印花工艺。

①工艺流程:

印花→烘干→常压高温汽蒸(178℃,6~8min)或先焙烘(180~190℃,2~2.5min)再汽蒸(102℃,6~7min)→冷水洗→热水洗→皂洗→烘干

②印花处方:

K 型(或 M 型、BPS 型)活性染料	x
尿素	30~50g
热水	适量
低聚合度海藻酸钠	450g
防染盐 S	10g
碳酸氢钠	10~15g
分散染料	y
温水	适量
合成	1kg

③工艺操作有关注意事项。分散染料和活性染料同浆印花时,存在的主要问题是白地不白。沾污白地的原因,一是分散染料在焙烘时的升华沾色;二是分散染料本身颗粒极细,若固着

不充分,未固着的染料在平洗时会沾污白地,尤其是平洗时平洗槽内水交换缓慢,水洗的温度又高时沾色更为严重,且一经沾污就很难洗净。因此要选择合理的固着工艺。

常压高温汽蒸工艺比较适用于分散染料和活性染料同浆印花工艺,常压高温汽蒸的特点是加热快,这是因为织物在 178~180℃ 的过热蒸汽中加热时,过热蒸汽在织物上凝聚,几乎能立刻使织物加热至 100℃,再经过约 12s 的时间,凝聚的水分随即升温至 180℃ 而被再蒸发。

此时尿素在高温汽蒸条件下,凝聚的水分与尿素形成一种低熔点的熔融物。它能作为使染料从干的薄膜中扩散到纤维上的介质,从而提高扩散速率,染料的固色率也相应提高。常压高温汽蒸也可缓解分散染料在碱剂存在下的水解作用,这主要是过热蒸汽含湿较少,而且完成上染时间又较短,因而水解作用相对也不容易发生,这样就有利于改善白地沾污。

若采用焙烘—汽蒸工艺,对分散染料来说,先焙烘后汽蒸的给色量较先汽蒸后焙烘要高。

分散染料和活性染料同浆印花,由于活性染料的存在,使分散染料经常采用的还原清洗工序不能采用。为此要达到良好的平洗效果,一般进行二次平洗工艺,在第一次水洗时,要加强冲淋,车速宜快,尽可能减少织物与被洗下的未固着染料的接触时间,并用非离子型表面活性剂和氢氧化钠的洗涤液逐格升温洗涤。第二次仍用非离子型表面活性剂和氢氧化钠的洗涤液清洗,这时温度宜高,车速放慢,便于充分洗除浮色。

(2)两相法印花工艺。如果分散染料和活性染料同浆印花色浆中不含碱剂,即为两相法印花工艺,且在色浆中也不加尿素和防染盐 S,活性染料的固色是在分散染料热溶后进行。两相法工艺与一相法工艺相比,两相法色浆稳定性好,同时避免了分散染料的碱性水解,色光也不受碱性的影响,给色量有所提高,分散染料对棉纤维的沾污也随之降低。

此工艺需要高效快速蒸化机。

①工艺流程:

印花→烘干→焙烘(180~190℃,2~2.5min)→面轧活性染料固色碱液→快速汽蒸(128~130℃,8~12s)→冷水洗→热水洗→皂洗→水洗→烘干

②活性染料固色液处方:

氢氧化钠[33%(38°Bé)]	30mL
碳酸钾	50g
碳酸钠	100g
氯化钠	50~100g
淀粉糊	150g
合成	1L

(四)分散染料/还原染料同浆印花

还原染料经慎重选择,能选择出能够同时上染涤纶和棉纤维,并能获得相同的色泽和坚牢度的品种,因此,能染成均一的色泽。

1.分散染料/还原染料的选择

(1)还原染料的选择。还原染料未经还原时对棉纤维无亲和力,但如同分散染料一样,对涤纶却有亲和力;当还原成隐色体后便对棉纤维有亲和力,即可利用这种性能使涤纶、棉纤维同

时上染。印花时借糊料将染料黏附在棉纤维表面,在高温汽蒸或焙烘过程中,染料不仅要扩散透过印花原糊薄膜,被涤纶吸附,而且还要从涤纶的表面向内部扩散,一部分染料还要从棉纤维上转移到涤纶上。因此,要在涤/棉织物上获得理想的固着率,除要求这些品种在两种纤维上色泽相同和牢度一致外,还要具有优良的转移性能和良好的扩散性,使之在高温下能迅速扩散入涤纶内部。这些性能与染料分子的大小、官能团之间的引力和染料分子的几何结构有关。

还原染料的颗粒越细,越有利于在涤纶上的扩散,但颗粒太细将降低其在棉纤维上的印花效果;颗粒太粗,则产生斑点。因此颗粒一般控制在 $2.0 \sim 5.0 \mu m$,且要求大小均匀一致,无凝集现象。

适宜于涤/棉织物的还原染料,它们在涤纶、棉纤维上均有良好的同色性的品种有:还原黄7GK、还原黄3GFN、还原黄 GCN、还原金黄 RK、还原印花黄 GOK、还原金橙 3G、还原艳橙GK、还原艳橙 RR、还原大红 GGN、还原艳妃 R、还原青莲 BBK、还原印花蓝 GG、还原蓝XRNS、还原黄绿 GC、还原艳绿 4G、还原艳绿 FFB、还原橄榄绿 B、还原棕 RRD、还原灰 M、还原印花黑 BL。

(2)分散染料的选择。分散染料只要选择日晒、气候牢度优良的品种,在分散染料与还原染料同浆印花时,便能够获得良好的色牢度;而且色泽也特别浓艳,耐氯漂性能也很好,且无沾污白地的弊病。因此,为分散染料与活性染料同浆印花工艺所不能比拟的。市场上供应的一种"棉酯士林"(Cottestren Dyes)染料,它是分散染料与还原染料的拼混物,这类染料的还原染料能耐高温焙烘,对涤纶沾染性很小。

分散染料与还原染料同浆印花工艺不宜采用一相法印花固着法,这是因为还原剂和碱剂对分散染料有影响;因此应采用两相法印花固着法,即先经过热汽蒸或焙烘,使分散染料固着,然后浸轧氢氧化钠—保险粉还原液快速汽蒸,使还原染料在棉纤维上固色。织物经还原液处理,还能将沾污在棉纤维上未固着的分散染料清洗去除,从而提高了色泽的鲜艳度。

(3)迷彩服用分散染料和还原染料的选择。防红外迷彩技术目前在许多国家已装备于军队,不同的国家、不同的兵种、不同的环境,各有不同的防红外线参数要求;一般白天可以靠颜色起到伪装效果,但夜晚依靠红外线反射率基本接近环境的反射参数,来达到伪装的效果。因此,原来采用的全涂料印花工艺,或者分散染料与活性染料同浆印花工艺,无论是摩擦牢度、透气性、色牢度已不能满足野战部队军用服在夜间防红外线的需求。瑞士汽巴精化有限公司和德国德司达公司对所属工厂生产的还原染料和分散染料进行筛选,选择出一批符合军用服各项色牢度要求,并且具有防红外线反射曲线参数要求的品种。瑞士汽巴精化的产品有:

①伪装服用的还原染料:Cibanon 黄 G、Cibanon 金黄 RK、Cibanon 橙 3R、Cibanon 棕 P—2R、Cibanon 红 6B、Cibanon 绿 BF、Cibanon 橄榄绿 B、Cibanon 橄榄绿 2R、Cibanon 橄榄绿 S、Cibanon蓝 83962、Cibanon 藏青 DB、Cibanon 灰 CBK、Cibanon 灰 5G、Cibanon 黑 TS。

②伪装服用的分散染料:Terasil 黄 W—6GS、Terasil 金黄 P—4R、Terasil 橙 P—GL、Terasil 棕P—3R、Terasil 红 P—4GN、Terasil 红 P—3G、Terasil 妃 P—2B、Terasil 红 E、P—2GFL、Terasil 红W—4BS、Terasil 紫 PX—BL、Terasil 蓝 P—2BR、Terasil 蓝 PX—BGE、Terasil 蓝 P—BG、Terasil 藏青 P—GRL、Terasil 黑 P—R。

2. 印花工艺

(1) 工艺流程：

印花→烘干→常压高温(178℃,8min)或焙烘(190~200℃,1.5~2min)→浸轧碱性还原液→快速汽蒸(128~130℃,20~30s)→冷水溢流冲洗→过氧化氢氧化(50~60℃)→皂洗→烘干

(2) 印花处方：

① 印花色浆处方：

分散染料	x
温水	适量
印花原糊	500~600g
还原染料	y
合成	1kg

印花原糊可采用海藻酸钠、甲基纤维素、醚化淀粉等单独或相互拼混,但有一点要注意,它必须具备遇强碱性时能够迅速凝聚的特性,否则会在浸轧碱性还原液时,花纹有渗化现象产生。

② 还原液处方：

保险粉	80~100g
氢氧化钠[30%(36°Bé)]	100~140mL
碳酸钠	40~60g
水	x
Invadin LDN	3g
淀粉糊	100mL
硫酸钠	50~100g
合成	1L

出快速蒸化机后,织物上的还原染料已经被还原成隐色体染着于棉纤维上,此时必须立即将所带的碱性还原液的织物在水洗机上冲淋冷水,而后进入氧化浴中将棉纤维上的还原染料隐色体氧化,回复成不溶性的染料而固着在纤维上。

③ 氧化浴处方：

过氧化氢(35%)	5mL/L
冰醋酸(98%)	2mL/L

(五) 烂花印花

烂花印花又称炭化印花。它是由两种纤维组成的织物,其中一种纤维能被某种化学品破坏,而另一种纤维不受影响。因此,可用一种化学品调成印花色浆印花后,经过适当的后处理,使其中一种纤维破坏,以形成特殊风格的透明风格的烂花织物。烂花印花产品常见的有烂花丝绒和烂花涤/棉织物,它们的基本原理相同,即利用两种纤维的不同耐酸性能,用印花方法(印酸浆)将一种纤维烂去,而成半透明花纹的织物。

烂花印花织物根据烂花后地色织物有无色泽,可分为一般烂花印花和着色烂花印花两种。着色烂花印花就是在纤维素纤维腐蚀的同时,留下的纤维同时染上色泽,形成有各种色泽的网

眼花型,花型与不同的地色呈现出绚丽而多彩的凹凸效果。

1. 烂花印花工艺特性

(1)纤维素的水解烂花原理。烂花印花是利用地组织和面组织的纤维对酸的抵抗能力不同而加工出来的产品。虽然棉或粘胶纤维对酸在常温、短时间内较为稳定;但在高温、长时间下,纤维素分子中的葡萄糖苷键稳定性降低,使纤维大分子的聚合度降低,如果进一步水解,即成为纤维二糖,最终成为葡萄糖。利用纤维素纤维耐酸性差,用酸来进行腐蚀加工,获得烂花印花效果。

纤维素纤维用稀硫酸处理后,一经加热、水分蒸发,稀硫酸起到浓酸的作用,使纤维水解,并进一步变成焦炭。

(2)烂花腐蚀剂。腐蚀剂是烂花浆的重要组分,借此烂去天然纤维部分。盐酸和硫酸都是强酸,都能使纤维素纤维催化水解。但盐酸挥发性强,易游移,用其调制的酸浆印出的烂花轮廓不清,"搭开"严重,故不宜采用。因此一般常用硫酸、硫酸氢钠或硫酸铝制成烂花浆。在实际生产中,涤/棉织物以硫酸作为腐蚀剂较多,而粘胶纤维的腐蚀剂则选用硫酸铝。烂花效果主要取决于腐蚀剂的用量。表5-11为不同腐蚀剂的烂花效果。

表5-11 硫酸或硫酸氢钠不同用量的烂花效果

硫酸浓度(%) 汽蒸100~103℃,3~3.5min	硫酸氢钠浓度(%) 焙烘190℃,1.5min	烂 花 效 果
1	—	烂花效果不明显
2	3	略有烂花效果
3	5	烂花效果较明显
4	10	烂花效果明显
5	15	烂花效果明显
6	20	烂花效果明显

注 硫酸氢钠为腐蚀剂时,其酸浆中应加入6%的甘油,以提高烂花效果和易洗除性。从实际应用效果来看,硫酸氢钠作为腐蚀剂的工艺条件苛刻,着色和烂花很难两全其美,即焙烘着色烂花时的温度和时间控制不当,就易发生烂花不净和色差,或炭化过度,造成涤纶着色的同时,已黏附有难以除尽的焦屑,影响产品的外观质量。

(3)烂花印花的糊料。在烂花浆中加入糊料的目的是将酸性浆固定地停留在花型部位上,防止酸浆渗移而导致花型破坏,以确保达到花型轮廓的清晰光洁。

因此用于烂花印花酸浆的糊料必须具备下列条件:

①糊料的耐酸稳定性好,且能耐酸性水解,在印花过程中能保持浆料的黏稠度,以保证花型轮廓清晰。

②糊料应具有一定的流变性、透网性,有利于刮刀刮印。

③糊料应具有较好的渗透性,以利渗入纤维,使之能充分烂透。

以白糊精为糊料,所印得的产品轮廓清晰,烂花部位洁白度好,但由于黏稠度高,操作相对不便;黄糊精配成的酸浆,烂花效果良好,由于黄糊精带有色素,因此洁白度不及白糊精;醚化植物胶配制酸浆简单,但易在烂花部位产生渗化现象,其花型轮廓不及白糊精清晰。因此,为了达到上述的三点要求,一般均采用混合糊料。例如白糊精、醚化植物胶和乳化糊的混合糊,也有用羟乙基淀粉代替醚化植物胶作为组分的,这种混合糊基本上可以达到较为理想的效果。由于印花方法的不同,手工热台板网印与布动式平版筛网印花机所用的糊料的拼混比例有差异。几种糊料的印制性能对比见表 5 - 12。

表 5 - 12　不同糊料印制性能的对比

糊料名称	稳定性	印制操作性	印制效果	洗除性
白糊精	良好	较差	较好	较差
醚化植物胶	较好	一般	一般	一般
白糊精 + 乳化糊	较好	一般	一般	一般
醚化植物胶 + 乳化糊	较好	较好	一般	较好
白糊精 + 醚化植物胶 + 乳化糊	良好	较好	好	较好

(4)烂花印花的印制设备:

①手工热台板印花。手工热台板的印花台面包覆一层工业合成革,它不耐酸,如要用于印烂花酸浆,需预先在合成革面划好贴坯标准线,再在其上面粘覆厚型塑料薄膜以保护革面。其粘覆法为:将塑料薄膜平摊在热台板上使其受热软化,再将一端夹牢,经向拉紧后将另一端夹牢,然后在革面和薄膜面分别浇洒白糊精稀薄浆液,并同时拉薄膜的两边,在拉紧的时候用橡胶刮刀沿薄膜经向刮压,使薄膜在拉紧和刮压下,借助白糊精稀薄液与革面平服粘覆(这样就可以防止台板台面上的合成革不受酸腐蚀)。然后就可边刮边、边贴被印的"烂花坯",边印烂花酸浆。

手工热台板印烂花酸浆,由于台面温度较低,烘燥后色泽浅淡,如不采取焙烘法炭化而选用汽蒸法,则必须经过热风烘燥机复烘至黄褐色再进行汽蒸,以免影响烂花效果。

②布动式平版筛网印花机。布动式平版筛网印花机的贴布导带是连续式印花—净洗的,无酸性腐蚀之弊。因此,它很适用于印制烂花酸浆。因为它是连续式,织物经酸浆印花后即进入热风烘燥房,从烘房中出来的落布花型处色泽是否正常,将会直接影响烂花效果。布面花型色泽既不可浅白,也不可深黑,而且布面不允许带潮,为防止落布后堆置时受潮"搭开",因此要求及时汽蒸,否则要进行低温复烘。

(5)炭化条件。涤/棉织物经酸性烂花浆印制烘燥后,一般经 100 ~ 105℃,焙烘 3 ~ 4min,使棉纤维在干热汽蒸和酸催化的作用下水解,进而炭化。

炭化条件的掌握恰当与否是烂花质量的关键,对能否洗净棉纤维残渣是直接的相关因素,如果炭化作用不完全,棉纤维就会残留在织物上,使涤纶长丝的花茎不清晰;采用焙烘法,发现效果不理想。经不断摸索,涤/棉织物印上烂花酸浆后,首先应烘燥至黄色或褐黄色,达到轻微炭化,然后采用所谓"汽蒸法",使棉纤维在湿热蒸汽和酸的作用下水解。如果炭化过度,炭化纤维呈黑棕色焦屑黏附于涤纶上的残渣难以洗净。因此,印制酸浆的烘燥时,烂花部位应呈现浅黄色,随着加热温度的升高,颜色加深而变成褐黄色为佳。炭化后的烂花部位的棉纤维呈浅棕色为宜。

炭化工艺条件可以根据各厂设备不同采用汽蒸与焙烘两种;一般以汽蒸为多,着色烂花印花,应考虑分散染料的上染着色温度。表 5 - 13 为炭化工艺条件。

表5－13　炭化工艺条件

烂花品种	炭化处理方法	处理温度(℃)	时间(min)	备注
一般烂花	焙烘	105~110	1.5~2.0	>160℃泛黄
	汽蒸	98~103	3~3.5	烂花效果好
着色烂花	焙烘	180~190	1~1.5	—
	汽蒸	140	3~5	—

(6)洗涤条件。经过炭化处理的织物净洗工序是影响烂花印花质量的最后一环。如果纤维炭化变黑的状态下,在常规的平洗机上周而复始地洗涤5~10次,由于相对属于"静态",机械物理作用较差,洗涤效果不理想,涤纶长丝仍然不是全透明。为此应在单头循环连续压辊松式绳状洗布机净洗1~2h,采用"扭、轧、甩"手段处理100~150次,并用冷流动水不断交换,以达到良好的机械物理作用。也可在水洗之前,用揉搓、敲打或用刷子等机械方法,预先去除一部分黏附在涤纶上的炭化棉纤维,再经装有揉搓效果和喷淋装置的水洗机净洗。

着色烂花印花,由于烂花酸浆中含有分散染料,为防止分散染料的浮色沾污纤维素纤维,在高温洗涤(根据情况可采用还原剂进行还原清洗)前,先要充分水洗,去除印花酸浆中的糊料,并加入防止白地沾染的净洗剂,必须把已经炭化的深棕色、黑褐色的焦屑全部洗除,呈现出透明清晰、花纹边缘轮廓光洁的图案。

(7)着色烂花用分散染料。

①适用于硫酸氢钠的分散染料。Foron 黄 SE—6GFL、Foron 艳橙 S—FL、Foron 大红 S—3GFL、Foron 大红 S—BW FL、Foron 红 E—RLN、Foron 红玉 SE—GFL、Foron 紫 S—3RL、Foron 蓝 SE—2R、Foron 蓝 S—BGL、Foron 棕 S—2BL、Foron 灰 S—GL、Samaron 橙 HFFG、Samaron 紫 HFRL、Samaron 湖蓝 GSL。

②适用于硫酸法的分散染料。Foron 黄 SE—6GFL、Foron 红 E—RLN、Samaron 橙 H4R、Samaron 桃红 HGG、Samaron 紫 HFRL、Sumikaron 湖蓝 S—GL。

2.烂花印花工艺　常用于烂花印花的坯布组织规格主要有:涤/棉全包芯,烂花部位透明度高;涤/棉半包芯,烂花部位透明度良好;棉涤混纺(80:20),烂花部位透明度较差;涤棉混纺(50:50),烂花部位透明度一般,涤棉混纺(65:35),烂花部位透明度较好。

(1)工艺流程:

织物预定形→印花→复烘→炭化处理(汽蒸或焙烘)→揉搓处理→洗涤→柔软整理

(2)烂花浆:

①一般烂花印花的酸浆处方:

硫酸(98%)	40~50mL
混合糊料	700~750g
水	x
合成	1kg

混合糊料处方:

白糊精（60%）	300g
醚化植物胶（5%）	300g
乳化糊	400g
合成	1kg

操作方法：先将白糊精、醚化植物胶、乳化糊按比例拼混搅拌均匀，加入部分水后再搅拌均匀，然后在不断搅拌下缓慢地加入硫酸。

注意事项：混合糊中白糊精、醚化植物胶、乳化糊的比例，应根据印花方法的不同进行调节。乳化糊的加入，主要是改善糊料的印制性能。

②着色烂花印花的酸浆处方：

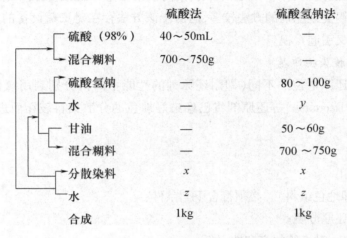

	硫酸法	硫酸氢钠法
硫酸（98%）	40～50mL	—
混合糊料	700～750g	—
硫酸氢钠	—	80～100g
水	—	y
甘油	—	50～60g
混合糊料	—	700～750g
分散染料	x	x
水	z	z
合成	1kg	1kg

操作方法：在调制过程中，分散染料先用温水溶解，在不断搅拌下过滤到酸性糊中。以防止pH值太低而使分散染料中的扩散剂产生凝聚，影响染料的扩散而产生色淀。

注意事项：着色烂花浆中所选用的分散染料，必须能耐强酸，在使用前应做是否能耐强酸性的试验。但色浆的pH值不能过低，否则会使分散染料中的某些扩散剂凝聚。此外，乳化糊的加入也能改善印制性能。

（3）烂花印花生产过程的注意事项：

①印花后的半制品要尽快进行炭化处理，因为印花酸浆虽经烘干，但在堆置过程中仍会发生吸湿现象，使残留酸剂吸收大气中的水分而相互渗延，或在堆布箱内受潮"搭开"，造成花型轮廓不清和搭色情况，且炭化焦屑不易洗除。

②印花后的织物进入汽蒸箱或焙烘房时布面一定要平整，否则会造成炭化不匀。

③炭化温度和时间不足，烂花部位会产生炭化不净，呈不透明的白色，不易洗净，炭化时温度偏高，烂花部位呈黑棕色，其残渣黏附在涤纶上很难去除。

④炭化后的织物要及时透风、抖动，使热量迅速扩散，以防止酸剂产生热腐蚀，影响织物的强力。

⑤平版筛网印花时，为了保证烂花的酸浆均匀地渗透到织物内部，印花刮刀的形式应选用大圆口，往复刮印两次，尽量刮足酸浆。

⑥若采用圆网印花,网坯质量尤为重要。镍网以 80 目为宜,制作花网时,感光胶应采用 Stork 公司生产的耐酸性 SensitexSCR 100,并严格按照工艺操作要求,绝不能急烘、过烘,以保证镍网的强度。

学习任务 2 - 2　涤纶及其混纺织物防拔染印花

一、涤纶织物防拔染印花

涤纶织物的防拔染产品,具有地色色泽丰满、花纹细致、轮廓清晰的深地浅花的特殊风格。它是将已经用分散染料染色后或尚未染色的半制品,选择耐还原剂或碱剂的分散染料来进行印花,达到着色拔染或防拔染的效果。涤纶织物的防拔染工艺有:还原剂法、碱性法和螯合法。虽然目前拔染法采用锡类还原剂的方法较多,但由于该方法存在对汽蒸设备的腐蚀性,因此最近采用碱性防拔染法又引起重视。

(一)还原剂防拔染法印花

利用分散染料还原电位的不同(即耐还原剂的性能不同),分别利用氯化亚锡、变性锡盐(加工锡)、德科林(Decroline)等还原剂将已经染好地色的分散染料破坏而进行拔白或着色拔染印花。

1. 组分选用

(1)染料的选用。

①可拔染料(即地色染料)。必须符合下列条件:

可以被拔染剂还原分解;

分解产物应无色,对涤纶的亲和性很低;

分解产物易从涤纶上去除。

采用氯化亚锡或变性锡盐时,地色染料一般为噻唑偶氮类、喹啉偶氮类及亚氨基结构的分散染料,因为这些结构的染料受到还原剂作用时,氮—氮键断裂,分解成芳伯胺,导致染料发色体明显地产生浅色效应,色泽消失而达到拔白效果。

适用于还原剂拔染法的地色分散染料(不耐氯化亚锡、变性锡盐)有:

Dianix 系列:黄 G—FS、黄 R—FS、橙 2G—FS、橙 G—SE、大红 3G—FS、红 F2B—FS、紫 4RS—FS、蓝 KB—FS、蓝 KRN—FS、黄棕 2R—FS、拔染蓝 G—FS。

Foron 系列:艳橙 S—FL、艳大红 S—RL、大红 S—3GFL、大红 S—BW FL、艳红 S—RGL、红 S—FL、红玉 S—2GFL、艳紫 S—3RL、艳蓝 S—R、蓝 SE—2R、黄棕 S—2RFL。

Kayalon 系列:黄 YL—SE、黄 BRL—S、橙 R—SE、橙 2RL—SE、艳大红 G—S、艳红 B—S、红玉 BL—S、红玉 GL—S、蓝 BD—S、蓝 B—SF、蓝 2R—SF、黑 RD—S。

②着色用染料(即着色拔染的染料)。必须符合下列条件:

不能被拔染剂分解;

在拔染色浆中稳定性良好,汽蒸时易发色;

染色牢度好。

着色拔染染料以蒽醌型分散染料和邻苯二甲酸酐型分散染料为主。

适用于还原剂拔染法的着色拔染的分散染料（耐氯化亚锡、变性锡盐）有：

Dianix 系列：黄 H2G—FS、橙 HFFG—S、桃红 FRL—SE、红 BN—SE、紫 5R—SE、紫 3R—SE、蓝 BG—FS、翠蓝 B—FS、翠蓝 G—FS。

Foron 系列：嫩黄 SE—6GFL、嫩黄 S—7GL、黄 SE—3GL、蓝 S—BGL、翠蓝 S—GL。

Kayalon 系列：荧光黄 10G—S、嫩黄 6GL—S、嫩黄 4G—S、荧光橙 HL—SF、艳红 BL—SE、艳蓝 BGL—S、蓝 T—S、翠蓝 GL—S。

Palanil 系列：黄 5GL、大红 3BF、蓝 7GL。

（2）还原剂。常用拔染剂为氯化亚锡，由于氯化亚锡在汽蒸时会产生大量的氯化氢气体，对设备腐蚀性大，并易使涤纶（拔白部位）泛黄，强力下降。所以目前均采用相对稳定的氯化亚锡和金属氧化物复配的变性锡盐作为拔染剂。例如 DispentW —300（日华化学）、UnistonAM—300（林化学）、Hi—Varin Discharge251G（大日本油墨）等。它们是将氯化亚锡微胶囊化，使其稳定，主要成分含有难溶于水的磷酸亚锡、有机酸亚锡，即使有氯化氢气体产生，也不会发生锡烧。另外，变性锡盐还可以提高筛网网孔的透网性，适用的染料范围也较广些，着色拔染的染料色泽鲜艳度也较好。

（3）添加剂。为了提高还原剂的拔白效果和着色拔染时着色染料的给色量，常在拔染色浆中加入助剂。

①吸湿剂。在过热蒸汽汽蒸时，由于蒸汽中的水分非常少，加入吸湿剂有助于罩印色浆中染料发色及地色的拔染，对被还原的地色染料分解产物的溶出也有利。常用有丙三醇、硫代双乙醇或聚乙二醇（相对分子质量300~400）等。但用量要控制好，防止产生渗化现象。

②吸酸剂。在使用氯化亚锡变性锡盐作还原剂时，由于汽蒸过程中会产生氯化氢气体，使被拔染部位造成涤纶泛黄以及锡烧的现象。

因此，在还原剂分解过程中加入 pH 值变化较小而又能吸收游离酸的尿素、双氰胺或醋酸钠等吸酸剂，但使用过量也会降低拔白白度和渗化现象。

（4）拔染用糊料。为了确保花纹轮廓清晰和优良的拔染效果，作为拔染用的糊料必须具有：

①与拔染剂、添加剂具有良好的相容性。

②渗透性良好，而且抱水性要好，以防渗化。

③有足够的皮膜强度。

④固着后浆膜易膨润，洗除性能良好。

经实践证实，凡含有带阴荷性羧基的糊料，遇氯化亚锡会发生凝冻，如羧甲基纤维素、羧甲基淀粉醚和褐藻酸盐，不能作为氯化亚锡拔染印花用的原糊。各种经化学变性的植物胶类，如醚化刺槐豆胶、醚化瓜耳豆胶、羟乙基醚化淀粉等，它们耐氯化亚锡性能良好，且流变性也较好，适宜作还原剂防拔染印花色浆的原糊。

耐氯化亚锡、变性锡盐性能良好的商品糊料有：白糊精、MeyproGum NP（醚化瓜耳豆，瑞士 Meyhall）、IndalcaPA. SC—100F（醚化刺槐豆，意大利 Cesalpinia）、SolvitosePAN（醚化淀粉，荷兰 Avebe）、TexprintLB（结晶胶）、Diagum C9（半乳甘露聚糖醚，美国 BF Goodrich）。

在拔白印花拔白浆中,使拔白浆容易渗入纤维内部,应选用固含量低、渗透性能好的糊料。

2. 还原剂拔染印花工艺

(1)工艺流程:

染地半制品→印花(拔白浆或着色拔染浆)→烘干→汽蒸固着(130℃,30min 或 170~180℃,7~10min)→冷水淋洗→热水洗(或还原清洗)→水洗→烘干

(2)印花色浆处方:

	拔白	着色拔染
耐还原剂的分散染料	—	x
水	适量	适量
印花原糊(MeyproGum)	500~600g	500~600g
吸湿剂	30g	30~50g
吸酸剂(尿素)	20g	20g
Palanil 增白剂 R	5~10g	—
变性锡盐	100~300g	100~300g
合成	1kg	1kg

3. 还原剂防印(防染)印花工艺 涤纶深色织物印花除采用还原剂拔染法外,还可以采用防印(防染)印花来生产。防印印花是结合直接印花与防染印花两者的优点,是将拔染色浆直接印到需拔染花纹部位的白坯上,经烘干后,再满地罩印可拔的分散染料色浆或拔染色浆印好后,立即满地罩印可拔的分散染料色浆(手工热台板筛网印花采用湿罩干。布动式平版筛网印花或圆网印花可以湿罩干,也可以采用湿罩湿方法)。

(1)工艺流程:

半制品→印着色防染色浆→烘干→满地罩印地色色浆→烘干→汽蒸固着→冷水淋洗→热水洗(或还原清洗)→水洗→烘干

(2)印花色浆:

①着色防印色浆处方:

耐还原剂分散染料	x
水	适量
印花原糊(MeyproGum)	500~600g
吸湿剂	0~30g
吸酸剂	20g
变性锡盐	50~300g
合成	1kg

②罩印色浆(地色)处方:

可拔染的分散染料	x
水	适量
印花原糊	500~600g

氯酸钠　　　　　　　　　　　　　　　　　2~3g

增深促染剂　　　　　　　　　　　　　　　20g

酒石酸　　　　　　　　　　　　　　　　　2~3g

合成　　　　　　　　　　　　　　　　　　1kg

③注意事项:为了保证满地(地色)的匀染度和印花原糊的脱糊性,应采用褐藻酸盐和乳化糊拼混的混合糊,拼混比例视被印的织物品种规格而定。

为了保证花纹轮廓清晰,细茎光洁,采用干法罩印比较合理,即为上述工艺流程。满地(地色)罩印的色浆可以在布动式平版筛网印花机或圆网印花机上进行。但由于它们的刮印压力较小,正反两面色泽深浅有些差异。因此韩国、日本采用滚筒印花机,用全面满地网纹花筒印花,不仅地色浓艳度好,正反两面色差也小,同时印花后立即用远红外预烘,从而有效地保证花纹轮廓的清晰度。

拔染印花与防拔染印花的两种工艺比较,花型的精细度以拔染印花为好,而白花的洁白度则以防拔染印花工艺为佳。

(二)碱剂防拔染法

碱剂防拔染的机理是在高温时,某些分散染料可能引起水解,生成对涤纶没有亲和力的水溶性物质,失去对涤纶的亲和力,从而易于从纤维上洗除。

1.组分选用

(1)染料的选用。适用于碱剂防拔染法的地色分散染料分子结构上应含有1~3个酯基,在高温下酯基被水解成为可溶性的物质,由于这些染料对碱的敏感程度不一。因此必须弄清碱剂和碱剂用量与染色深度的匹配性,以期达到最佳的防拔染效果。

作为着色防拔染的分散染料,应选择对碱剂稳定性优良,不会因碱剂的存在而发生色泽变浅和色相变化。适用于碱剂防拔染法的分散染料有:

①着色的分散染料(耐碱剂)。

国产分散染料:蓝 H—BGL、翠蓝 FGL。

Dispersol 系列:橙 B—2B、红 C—R、翠蓝 D—R、翠蓝 C—G、黑 B—T。

Dianix 系列:嫩黄 5G—E、黄 H2G—FS、艳红 B—SE、紫 5R—SE、蓝 FBL—E、蓝 BG—FS。

Foron 系列:艳橙 S—FL、橙 SE—2FL、艳大红 S—RL、艳红 S—GL、蓝 S—BGL、翠蓝 S—BL、黑 S—2RL。

Samaron 系列:艳黄 HRL、金黄 HGL、艳桃红 HFG、紫 HFRL、黄棕 HRSL。

②地色的分散染料(不耐碱剂)。

国产分散染料:嫩黄 7G—PC、橙 G—PC、红 2B—PC、红 4G—PC、红玉 2B—PC、紫 R—PC、蓝 5G—PC、蓝 R—PC、蓝 3R—PC、棕 3G—PC、嫩黄 P—7G、橙 P—G、红 P—4G、红玉 P—B、红紫 P—R、蓝 P—G、海军蓝 P—2G、深棕 P—NR、黑 P—NB、黑 P—NR。

Dispersol 系列:嫩黄 7G—PC、橙 G—PC、红 4G—PC、红 2B—PC、红玉 3B—PC、蓝 R—PC、蓝 5G—PC、藏青 2R—PC、棕 3G—PC、黑 2R—PC。

Dianix 系列:嫩黄 H4G—FS、艳红 4G—SE、桃红 KR—SE、拔染蓝 R—SE。

Foron 系列：嫩黄 S—6GL、大红 S—BW FL、艳蓝 S—R。

（2）印花糊料的选用。目前常用于碱防拔染的糊料为耐碱性能较好的品种，一般为醚化淀粉、醚化植物胶和羧甲基纤维素。它们的商品名称：Indalca PA—40、SC—100F、Meypro Gum NP—25、Fine Gumd 2515、Printex PS—14、Solvitosec C5 和 Solvitose Supra。这些糊料根据印花方法的不同，选择不同比例的拼混以得到较为理想的印制效果。例如 Solvitosec C5 与 MeyproGum NP—25 以 3：2 拼混。

（3）碱防拔染剂的选用。碱剂防拔染印花法常用的碱剂有碳酸钠、碳酸氢钠、碳酸钾和氢氧化钠等。碳酸氢钠的碱性稍弱，防拔白的白度也稍差。碳酸钾、氢氧化钠的防拔白的白度好，但吸湿性较大，易吸收空气中的水分而渗化，造成花纹轮廓不清。因此，目前均采用碳酸钠作为防拔染印花的碱剂，因其防拔白的效果和花纹轮廓清晰度均较好。

（4）添加剂。

①润湿剂。丙三醇和聚乙二醇（相对分子质量 300～400）都是有效的润湿剂，它们在汽蒸时吸湿，促使分散染料的酯基充分水解，以提高防拔染的效果。

②助拔剂。Zetex PN—AD（巴斯夫）是乙氧基和多元醇的混合物，用于涤纶碱性防拔染印花，能改善白度和色防拔效果以及花纹轮廓的光洁度，并使未进行蒸洗的印花布的储存稳定性有所提高。

为了更有效提高碱防拔染的效果，市场上有新型助拔剂供应。一是用聚乙基化产品和多元醇的混合物 WT—DA，另一种是羟乙基化产品的混合物 WT—DG 为促进剂。拔染助剂 WT—DA 有较大的助溶性和吸湿作用，并且对涤纶有一定的增塑作用。促进剂 WT—DG 在高温时有较大的分散性，因此提高了防拔染的效果。

③增白剂。增白剂的加入有利于提高人们的目测白度，可以改善防拔白部位的白度。在选用增白剂时，必须考虑其耐碱性能。日本的 MikawhiteKTN 效果较好。

2. 碱剂防拔染印花工艺

（1）工艺流程：

地色浸轧→印地色色浆→中间干燥→印拔白、色拔浆→过热汽蒸（170～180℃，7～8min）→冷水洗→热水洗（或还原清洗）→水洗→烘干

（2）印花处方：

①防拔染色浆印花处方：

	拔白	着色防拔染
着色染料（耐碱分散染料）	—	x
水	适量	适量
润湿剂（或助拔剂）	150～240g	150～240g
碳酸钠	50～80g	50～80g
增白剂（MikawhiteKTN）	10～15g	—
印花糊料	500～600g	500～600g
合成	1kg	1kg

注意事项:助拔剂的用量为拔染助剂 WT—DA 160g/kg + 促进剂 WT—DG 30g/kg,拼混使用。

②罩印色浆处方(地色):

不耐碱分散染料	x
水	适量
间硝基苯磺酸钠	15g
柠檬酸(或酒石酸)	2 ~ 3g
海藻酸盐(或醚化植物胶)	500 ~ 600g
合成	1kg

③地色浸轧液处方:

不耐碱分散染料	x
柠檬酸	1 ~ 2g
促染剂(Sunfloren HT)	20 ~ 30g
海藻酸钠	1 ~ 2g
合成	1kg

(三)螯合剂防染法

螯合剂防染是利用某些染料分子能与金属形成螯合物,而丧失其上染涤纶的能力以达到防染的目的。采用金属螯合法防染的分散染料,其染料结构上具有可供金属离子络合的基团,如—OH、—NH$_2$、—NHR、—COOH、—N=N—、$\diagdown$C=O 等基团中的两个基团相邻近时,在一定的条件下,可与二价金属离子 Cu^{2+}、Co^{2+} 等发生络合作用,使染料分子增大,热固着时就难以扩散进入涤纶而起阻碍作用,从而达到防染的目的。

铜、铬、钴、铁、铝等金属盐虽都能与分散染料形成螯合物,但以铜的化合物最适合于螯合,防染效果最好。但在铜化合物中,其防染能力为:甲酸铜 = 醋酸铜 > 硫酸铜 > 磷酸铜。因此一般常以醋酸铜作为防染剂。醋酸铜的防染作用,就在于作为地色的分散染料被络合后相对分子质量增大一倍以上,使之失去染着能力。而着色防染色浆中的分散染料却不受醋酸铜的影响,从而达到着色防染的效果。作为络合的金属防染剂商品,日本染化公司生产的螯合防染剂 KTR—02 即是。

用螯合剂防染法进行防染时,着色防染色浆的 pH 值要控制好,以免影响铜螯合物的稳定性。为了提高防染效果,着色防染色浆的 pH 值控制应在 9 ~ 10。

着色防染用的分散染料,要选择与铜离子不会形成螯合的分散染料(主要是没有配位基的偶氮型分散染料)。

1. 适用于螯合剂防染法的分散染料

(1)着色的分散染料(不能螯合的)。

Dianix 系列:艳黄 7G—SE、橙 B—SE、橙 G—SF、大红 3G—FS、大红 3R—SE、红 R—E、红玉 2G—SE、酱红 GR—SE。

Foron 系列:黄 SE—6GFL、橙 S—FL、大红 S—BW FL、紫 S—3RL、黄棕 S—2RL、黑 S—2BL。

Samaron 系列：嫩黄 H7GL、艳黄 HRL、橙 HFFG、红 BL、红 RL、蓝 GSL、黑 HBS。

Sumikaron 系列：黄 S—RPD、大红 S—3GL、红 SE—GRL、紫 S—4RL、黄棕 S—2RL、棕 S—5RL。

（2）地色罩印的分散染料（能螯合的）。

Dianix 系列：黄 G—FS、桃红 KR—SE、艳红 4G—SF、红 KB—SE、紫 3R—FS、蓝 BG—FS、翠蓝 G—FS。

Foron 系列：嫩黄 S—8GF、嫩黄 SE—FL、蓝 S—BGL、翠蓝 S—BL、藏青 S—2GL。

Samaron 系列：艳橙 H4R、桃红 HGG、桃红 FRL、紫 HFRL、黑 HRL。

Sumikaron 系列：黄 S—R、黄 SE—5G、艳红 SE—BGL、艳红 SE—3BL、藏青 S—3G。

2. 螯合剂防染法印花工艺

（1）工艺流程：

坯绸→印着色防染色浆→烘干→印地色罩印色浆→烘干→汽蒸固着→水洗→酸洗→水洗→烘干

（2）印花色浆：

①着色防染色浆处方：

不能螯合的分散染料	x
水	适量
醋酸铜	50 ~ 100g
氨水（25%）	50mL
醚化植物胶或醚化淀粉糊	500g
合成	1kg

②地色罩印色浆处方：

能被螯合的分散染料	x
水	适量
间硝基苯磺酸钠	5 ~ 10g
醚化植物胶或醚化淀粉糊	500g
合成	1kg

（3）注意事项：由于用铜络合的分散染料抵抗酸能力弱，因此在水洗工序中可用酸洗除去，酸洗一般用醋酸或稀硫酸，以洗去防染花纹上沾染的颜色。

二、涤/棉织物防拔染印花

在涤/棉织物上进行防染或拔染印花，都是当地色染料尚未在涤纶内完全固色之前进行的。即将已上染固着在棉组分上的染料拔除，而对吸附在涤纶表面而未固着的染料作防染，也就是用一种拔染剂对织物上两种染料同时进行防和拔。防拔染方法很多，但目前仍以还原法工艺为主。所用还原剂有羟甲基亚磺酸钙、雕白粉的钠盐和锌盐、氯化亚锡和二氧化硫脲等。

纯涤纶织物防拔染印花中，还原剂以采用雕白粉锌盐 $[Zn(OSOCH_2OH)_2]$ 和氯化亚锡

（SnCl$_2$·2H$_2$O）为宜，但这些还原剂应用于涤/棉织物上时，会遇到一定困难。因为氯化亚锡在分解时会产生盐酸，对棉纤维组分降解破坏并能腐蚀蒸化设备。另外，氯化亚锡的还原作用亦较次亚硫酸氢盐类弱得多，对于高浓的分散染料地色，不可能取得良好的防拔染效果。

以雕白粉作为拔染剂时，其还原电位高，有些不能拔白的分散染料也会被部分破坏，色拔染料宜选用还原染料。雕白粉拔染浆在汽蒸时易造成花纹渗化，且其用量必须超过20%，用量降低后拔白效果较差。雕白粉类防拔染的色拔效果不及 SnCl$_2$。在使用 SnCl$_2$ 时，色拔染料可选用一些不能拔染的分散染料。氯化亚锡呈强酸性，在汽蒸过程中还原生成氯化氢气体将使聚酯纤维泛黄。氯化亚锡用量越多，汽蒸时间越长，越易泛黄，但用量不宜过少，否则会降低氯化亚锡的还原性。为了防止泛黄，可将氯化亚锡与金属氧化物制成复盐，再制成胶囊，这种变性锡盐在低温时稳定，只有在高温汽蒸时呈现强还原性。

（一）着色防拔染染料的选用

1. 分散染料　福隆黄 SE—6GFL、舍玛隆橙 HFFG、舍玛隆桃红 HGG、埃斯特罗菲桃红 R—3L、福隆艳红 S—GL、福隆蓝 S—BGL 等不会被还原剂拔除的染料品种。

2. 涂料　涂料黄 8205（新）、涂料黄 8220，涂料蓝 8301、涂料蓝 8302，涂料蓝 8303，涂料绿 8601，涂料棕 8801。

3. 还原染料　还原黄 RK、艳桃红 R、艳绿 FFB。

4. 地色用冰染料　主要用于染棉组分。常用的大红、红、枣红、酱、黑等均可应用。但需注意打底时游离碱含量不宜过高，以及显色后的净洗必须充分，以免沾污涤纶，影响白度。色酚 AS 打底较浓，在配制时需采用冷溶法。

5. 地色用的分散染料　一般以具有偶氮、亚氨基及噻唑结构，并可被雕白粉拔染的较适宜，如福隆黄 SE—2GL、大爱尼克司亮黄 G—FS、舍玛隆橙 H4R、福隆猩红 S—BWFL、福隆亮猩红 S—RL、福隆酱红 S—2GFL、福隆青莲 S—3RL、福隆蓝 SE—2R、派拉尼尔黑 GEL。

（二）涤/棉织物雕白粉法的防拔染工艺

1. 工艺流程

涤/棉织物先经色酚 AS 打底，烘干，再经显色基或显色盐显色，并净洗烘干→轧分散染料→低温烘干（不固色）→印花（拔白浆、色拔浆）→烘干→复烘→常温汽蒸（120℃，6~8min）→定形（190℃，35~45s）→焙烘（185℃，1.5~2min）→第一次平洗（全部冷热冲洗）→烘干→第二次平洗→冲水→热水洗（60~70℃）→皂洗（皂粉4g，纯碱4g/L，60~70℃）→热水洗（60~70℃）→冷水洗→烘干

2. 防拔色浆处方

雕白粉	20%~30%
白糊精浆	20%
醚化槐豆胶	5%~8%
氧化锌（1∶1）	10%
硫酸锌	6.5%
三乙醇胺	1.8%

水杨酸	4%
聚乙二醇(200)	6%
乙二胺	1.8%
分散蓝 S—BGL	0.5%
水	x
合成	100%

3. 各组分的作用

(1)氧化锌(1:1)作为机械性防染剂以遏制分散染料地色染料向涤纶内部扩散,且由于它的碱性有利于雕白粉的拔白效果。

(2)三乙醇胺在涤纶的染色过程中是一个有效的载体,对涤纶有一定的膨润作用,且具有碱性,可以提高雕白粉在印花色浆中的稳定性。

(3)聚乙二醇(200 或 300)为棉织物拔染印花时的良好渗透剂,也是分散染料的良好的助溶剂,有助于它们上染涤纶,也有利于花纹轮廓的光洁。

(4)水杨酸是用来替代涤纶织物拔染印花中所用的易泛黄的助拔剂蒽醌的,使用时需与聚乙二醇(200)同用,其用量为雕白粉的 1/6。

(5)乙二胺为水杨酸的助溶剂。

(6)硫酸锌与雕白粉共用,可以提高难拔的冰染料地色的拔白效果。

学习任务 3 蛋白质纤维织物印花

作为纺织纤维用的蛋白质纤维主要有羊毛和蚕丝。这些蛋白质纤维经水解后都能变成 α - 氨基酸,而且其在水解过程中,羧基和氨基是近似等当量增加的。因此,蛋白质纤维具有氨基和羧基的两性性能,这就提供了酸性、碱性染料以及活性和直接染料上染的位置,同时也可使带有负电荷的金属络合染料与纤维上的正电荷结合成离子键或羊毛上的—OH、—NH$_2$ 或—COOH 与染料中的铬离子形成配位键从而发生染着。

学习任务 3 - 1 蚕丝织物印花

蚕丝织物具有自然柔和的光泽;手感滑爽、柔软;风格轻盈、舒适性好,再印上绚丽的图案、鲜艳的色彩,其独特高贵的风格是其他印花织物不能媲美的。

一、蚕丝织物印花工艺特性

(一)染料

蚕丝是一种蛋白质纤维,由多种氨基酸组成。纤维结构上存在氨基、羧基和羟基,当它们电离后,酸性染料、直接染料、活性染料、可溶性还原染料、还原染料、中性染料和阳离子染料等对真丝绸都有直接性。

（1）弱酸性染料，弱酸性染料色谱齐全、色泽鲜艳，是蚕丝织物直接印花最常用的染料。

（2）中性染料，即 1∶2 型金属络合染料，该染料色泽不够鲜艳，但牢度好。主要用来补充弱酸性染料所缺少的黑、灰、棕等色谱。

（3）直接染料，选用对蚕丝织物上染率高、耐日晒以及可后处理固色以提高湿处理牢度的染料，可和弱酸性染料、中性染料共同印花或拼用印花。主要用于深色，如黑绿、藏青、棕、翠蓝等。

（4）活性染料，它具有色泽鲜艳、牢度好等优点，以红色、橙色、拼色大红为主。

（5）阳离子染料，因耐日晒、湿处理牢度均差，除个别需特别鲜艳色（如荧光红等）外，一般很少使用。

（6）还原染料，蚕丝在碱性溶液中易水解，但在弱碱条件下，短时间内还不至于发生明显的破坏，所以对皂洗牢度要求很高的印花蚕丝织物可采用还原染料印花。碱剂需用 Na_2CO_3 或 K_2CO_3。

（7）涂料，涂料印花由于手感问题，影响蚕丝织物的风格，目前仅对一些白色细茎图案使用白涂料印花，用以产生立体效果。

真丝纤维对染料有一定的吸收饱和值，若染料用量超过饱和值，则在后处理时易掉色，发生沾染现象，从而影响染料的色光和牢度，所以必须正确合理掌握染料的最高用量。

（二）糊料

蚕丝织物印花色浆中的糊料，除了满足与染料及化学品、助剂等良好的配伍性以外，还必须适应蚕丝织物吸收色浆能力差的特点，所用糊料调制成的印花色浆必须具有良好的印透性和均匀性。手感柔软是蚕丝织物的特征，因此所用糊料要有良好的易洗涤性。

常用的糊料有淀粉衍生物（水解淀粉、醚化淀粉）、天然植物胶（龙胶、刺槐豆、瓜耳胶等）以及海藻酸钠等。海藻酸钠糊的印透性和易洗涤性都很好，但在筛网上印花时，需掺混乳化糊使用，以免影响刮浆性能，产生"拉浆"等疵病。

常用的糊料有淀粉的变性产物，如水解淀粉、白糊精、黄糊精及醚化淀粉等。它们有较好的印透性和易洗涤性；海藻酸钠糊的印透性和易洗涤性都很好，但在筛网上印花时，因刮浆性能不好，易产生"拉浆"等疵病，常掺混乳化糊使用；天然植物胶，如龙胶、结晶胶都可应用。目前使用较多的是植物种子胶的醚化衍生物，常用的有刺槐豆、瓜耳胶等。

（三）印花设备

蚕丝吸收色浆的能力差，印花时色浆易浮在表面，印多套色时易造成互相"搭色"，且织物容易变形，目前最普遍应用的是筛网印花机，包括网动式热台板印花机（即织物固定贴于可间接加热的台板上）、平网和圆网布动式印花机。

热台板印花机在印花过程中可对织物进行烘燥，因此非常有利于采用叠色印花，可避免"搭色"。平网、圆网印花机在印花过程中，可将织物粘贴在台板或导带上，使蚕丝织物形状固定，克服了蚕丝织物易于变形、起皱的缺点，有利于印制多套色花纹。

（四）蒸化

织物印花烘干后，需经蒸化过程，使大部分留在浆膜中的染料在水的存在下发生溶解，转移到纤维上,并扩散进入纤维内部。蒸化还可使染料和化学助剂在较高的温度下,在较短的时间内完成必要的化学反应。在蒸化过程中,由于织物上的色浆含有浓度较高的电解质以及沸点高的吸湿剂(一般在200℃左右),所以其蒸汽压较低,蒸化室内的蒸汽会在色浆处冷凝形成必要的反应介质——水,而蒸汽在冷凝过程中所释出的潜热可使织物,特别是印有色浆处迅速升温,蒸化室内采用饱和蒸汽会使整个织物和色浆含水分过高,因而造成色浆渗化和"搭浆"等疵病,所以实际上蒸化机内的蒸汽都有适当程度的过热。蒸化效果的好坏往往取决于这过热程度。蒸化温度高,可提高染料向纤维转移、扩散和化学反应的速率,以缩短蒸化时间。但过热程度过高,又会提高色浆中水分的蒸汽压,从而降低蒸化室内蒸汽压和色浆蒸汽压之间的压差,使织物上的色浆不能得到足够的冷凝水作介质。

过热程度过分高时,不但不能对色浆良好给湿,还会使色浆中的水分蒸发,从而不能取得蒸化效果。所以,蒸化时应尽可能降低蒸汽过热程度,以保证色浆有充分的水分作介质,但以控制在不产生色浆渗化和"搭浆"为度。

由于蚕丝织物上的印花色浆大都在表面,所以蒸化时间较长,蚕丝织物受张力后易变形,蒸化设备须采用松式,有间歇式或连续式的。常用的有星形蒸化机(间歇式)和长环悬挂式蒸化机(连续式)。

二、蚕丝织物直接印花

(一)酸性染料、金属络合染料和直接染料的印花工艺

直接染料用于真丝绸的重要性正趋于下降。现在金属络合染料引人注目。经筛选的酸性染料和金属络合染料适合于印制耐洗衣料,经阳离子系固色剂处理,其皂洗、干洗坚牢度均能满足要求,日晒牢度不受影响或受影响极小。

1. 工艺流程

坯绸准备→印花→烘干→蒸化→水洗→固色→脱水→烘燥→整理

2. 印花色浆

(1)印花处方:

染料	x
尿素	5%
硫代双乙醇	5%
原糊	50% ~60%
氯酸钠(1:2)	0 ~1.5%
水	少量
硫酸铵(1:2)	6%
合成	100%

(2)色浆调制:

①调浆时,染料先用少量水调成浆状,加入助溶剂和沸水充分溶解后倒入原糊中,然后加入酸或释酸剂溶液,调匀。

②原糊的稠厚度应根据印花方式和图案的花型做适当的调整。

③不同结构的染料采用不同的溶解方法:偶氮结构的染料分子含有一定数量的—SO_3H,只需加入一定量的温水,较易溶解;三芳甲烷结构的染料需高温沸煮或用冰醋酸助溶才能溶解完全;对溶解度差的染料,要加入助溶剂(尿素、硫代双乙醇等)。当使用溶解度不同的染料拼色时,应分开溶解,再进行拼色混合用。

(3)助剂的作用:

①尿素和硫代双乙醇(硫二甘醇)主要用于染料助溶和提高蒸化效果。也可用甘油,但应注意蒸化时易造成渗化。

②色浆中的硫酸铵为释酸剂,可提高印花得色率,也可用酒石酸铵或草酸盐等。若弱酸性和中性染料同浆印花时,不宜加释酸剂,否则色浆不稳定,易使染料聚集造成色斑。

③氯酸钠用来抵抗汽蒸时浆料和纤维引起的还原作用对染料的破坏。

3. 印花后处理

(1)汽蒸。真丝绸直接印花后的蒸化设备,以往多采用圆筒蒸箱星形架汽蒸,现在以松式长环连续蒸化机为多。

①圆筒蒸箱蒸化工艺:蒸汽压力为 0.075 ~ 0.085 MPa,蒸化时间为 30 ~ 45min。

②松式长环连续蒸化工艺:蒸化机温度为 100 ~ 102℃,饱和蒸汽压为 0.4MPa,时间为 30 ~ 40min。

(2)水洗。若印花浆中含有淀粉类原糊,还应经 7658 淀粉酶处理,以确保蚕丝织物手感优良。洗涤后,为提高色牢度,可用阳离子固色剂进行固色处理,最后经醋酸或甲酸处理可提高色泽鲜艳度和丝鸣感。水洗工艺:

平洗(冷流水,不加毛刷,车速 30m/ min)→绳状水洗(冷水洗 20 ~ 25min)→固色(阳离子固色剂 1 ~ 4g / L, 温度 42 ~ 45℃, 25 ~ 30min,浴比1:30)→水洗(冷流水 10min)→退浆(7658 淀粉酶 0.16 ~ 0.2g/L , 洗涤剂 1 ~ 1.6g/L , 温度 42 ~ 45℃ ,25 ~ 30min , 浴比 1:30)→水洗(冷流水 30min)

4. 注意事项

(1)原糊对真丝织物印花的影响很大,不同的设备、不同的真丝品种对原糊的要求不同,真丝织物筛网印花可选用可溶性淀粉和白糊精、白糊精 + 小麦淀粉、龙胶 + 印染胶、植物种子胶的醚化衍生物。电力纺、斜纹绸选用白糊精 + 小麦淀粉混合糊;双绉可选用可溶性淀粉糊;乔其纱选用红泥、海藻酸钠糊。

若采用可溶性淀粉或白糊精作为印花原糊,在水洗过程中要进行退浆,以保证织物手感柔软。退浆后,再进行冷水洗、固色剂固色处理等工序。

(2)采用先固色后退浆工艺,有利于提高印花的色牢度,减少搭色和沾染,但给退浆带来一定困难,不利于浆料洗净,造成织物手感不良。如果采用先退浆后固色工艺,因退浆工艺需保持 50℃温度,染料在没经充分固色情况下就水浸及水洗,会使染料严重落色,并使沾色白地和渗色。先固色后再退浆只要设法将浆退尽就行。

(3)1:2 型金属络合染料牢度好,但色光较暗。其应用方法除色浆中不加释酸剂、可以免去固色处理以外,其余基本上与酸性染料相同。

(二)活性染料直接印花工艺

活性染料用于蚕丝织物,不但具有酸性染料的上染性能,在弱酸性条件下能与蚕丝纤维上的—NH_2 离子键结合,而且在碱性条件下能与蚕丝纤维上的—OH 发生反应形成共价键,所以可在酸性和碱性两种条件下印花固色。

1. 工艺流程

坯绸准备→印花→烘干→汽蒸(100 ~ 102℃,10 ~ 15 min)→冷水洗→热水洗(60℃,5min)→烘干

(1)弱酸性印花色浆的后处理工艺如下:

冷水淋洗→热水洗(40℃→60℃→80℃)→皂洗(阴离子洗涤剂,NaH_2PO_4 2g/ L)→热水洗(40 ~ 60℃)→冷水洗加入 NaH_2PO_4,使 pH 值提高到 9,提高了洗涤效果

(2)碱性印花色浆的后处理同常规纤维素纤维。

2. 印花色浆

(1)印花处方:

	弱酸性介质		碱性介质
染料	x	染料	x
尿素	50g	尿素	150g
硫代二甘醇	50g	热水(70 ~ 80℃)	100g
水	y	海藻酸钠糊	640g
原糊	500g	防染盐(1∶1)	20g
甲酸(85%)	100g	小苏打	10 ~ 15g
氯酸钠	15g	水	y
总量	1000g		1000g

(2)色浆调制:染料先放入印花浆或与尿素混合放入,加入热水。将染料用少量水调成浆状,加入尿素和甘油,再加水溶解。如溶解困难,可加热并搅拌使染料充分溶解,然后加入原糊中,搅拌均匀。硫酸铵先用少量水溶解后加入色浆中,并搅拌均匀待用。

3. 印花后处理

(1)蒸化。采用的蒸化压力为 0.01MPa,时间为 10min。蒸化设备是根据蒸化工艺条件,织物性质和生产规模而选用的。选用的蒸化设备是将织物悬挂在星形架上,放入蒸箱中通入蒸汽进行蒸化。

(2)皂洗。一般活性染料的固色率只有 70% 左右,高的也只有 80%,未固色的染料在洗涤时溶落到洗液中,在洗液中染料浓度较高时,因被纤维吸附而沾污织物。因此,尽量降低洗液中的染料浓度是减少沾污的措施,先用冷水洗,然后热水洗,皂洗,最后再热水洗,冷水洗。皂洗采用 1L 水中放 1.9 ~ 2g 纯碱和 2.0g 洗涤剂,在水温 100℃左右煮 6 ~ 10min。

4. 注意事项

尿素既是活性染料的助溶剂,同时又是良好的吸湿剂,有助于活性染料的发色并能提高染料的固色率。防染盐 S 是间硝基苯磺酸钠,它是弱氧化剂,汽蒸时的色光保护剂,在汽

蒸时能防止还原性物质破坏染料造成色萎或色淡。碱剂的选择主要取决于染料的"活性"大小,印浆所需的储存稳定性,纤维种类,染料的用量,一般选用 Na_2CO_3、$NaHCO_3$,以及两者的混合碱。

三、蚕丝织物防拔染印花

拔染印花加工路线长,蚕丝织物质地轻薄,容易出现皱印和灰伤等疵病。一般在地色面积不很大时,以防浆印花工艺应用较多,在大块深色花型上有浅细茎的图案时也可用拔染印花。

(一)蚕丝织物拔染印花

可以拔染的地色染料以单偶氮结构的染料为主,特别是单偶氮结构的酸性和直接染料,被还原剂分解后易洗除,酸性染料的色泽比较鲜艳,直接染料可选用的品种较多。

由于蚕丝的丝素对碱作用相当敏感,因此蚕丝织物不能选用碱性的还原剂拔染,而采用在酸性介质中具有还原作用的氯化亚锡、德古林、二氧化硫脲。

应用最多的是氯化亚锡。氯化亚锡在酸性介质中二价锡被氧化成四价锡,具有较强的还原性,在水中很容易水解,一般生产中常采用醋酸调节 pH 值。

1. 工艺流程

坯绸染地→印花→烘干→汽蒸→水洗(退浆、固色)→烘干

(1)染地色工艺同蚕丝织物染色。

(2)地色染料为不耐氯化亚锡、能被氯化亚锡破坏消色或易于洗除的酸性染料或直接染料。

(3)着色染料常用耐氯化亚锡的三芳甲烷、蒽醌或多偶氮结构的酸性染料、中性染料和直接染料。

2. 印花色浆

(1)处方:

	拔白浆	色拔浆
白糊精—小麦淀粉浆	700g	660g
尿素	40g	40g
氯化亚锡	25～80g	25～80g
冰醋酸	14g	15g
草酸	3.5～7g	3g
色拔染料(耐还原)	—	x
加水合成	1000g	1000g

(2)操作:

①耐氯化亚锡与酸性染料先用尿素加水调匀,然后加入沸水使之充分溶解。

②将已溶解好的草酸、冰醋酸加入印花原糊中,搅拌均匀,然后加入溶解好的着色拔染的染料溶液,调匀。

③先用水将氯化亚锡(或德科林)溶解,最后在搅拌的情况下加入印花原糊中。

④拔染色浆应随用随配制,不能长时间放置,以免影响其拔染程度。

(3)注意事项:

①色浆中拔染剂的用量由地色深浅、地色染料拔染的难易程度而定。

②尿素不仅是助溶剂,也是吸酸剂,防止氯化亚锡高温水解所释放的盐酸使丝绸织物脆损和泛黄。尿素具有助溶、吸湿等性能,在汽蒸时吸收蒸汽中的水分使氯化亚锡迅速扩散,渗透到纤维中,起到助拔作用。在着色拔染时,尿素还可帮助着色拔染的染料溶解。

③冰醋酸、草酸的加入可抑制氯化亚锡的水解,加强还原作用;此外,草酸能与重金属离子生成不溶性的草酸盐,在以氯化亚锡作为还原剂的拔染浆中,着色拔染时可以避免金属离子对染料色光的影响,另一方面它还可加速氯化亚锡还原反应的发生。

④丝绸拔染印花色浆中用氯化亚锡作拔染剂,氯化亚锡在酸性介质中产生新生态氧以破坏染料结构中的发色基团,达到将有色变成无色的效果。

⑤拔印印花。如果将不耐还原的染料调成色浆先印花,再在其上面压印含氯化亚锡和耐还原的染料所调成的色浆,经蒸化后,不耐还原的染料被破坏,而得深花、浅茎或对比色彩。这种印花方法是先印色浆,再印色拔浆进行局部消色作用,因此称为拔印印花或拔浆印花。此外,还可用此工艺将拔白浆或色拔浆印于由两种耐还原性不同的染料拼色印制的地色花纹上,经汽蒸可获得少套多色的印花效果。其工艺流程:

调浆→印花→印拔印浆→蒸化→水洗→固色→水洗→开幅→烘燥→整理

拔印印花的工艺处方与拔染印花基本相同。

3. 后处理

(1)蒸化。采用圆筒蒸箱,箱内压力为 88.26kPa,处理时间为 20~30min。

(2)水洗。水洗同一般蚕丝织物直接印花。

(二)蚕丝织物防浆印花

蚕丝织物防浆印花产品的精细度高,地色及花色的鲜艳度也较好。所用防染剂分两种:

(1)物理性防染剂。其品种不多,国内曾引进日本防白浆 502,其中所含活性炭颗粒大小是经过筛选的,在水洗过程中很容易去除,经生产试用证明其防白效果尚好。

(2)化学性防染剂。目前主要依赖于进口,如日本的尤尼斯通系列产品中的 Uniston E - 3000,属高分子吸附性树脂,用作酸性染料、金属络合染料的防白剂;Uniston Me—3 也属高分子吸附性树脂,用作酸性染料、直接染料的色防剂。无论防白或色防,为了保持良好的防染效果,都要求有较厚的浆膜层,否则不能有效阻止地色染料的渗透,导致防白或色防花纹上沾色。

瑞士山德士公司出品的塞伍通 WS(Thioton WS)是蚕丝织物防印印花较好的浆料,用它作色防浆时,对染料的选择范围广。Uniston Me—3 选择染料范围窄,而且给色量较低。但塞伍通 WS 的不足之处是防白时所得白度不够理想。

1. 防浆印花工艺流程

刮印防印浆→烘干→罩印地色色浆→蒸化→后处理

2. 色浆组成

	防白浆	色防浆	地色色浆
酸性染料	—	x	y
尿素	100g	100g	50g

助溶剂	50g	50g	—
水	200g	200g	200g
酒石酸	20g	20g	—
塞伍通 WS	625g	600g	—
消泡剂	10g	10g	5g
分散剂	—	—	20g
InclalPA—30 糊	—	—	450g
合成	1000g	1000g	1000g

（1）染料用沸水溶解后加入尿素和助溶剂，降温至 60℃以下，边搅拌边加入塞伍通 WS 防印浆中，最后加入消泡剂。

（2）温度高于 60℃，防印浆会结块。

（3）后处理同直接印花。

学习任务 3－2　羊毛织物直接印花

羊毛纤维属于蛋白质纤维，因此羊毛织物印花所采用的染料、印花工艺及印花过程与蚕丝织物基本相同。

但羊毛织物特有的鳞片层结构，将导致缩绒倾向，会使毛织物的尺寸收缩和变形，且严重影响印花时染料上染，所以羊毛织物印花前，除需要经过常规的洗呢、漂白等处理外，还需经氯化处理。这种处理将改变毛的鳞皮组织，使纤维易于润湿和溶胀，缩短印花后的蒸化时间，显著提高对各种染料的上染率，同时可防止织物在加工过程中产生毡缩现象。

毛织物印花染料一般采用酸性染料、中性染料和活性染料。酸性染料一般采用酸性耐缩绒染料较为合适。羊毛较蚕丝吸收色浆的性能好，对原糊印透性能的要求没有蚕丝织物印花要求高。印制深色时以及花型精细时原糊一般用改性淀粉糊，合成龙胶一般用于粗厚毛织物，中性染料可选用印染胶。

一、工艺流程

呢坯准备→贴坯→调制印花色浆→印花→（烘干）→蒸化→冷水冲洗→热水洗（并退浆）→水洗→固色→脱水→烘干→整理

二、印花色浆
1.色浆处方
（1）酸性染料色浆处方

染料	x
淀粉糊	500g
醋酸	20～30g
尿素	10g

甘油	10g
合成	1000g

（2）中性染料色浆处方

中性染料	x
印染胶原糊（15%）	400～600g
醋酸	30g
草酸	20g
尿素	50g
水	y
合成	1000g

（3）活性染料色浆处方

	处方1#	处方2#
毛用活性染料	x	—
一般活性染料	—	x
尿素	50g	150g
甲酸	10～30g	—
小苏打	—	20g
海藻酸钠糊	400～600g	500g
防染盐S	—	10g
水	y	y
合成	1000g	1000g

2. 操作注意事项

（1）处方中加入尿素、甘油有助于染料溶解，还可增加色浆稳定性，帮助羊毛膨化，有利于提高染料扩散、固着及均匀发色。印浆中加入弱氧化剂防染盐S，可防止高温汽蒸时纤维和浆料的还原而产生色泽萎暗。

（2）中性染料是在中性或弱酸性条件下使用，对羊毛损伤较低，糊料和助剂选择很方便。在毛纺织品的染色和印花加工中占有重要的地位。

（3）毛用活性染料改善毛织品的湿处理牢度。毛用活性染料溶解度比酸性染料好，印浆中少加或不必加染料助溶剂，可直接将固体的染料撒入其中。

毛用活性染料在80～100℃、pH值为3～5的酸性介质中，与多肽链上的—NH、—SH、—NH$_2$基形成共价键，能获得坚牢而鲜艳的色泽，其印花浆处方与金属络合染料、酸性染料相似，印浆中另加甲酸，使印浆呈酸性。

（4）采用乙烯砜型染料在中性或弱碱性条件下固色，印浆中可加醋酸钠，其用量约为4%。氧化剂采用间硝基苯磺酸钠，以抵消羊毛汽蒸时对染料的还原作用。汽蒸时间为10～15min。

（5）印花前羊毛织物要求充分烘干方可印花，印花后也要烘干并及时汽蒸，避免中途受湿产生风印及水渍印。

三、后处理

1. 蒸化　有些花型精细度要求不高时，或是希望色浆有轻微渗透效果以及固色率较高的染料,可不经烘干直接蒸化。

羊毛织物在进入蒸化室前应达到自然回潮率,烘干时避免过烘。蒸化时织物上的印花色浆含湿要适当,以 5%~15% 为好。含湿过低蒸化效果不良,含湿高得色深而艳,但过高易产生渗化并在洗涤时产生沾色。为防止蒸化时的蒸汽过热,可在蒸化前将羊毛先经喷雾适当给湿,也可在织物之间夹一含湿 10%~15% 的棉布一起汽蒸。

汽蒸时间对金属络合染料和酸性缩绒染料为 30~45min。为降低氯化织物的泛黄,可使汽蒸时间减少到 15~20min。

毛用活性染料于 102℃的蒸汽中汽蒸 10~20min。一般活性染料汽蒸时间为 10~15min。

2. 水洗处理　汽蒸后的水洗一定要充分,冲洗后织物经数格水槽的皂洗,水槽的温度为由 40℃至 60℃再至 80℃,并含有 2g/L 的磷酸氢二钠,足量的氨水(调节 pH 值为 9)及阴离子洗涤剂,否则会影响其坚牢度,以上工艺条件只适用于氯化羊毛织物。

为防止未印花部分沾污或防止渗化,可在醋酸或甲酸液中用芳香族磺酸盐的缩聚物(其用量为织物重的 5%~6%)于 60℃进行洗涤,并将织物用阳离子固色剂进行后处理,可获得良好的染色牢度。

羊毛织物在加工过程中易产生形变、尺寸形态不稳定。故在印花水洗后必须经过汽蒸预缩及蒸呢,采用 SG/2ERO 型汽蒸预缩机连续蒸呢机,或者采用 Arioli 蒸化机进行汽蒸,也可采用毛纺厂的蒸呢机。羊毛织物通过蒸呢可获得一定程度的"永久定形",使呢面平整、尺寸稳定、手感厚实丰满而富有弹性。

学习任务 4　锦纶及其混纺织物印花

锦纶是我国生产的聚酰胺纤维的商品名称,国外商品名为尼龙。纺织行业中使用的品种主要是锦纶 6 和锦纶 66 。

锦纶属聚酰胺纤维,其分子两端分别有大量的氨基和羧基,它们在酸性介质中具有阳离子性,由于库仑引力的作用,发生定位吸附阴离子染料,并在高温汽蒸条件下与锦纶进行键合。锦纶织物印花一般选用弱酸性染料和中性染料,也有个别选用直接染料或阳离子染料。弱酸性染料色泽鲜艳,湿处理牢度较高,色谱比较广,使用也较方便;中性染料耐光牢度较为优良,用于中、深色印花,但它的匀染性较差。直接染料可补充酸性染料、中性染料色谱的不足;阳离子染料在锦纶上的耐日晒牢度和湿处理牢度均不够理想,仅采用个别染料可以作为点缀色之用。

一、锦纶织物直接印花

(一)印花染料和原糊

1. 常用于印花的染料品种　酸性柴林黄 6G、弱酸性嫩黄 6G、酸性普拉橙 GSN、酸性尼洛山大红 F—3GL、酸性卡普仑桃红 BS、酸性玫瑰红 B、酸性普拉红 GRS、酸性普拉红 10B、酸性派拉丁桃红 BN、酸性艳青莲 FBL、酸性青莲 5B、酸性柴林艳蓝 5GM、酸性柴林艳蓝 G、酸性柴林艳蓝 6B、酸性深蓝 GR、酸性深蓝 5R、酸性柴林艳绿 3GM、盐基妃红 6GDN。

中性嫩黄 5GLS、中性深黄 GL、中性桃红 BL、中性枣红 BRLY、中性蓝 BNL、中性灰 2BL、中性黑 BL。

兰纳芯红 SG、兰纳芯蓝 GL、兰纳芯绿 BL、兰纳芯棕 RL、兰纳芯灰 S—BL。

2. 印花原糊　在不同的印花设备上进行印花,由于印花方法的不同,对糊料的要求也不同。手工热台板印花,由于不存在版与版之间的网框压糊印、渗移化开等疵病,所以可选用成本较低的可溶性淀粉糊,也可以采用醚化淀粉、植物种子胶,如刺槐豆胶、瓜耳豆胶作糊料。平版筛网印花机、圆网印花机印制锦纶织物时,由于锦纶织物表面比较光滑,加之纤维有吸湿伸长的特性,一般经印花后易起泡,使印花难以顺利进行。在湿罩湿印花时,也很容易发生花型轮廓不清、边圈糊开、块面得色不一、网框印等印花疵病。为此,在冷台板印花机上印花时,必须选择渗透性好、得色量高、固含量较低的糊料。为了达到此目的,一般常用两种以上原糊拼混,以便取长补短来达到预期的印制效果。常采用中、低聚合度的褐藻酸钠或褐藻酸酯、醚化植物胶、醚化淀粉、白糊精及乳化糊等相互拼混。精细花纹可用低聚合度褐藻酸酯与白糊精(或醚化淀粉)以 3:1 拼混,为了改善块面花纹的匀染性,则可用低聚合度褐藻钠与乳化糊以(4~5):1 拼混。

(二)印花工艺

1. 工艺流程

拉幅预定形(打卷)→印花→汽蒸固着→平幅→水洗→固色→拉幅定形→烘干

2. 印花色浆的处方与操作

(1)印花色浆处方:

酸性染料	x
水	y
尿素	100g
印花原糊	500~600g
甘油	5~10mL
硫酸铵	10~20g
合成	1kg

(2)操作:

①将染料用热水调成浆状,冲入沸水,使之加热溶解澄清,然后倒入原糊中搅拌均匀。

②加入尿素、甘油后搅拌均匀。

③最后加入已溶解好的硫酸铵,并搅拌均匀。

(3)印花色浆中助剂的作用:

①尿素。尿素是一种吸湿剂,它不仅帮助弱酸性染料溶解,且有助于在汽蒸时使锦纶快速吸收蒸汽中的水分而溶胀纤维,有利于染料在纤维上扩散、渗透,加速染料与纤维键合,从而提高给色量和色泽鲜艳度。尿素用量应根据汽蒸条件的不同而异,一般为 100g/L 为宜。

②硫酸铵。弱酸性染料与锦纶发生离子键结合的最适宜 pH 值为 6~7,硫酸铵的加入是为了提高染料上染锦纶的能力和匀染性。这是因为硫酸铵在汽蒸过程中释放出 NH_3,使色浆 pH 值下降,适合弱酸性染料及中性染料上染纤维。除硫酸铵外,也有用醋酸的,但用量需加以控制。

③甘油。为了使印花织物的浆膜保持柔软,防止产生折痕而影响花型精神,所以在冬季气温较低时常在色浆中加入一定量的甘油。

3. 印花后处理

(1)汽蒸。锦纶绸的汽蒸可以采用松式长环连续蒸化机汽蒸。汽蒸温度为 100~102℃,时间为 30~40min。也可以采用圆筒蒸箱定形架挂蒸,蒸汽压力为 78.5~88.3kPa(0.8~0.9kgf/cm²),时间为 30~35min。

锦纶针织物印花后的汽蒸一般是在圆筒蒸箱星形架挂蒸。汽蒸时,衬布要保持干净,并防止吊挂印和卷边搭色的疵病产生。锦纶针织物若在松式长环连续蒸化机汽蒸时,要掌握好进布张力,不使针织物发生卷边。

(2)水洗。水洗可采用振荡平洗机水洗两遍,也可采用松式绳状洗布机。水洗时要注意水温、容布量和浴比,以防止织物被擦伤和沾染。

(3)固色。用弱酸性染料印花的锦纶织物经汽蒸水洗后如果牢度不好,可进行固色处理来提高湿处理牢度。常用的固色剂为单宁酸、酒石酸,固色后色泽变暗萎,亦可用合成单宁,如尼龙菲克能 P(NylofixauP),其固色力比单宁酸差些,但色光稍鲜艳些。固色一般可以在绳状松式水洗机上进行。

单宁酸 0.2g/L,浴比 1:25,温度 55℃±5℃,时间 20min;然后以酒石酸处理 0.1g/L,浴比1:25,温度 55℃±5℃,时间 20min。

(4)拉幅定形。锦纶织物水洗固色开幅后,在热定形机进行热定形,由于针织物经水洗后,布边易产生内卷,故在拉幅定形前要用针织物圆盘剥边器或手工剥边,为了保证针织物的平方米克重,还需进行超喂。

拉幅定形温度一般为 160~170℃,时间为 20~30s。

为了提高锦纶织物的白度,可以在定形的同时用增白剂 DT 再进行一次增白。

二、锦/棉织物直接印花

(一)锦/棉织物印花工艺选择

锦纶的分子链上由于大量的极性酰氨基、非极性亚甲基、氨基和羟基,所以适用酸性染料印花;又因为锦纶皮层结晶度低,无定形区较多,因此又可用分散染料印花。棉纤维的主要成分是纤维素,主要采用活性染料与还原染料印花。由于酸性染料与活性染料、还原染料所需的 pH 值不同,不适宜同浆印花;而分散染料则能与活性染料、还原染料同浆印花,分别上染棉和锦纶。在实际应用时,根据锦棉配比、色牢度和布面要求进行工艺选择。对锦纶比例小的织物[例如N/C(25/75 或 N/C 20/80)36.8tex/36.8tex370 根/10cm/197 根/10cm 锦/棉方格布]采用活性印花工艺;对色牢度要求较高的,采用还原印花工艺。对锦纶比例较大的织物[例如 N/C(50/50)、36.8tex/42tex、322.5 根/10cm/232 根/10cm 锦/棉斜纹]采用分散/活性同浆印花工艺;对牢度要求较高则采用分散/还原同浆印花工艺。采用还原印花和分散/还原同浆印花,工艺流程较长,且 GOLLERE 快速蒸化机工艺较难控制。以下是分散活性印花工艺实例。

（二）染料选择

1.分散染料

（1）沾棉轻。分散、活性染料同浆印花时,存在着棉纤维被分散染料沾污的问题,导致花色深、萎暗、白地沾污等弊病,所以尽量选择不沾棉或低沾棉的分散染料。

（2）助剂的影响。在活性浆中应该加入碱剂、尿素、防染盐。大多数分散染料不耐碱,甚至使某些分散染料水解而影响色光,尿素在高温熔融、挥发后也会使分散染料受到影响。

（3）分散染料本身应对锦纶有较好的上染率,而且在一定的温度范围内有较好的固色率。

2.活性染料　活性染料同样也会沾污锦纶,所以在选择分散染料时也应对活性染料进行选择。通常情况下,选用 K 型（一氯均三嗪型）活性染料,如上海万得化工有限公司的 BPS 系列染料以及部分汽巴克隆 PT 染料（价格较高）等。

（三）印花工艺实例

以 N/C（50/50）29.5tex/29.5tex 472 根/10cm/276 根/10cm 幅宽 160cm 织物为例。

1.工艺流程

半制品→印花→焙烘→蒸化→水洗皂洗→固色烘干整理定型→预缩

2.印花色浆

（1）色浆处方:

分散染料	x
活性染料	y
尿素	2% ~5%
小苏打	1% ~2%
海藻酸钠糊	适量
防染盐 S	1%
渗透剂	1%
六偏磷酸纳	0.5%
水	100%

（2）化料方法:先将分散染料洒入水中,搅拌均匀后,再加入活性染料色浆,要注意染液温度不能过高,否则分散染料过热会凝聚,小苏打随用随加。

（3）助剂的作用:

①尿素:尿素在加热到一定温度时会熔融挥发和分解,它能与分散染料组成低共溶物,因而有利于分散染料渗入棉纤维;另一方面,尿素又能促使活性染料沾污锦纶,如果用量不当既影响色泽鲜艳度又影响色牢度。

②碱剂（小苏打）:小苏打在高温下能够变成纯碱,使棉织物泛黄;另一方面,有些分散染料在碱性水溶液中易水解,使分散染料变暗,控制小苏打的用量在 1% ~2%。

3.固色　固色时采用先焙烘后蒸化,可以降低染料和纤维互相沾污。先汽蒸后焙烘有一部分分散染料沾污到棉纤维上,造成棉纤维色泽发暗,另有一部分分散染料被碱性水解,在焙烘过程中,锦纶把这部分分散染料吸附上染,造成锦纶变色,使整体布面色浅发暗,尤其是棕色和绿色非常明显。

(1)焙烘。采用 MH685D—85 型焙烘机,温度为 190～195 ℃,时间为 1.5 min。落布温度不得高于 70 ℃,否则造成复印。

(2)蒸化。采用 ZMD341H—220 型高温高速蒸化机,温度为 100～102 ℃,时间为 6～8min。蒸汽压力尽量恒定在一定范围,要保证湿度前后一致,防止影响活性染料色量,防止色差。

4. 水皂洗 冷水喷淋→三格溢流冷水洗→两格温水→$1^{\#}$、$2^{\#}$ 皂蒸箱(95℃以上加入表面活性剂),25kg 底料。每车续加 3～5kg 后面四格 70～80℃ 热水洗。

5. 整理定形 温度 180～185 ℃,速度 35～40m/min,幅宽 149～150cm,根据客户要求加入适量柔软剂、淀粉或防雨剂。

学习任务5　腈纶及其混纺织物印花

腈纶织物可以用阳离子染料、还原染料、分散染料和涂料印花。阳离子染料可获得其他染料所没有的非常浓艳的花纹,还有优良的湿处理牢度和摩擦牢度,是腈纶织物印花主要的染料类别。还原染料色泽较深,湿处理牢度和日晒牢度非常好,而摩擦牢度较差,与阳离子染料旁印也有困难,因为阳离子染料不耐还原剂和碱剂。分散染料色泽柔和,湿处理牢度和升华牢度均比不上阳离子染料,印花轮廓清晰,所以经适当选择,这类染料可以补充阳离子染料的不足。涂料印花可印深浓色,但色泽不艳,手感也不好,因此应用也不多。

一、腈纶织物阳离子染料直接印花

(一)染料和糊料

1. 适用于印花的国产阳离子染料 阳离子嫩黄 X—8GL、阳离子嫩黄 7GL、阳离子艳红 X—5GN、阳离子桃红 X—FG、阳离子红 2GL、阳离子红 2BL、阳离子红 X—6B、阳离子红 X—GRL、阳离子艳蓝 RL、阳离子蓝 X—GRL、阳离子翠蓝 X—GB、阳离子黑 X—RL。

2. 印花原糊 腈纶的吸水量比其他合成纤维大,纤维容易润湿,水分停留在纤维之间容易形成渗化,同时印花色浆中又加入较多的助剂,易产生游离水,影响其印制清晰度,因而印花糊料应选择固含量高、抱水性好的糊料。高醚化度的植物胶 MeyproNP—25 具有较良好的渗透性和优良的抱水性能。

印花原糊与印花效果关系十分密切,一般常用混合原糊,可以有槐豆胶加工制品及纤维素的衍生物,也可以用淀粉加工产品及其衍生物和聚丙烯腈皂化原糊。

(二)印花工艺

1. 工艺流程

印花→烘干→汽蒸(103～105℃,30min)→冷水冲洗→净洗剂(1.5～2g/L,50～60℃)皂

洗→烘干

2. 印花色浆的处方与操作

（1）印花色浆处方

阳离子染料	x
助溶剂（如硫二甘醇）	3%
冰醋酸	1%～1.5%
沸水	y
酒石酸（1:1）	1.5%
氯酸钠（1:2）	1.5%
原糊	40%～60%
合成	100%

（2）操作：

①先用少量水和醋酸调匀，然后加热水使阳离子染料溶解，为了使溶解后的染液较长时间内保持稳定，必须加入助溶剂硫代双乙醇或与异丙醇以 1:1 混合的混合溶剂。

②酒石酸用于调节阳离子染料着色时的 pH 值，且能提高印花色浆的稳定性，但必须注意其用量，量过多后会产生缓染作用。

③氯酸钠是还原防止剂，防止某些阳离子染料分解。

④在印花色浆中加入 5% 的尿素、硫氰酸铵、β－萘酚、间苯二酚或罗泼灵诺乐 PFD 等增深剂能够促使腈纶膨化，提高染料的扩散、渗透能力，降低固色条件，以便将常规的汽蒸时间从 30min 降至 5～7min。

3. 印花后处理　织物经印花烘干后，为了防止腈纶织物在加热条件下受张力而变形，应采用松式长环连续蒸化机，温度 100～102℃，时间 30～35min（若在色浆中加入增深剂，时间可缩短到 5～7min）。

汽蒸后，先用冷流动水冲洗，待未固着的染料基本洗除后，才可用净洗剂在 40～50℃下皂洗 10min，然后再用温水洗涤，以防止未固着的阳离子染料沾染。

二、涤/腈中长织物的同浆印花

（一）色浆组分选择

1. 乳化剂　涤/腈织物同浆印花时，首先要防止分散染料中所含的阴离子扩散剂和阳离子染料发生凝聚或沉淀，为此可事先借助乳化剂将它们的复合物稳定分散在水中，然后才能进行同浆印花。

高分子量的阳离子和阴离子化合物在水溶液中混合，常发生电中和现象，生成水不溶性沉淀。在乳化剂帮助下可以成为疏水性微细颗粒，悬浮分散于水中或浆中，它在常温时较为稳定，但在 60℃ 开始有少许离解现象，在 80 以上时，则剧烈离解，离解后的染料仍未失去阳离子染料性质，能和腈纶的阴离子部分结合而上染，色泽牢度均不受影响。

在腈纶上的染色机理是：染料复合体—吸着—离解—上染

在上述改性处理中,为了使染料复合体在溶液中悬浮扩散得好、成粒较细,常加入 0.1% ~ 0.2% 非离子表面活性剂(如乳化剂 OP)来缓和成粒速度,因为非离子活性剂大都含有聚氧乙烯基,具有助溶作用,能延缓阳离子染料与阴离子助剂的缔合作用,使成粒较细。此外,尚需加入不具有还原性的浆料,如合成龙胶,它不仅起保护胶体的作用,还有助于成粒较细,而且还能在纤维表面覆盖一层浆膜,以防止阳离子染料升华或过早热分解。乳化时的温度以 20 ~ 30℃ 为好,温度过低将影响染料的溶解度,造成粗粒子沉淀;温度过高,乳液不稳定,成粒变粗。

2. 阴离子表面活性剂 阴离子表面活性剂能增强染料复合体的稳定性,用量的多少要根据色调的变化来定。例如,阳离子蓝 RL 水溶液加入洗涤剂 605(即十二烷基苯磺酸钠)时,色调由原来的艳蓝变为暗紫色,即表示完成,此时成粒最细,上色率也最高。至于其他阳离子染料,色调变化不如阳离子蓝 RL 明显,但通过仔细观察,还是可以判定的。洗涤剂 605 的用量不宜过多,否则成粒变粗,上染性差,而且过量助剂中的钠离子会有竞染作用,使得色下降。

3. 尿素 由于分散染料中阳离子物的竞染作用,使腈纶部分得色下降,故需加尿素促染,尿素的作用是助溶、降低熔点和与盐络合,使多余的阴离子活性剂中的钠离子的竞染能力下降,从而改善了腈纶部分的上色性能。

印浆中还需加入硫酸铵、硫氨酸钠等稀释剂,用于改善料水解。

(二)印花工艺

1. 工艺流程

烧毛→平幅退浆烘干→高温高压分散染料染地色→烘干→印花→定形机热溶固色→平洗两次→柔软整理→验码成品

2. 印花色浆

(1)处方:

阳离子染料(250%)	1.5%
乳化剂 OP	0.15%
沸水	10%
尿素	5%
硫酸铵(预溶)	0.3%
合成龙胶	60% ~ 70%
洗涤剂(30%)	0.7%
分散染料	4%
温水(50 ~ 60℃)	15%
合成	100%

(2)调制色浆。阳离子染料必须用沸水充分溶解完全,并趁热加入原糊中,色浆宜厚,以防吸水性较差的合纤织物产生渗化疵病。

3. 印花后处理 印后宜烘干,以保证后工序热溶时的充分发色。定形、热溶可在热定机上一步完成,工艺条件为 190℃,1min。但发色不如常压高温过热蒸汽发色完全,手感也稍差。此外,由于布边有针铗传热快,温度较低而发色不全,可采用预加热装置或再经蒸化来补足这一缺点。

学习引导

❋ **思考题**

1. 简述活性染料印花的特点及在印染行业的应用范围。

2. 比较活性染料一相法印花和两相法印花的色浆组成的不同,并分析各自的特点。

3. 活性染料印花"风印"产生的原因,并提出解决措施。

4. 何谓涂料印花? 涂料印花时黏合剂的成膜机理是怎样的?

5. 有一涂料印花处方如下,如果需要配制 100kg 该色浆,应如何称料? 在放打样时,若发现色泽偏淡,需要追加一成染料,则追加后的涂料色浆中各涂料的质量分数是多少?

色浆处方	用量	追加后配方	追加用量
涂料黄 8204	10%		
涂料绿	3%		
黏合剂	40%		
交联剂 EH	25%		
尿素	5%		
乳化糊 A	x		

6. 还原染料隐色体印花法的色浆组分有哪些? 并说明各成分的作用。

7. 还原染料悬浮体印花对染料有何要求? 适用何种糊料?

8. 还原染料悬浮体印花,还原液的配方有何要求?

9. 涂料防印活性染料地色时,常用的防染剂有哪两类,其原理是什么?

10. 拔染印花有何特点? 常用的拔染底色染料有哪几类?

11. 涤/棉织物分散/活性同浆印花时,通常易出现白地不白的现象(尤其是在印深浓色时),你认为造成该现象的原因是什么?

12. 涤/棉织物分散/活性染料同浆印花时,通常采用先焙烘后汽蒸的工艺程序,该程序调换倒置可否,为什么?

13. 蚕丝织物的印花与棉织物的印花相比,通常要困难得多,你认为造成蚕丝织物印花困难的主要原因是什么?

14. 简述蛋白质纤维酸性固着、碱性固着的原理。

15. 蚕丝印花对设备有何要求? 为什么? 一般采用什么设备?

16. 蚕丝印花为什么采用较稠厚的原糊?

17. 分析蚕丝、羊毛、锦纶的等电点,比较三类纤维材料的印花工艺。

18. 锦/棉织物印花怎么选择合适的印花工艺?

19. 涤/腈织物同浆印花怎么处理色浆的凝聚、沉降问题?

20. 毛腈织物同浆印花可否进行? 要如何搭配染料? 怎么处理色浆的凝聚、沉降问题?

❋ 训练任务

织物印花工艺设计

1. 任务　以下共有 12 个任务,每小组抽取一个任务。

任务 1. 纯涤纶织物分散染料直接印花工艺设计

任务 2. 涤/棉织物直接印花工艺设计

任务 3. 涤/棉织物烂花印花工艺设计

任务 4. 涤纶织物防染印花工艺设计

任务 5. 涤纶织物拔染印花工艺设计

任务 6. 涤/棉织物防拔染印花工艺设计

任务 7. 蚕丝织物直接印花工艺设计

任务 8. 羊毛织物直接印花工艺设计

任务 9. 锦纶织物直接印花工艺设计

任务 10. 锦/棉织物直接印花工艺设计

任务 11. 腈纶织物阳离子染料直接印花工艺设计

任务 12. 涤/腈中长织物的同浆印花工艺设计

2. 任务实施(参考方案)

(1)根据纤维的性质阐述印花基本原理;选择印花染料,然后确定印花基本色浆组成。

(2)确定印花生产工艺:

①工艺流程。

②印花色浆:处方、调浆方法。

③印花后处理:固色、水洗。

④工艺说明。

(3)课外完成:以小组为单位,编制成 ppt。

(4)课内汇报形式:小组讲述,其他小组提问,教师指导,共同完成学习任务。

❋ 工作项目

印花综合实训

1. 实训工作安排(实训周)

(1)实训周课时分配。本课程综合实训安排一周,共 5 天、30 课时,具体安排见表 5 - 14。

表 5 - 14　印花综合实训周课时分配

教学内容	学时分配
印花综合实训周工作安排与准备	2
印花平网制作(各学习小组自己准备花样,花样大小 A4 以内,4 套色以下)	12

续表

教学内容	学时分配
配色调浆→印花→后处理	8
涤纶织物热转移印花加工	4
总结、汇报	4
合计	30

（2）实训周工作时间安排。每天的工作时间为 8：30 ~ 12：00 及 13：30 ~ 16：30。每天 16：00 开始清理实训场地，检查实训室门窗，关闭实训设备电源，冷却各种实验设备，关闭实训室水、电总电源。最后整理每天的实验数据和样品。

2. 印花综合实训周教学组织

（1）分组要求。实训指导教师由任课教师和实验室教师两人担任。任课的专业教师是综合实训的指导教师，负责本门课程的安排、指导、考核及总评成绩的登记工作；实训现场配备实验指导老师两人，负责实训现场指导、考核。实训现场每个指导教师负责的小组数量为 3 ~ 5 组，所指导的全体学生数量控制在该班学生总数的 1/3 左右。

由全体指导教师召集全班学生分组。每组 4 人，推选组长 1 人。组长负责召集本组人员收集、整理和交换有关资料，协助指导教师控制训练进度，负责执笔起草实训实施方案（草案）。

（2）教学方案（表 5 – 15）。

表 5 – 15　印花综合实训周教学方案

实训阶段		安排内容	参考学时
实训周工作安排与准备	布置任务	讲清实训意义，明确实训要求，发放实训指导书	提前一周
	分组	按班级人数分组，每组 4 人，推举组长 1 人	
	准备内容	领取试验材料、熟悉实训设备的安全操作规程	
	草案编制	组长可对方案编制分工，并亲自编制实训方案初稿，整理并交换本组人员收集到的相关资料	课外完成
	草案审核	指导教师负责审核实训方案草案，并提出具体的修改意见，直至教师签字同意实施	
	实施方案	将教师签字同意的实施方案，由组长上交一份备案	第一天上午
	点评方案	选择并宣读四份实施方案进行讲评	
实训实施		在教师指导下每组按照实训方案独立完成	第一天下午至第五天上午
实训控制		指导教师控制进度、检查任务完成的准确性、控制任务实施过程的安全性	
实训总结		完成实训任务的报告，打印并上交报告	
上交材料		①实训报告：实施方案、实施过程控制、结果分析、实训总结 ②花样：纸样或图像 ③分色描稿样：黑白片 ④花网框 ⑤实训成果：印花布 ⑥考核表	第五天下午以小组为单位总结
合计学时		30	

3. 实训步骤与要求

（1）方案编制。由小组长牵头,以小组为单位依照实训任务书的要求编制初步的实训方案。方案的主要内容包括:实验目的、工艺流程、工艺条件、工艺处方、工艺设备、实验进度、预期效果、实验结论和实验总结。

（2）实训方案审核与点评。指导教师召集本人负责的全体学生,逐一讨论、修改和点评本组的5份实训检测方案,发现学生的亮点,及时表扬。鼓励本组学生继续努力,争取好成绩。进一步明确下一步工作重点,要求全体学生在测试过程中注意安全。

（3）实训实施。

① 指导教师职责。负责指导本组学生完成本次综合实训;对实训中使用设备的安全性和学生的安全性负责;负责审核、修改和点评本组学生的实训方案;负责指导本组学生完成实训;负责确认各小组阶段性测试结果;负责记录本组学生在实训过程中的综合表现;负责给每位学生打出总评成绩;负责指导本组学生通过专项实训提高协作意识和团队精神;负责考核本组学生的实训过程,负责审核、修改本组学生的测试报告,负责精密实验设备的调试与操作,负责指导本组学生正确操作相关实验设备。

② 实训准备。为顺利完成本项综合实训,染整技术专业实训中心必须及时提供专业实训场地、印花筛框及制网耗材、各类半制品、染料与助剂等。

在本组指导教师签字确认以后,学生以小组为单位到实验室指导教师处领取实验材料。根据实验方案初步熟悉实验用设备的安全操作规程。

4. 实训指导

（1）实训项目一 织物印花。

①各组自己准备花样;

②审样→分色→描稿;

③制网框:绷网→上感光胶;

④制网:曝光→显影→水洗;

⑤印花:配色→调浆→印制→后处理。

（2）实训项目二 转移印花。

准备数码图像→图像输入→处理→喷墨打印→转移印花。

5. 实训考核方案 见表5-16。

表5-16 印花综合实训考核表

学生自评考核表

学生姓名		班级		课程名称		
序号	内容			标准		评分
1	你对本实训的学习兴趣和投入程度如何			A. 很高,B. 一般,C. 不高		
2	你在本实训的学习过程中课堂纪律情况			A. 很好,B. 一般,C. 差		
3	根据你现有的基础你能很好地完成本实训任务吗			A. 能,B. 经过努力能,C. 不能		

学生姓名		班级		课程名称		
序号	内容			标准		评分
4	你对本实训的教学内容的掌握程度如何			A. 熟练掌握,B. 基本掌握,C. 没有掌握		
5	通过学习你完成了本实训任务吗			A. 完成并全部正确,B. 基本完成,C. 没有完成		
自评成绩			折合成绩(占25%)			

组长评价考核表

序号	内容	标准	评分
1	该同学在本实训学习时课堂纪律情况	A. 很好,B. 一般,C. 差	
2	该同学在本实训学习时作业完成情况	A. 独立完成,B. 在同学帮助下完成,C. 没有完成	
3	该同学与同学之间的合作态度、与人友好和诚实守信方面的表现如何	A. 很好,B. 一般,C. 差	
4	该同学在工作方法的养成方面表现如何	A. 很好,B. 一般,C. 差	
5	给该同学对本实训的学习情况打一个成绩	A. 优秀,B. 及格,C. 不及格	
互评成绩		折合成绩(占25%)	

教师评价考核表

序号	内容	标准	评分
1	学习态度:遵守课堂纪律,认真思考,勇于提出问题	A. 很好,B. 一般,C. 差	
2	实训完成情况:按时、独立完成实训任务	A. 很好,B. 一般,C. 差	
3	能力水平提高:能较好地掌握所学知识、技能;运用本课程知识提出、分析、解决问题的能力得到加强	A. 很好,B. 一般 ,C. 差	
4	独立学习能力及团队协作意识:独立学习能力较强;团队协作意识强,能积极参与、分工合作	A. 很好,B. 一般,C. 差	
5	对本实训质量考核情况打一个成绩	A. 优秀,B. 及格,C. 不及格	
教师评价成绩		折合成绩(占50%)	
教师签名		总分	

注　A=20分,B=15分,C=10分。

参考文献

[1] 王中夏,胡平藩.雕刻与制版[M].北京:中国纺织出版社,2006.

[2] 胡平藩.印花[M].北京:中国纺织出版社,2006.

[3] 中华人民共和国劳动和社会保障部.国家职业标准 印染雕刻制版工[M].北京:中国纺织出版社,2007.

[4] 中华人民共和国劳动和社会保障部.国家职业标准 印花工[M].北京:中国纺织出版社,2007.

[5] 中华人民共和国劳动和社会保障部.国家职业标准 印染染化料配制工[M].北京:中国纺织出版社,2007.

[6] 中国印染行业协会.印染行业染化料配制工(印花)操作指南(印染技工培训教材)[M].北京:中国纺织出版社,2007.

[7] 胡木生.圆网印花产品疵病分析及防治[M].北京:中国纺织出版社,2000.

[8] 薛朝华.纺织品数码喷墨印花技术[M].北京:化学工业出版社,2008.

[9] 于向勇.纺织业最新染整工艺与通用标准全书[M].北京:北京中软电子出版社,2004.

中国国际贸易促进委员会纺织行业分会

中国国际贸易促进委员会纺织行业分会成立于1988年,成立以来,致力于促进中国和世界各国(地区)纺织服装业的贸易往来和经济技术合作,立足为纺织行业服务,为企业服务,以我们高质量的工作促进纺织行业的不断发展。

简况

每年举办(或参与)约20个国际展览会
涵盖纺织服装完整产业链,在中国北京、上海和美国、欧洲、俄国斯、东南亚、日本等地举办
广泛的国际联络网
与全球近百家纺织服装界的协会和贸易商会保持联络
业内外会员单位2000多家
涵盖纺织服装全企业,以外向型企业为主
纺织贸促网 www.ccpittex.com
中英文、内容专业、全面,与几十家业内外网络链接
《纺织贸促》月刊
已创刊十八年,内容以经贸信息、协助企业开拓市场为主线
中国纺织法律服务网 www.cntextilelaw.com
专业、高质量的服务

业务项目概览

中国国际纺织机械展鉴会暨 ITMA 亚洲展览会(每两年一届)
中国国际纺织面料及辅助料博览会(每年分春夏、秋冬两届,分别在北京、上海举办)
中国国际家用纺织品及辅助料博览会(每年分春夏、秋冬两届,均在上海举办)
中国国际服装服饰博览会(每年举办一届)
中国国际产业用纺织品及非织造布展览会(每两年一届,逢双数年举办)
中国国际纺织纱线展览会(每年分春夏、秋冬两届,分别在北京、上海举办)
中国国际针织博览会(每年举办一届)
深圳国际纺织面料及辅料博览会(每年举办一届)
美国 TEXWORLD 服装面料展(TEXWORLD USA)暨中国纺织品服装贸易展览会(面料)(每年7月在美国纽约举办)
纽约国际服装采购展(APP)暨中国纺织品服装贸易展览会(服装)(每年7月在美国纽约举办)
纽约国际家纺展(HTFSE)暨中国纺织品服装贸易展览会(家纺)(每年7月在美国纽约举办)
中国纺织品服装贸易展览会(巴黎)(每年9月在巴黎举办)
组织中国服装企业到美国、日本、欧洲及亚洲等其他地区参加各种展览会
组织纺织服装行业的各种国际会议、研讨会
纺织服装业国际贸易和投资环境研究、信息咨询服务
纺织服装业法律服务

更多相关信息请点击**纺织贸促网** ww.ccpittex.com